风电场建设与管理创新研究丛书

风电场电力设备施工及运行安全技术

陈小群 等 编

中国水利水电出版社
www.waterpub.com.cn
·北京·

内 容 提 要

　　本书详尽介绍了风电场电力设备的类型和技术特性、施工安全技术、运行安全技术、标准规范、异常及事故处理以及与风电场电力设备施工、运维紧密相关的安全技术相关专业知识和管理要求。全书共分13章，内容包括风电场概况、风电机组施工及运行安全技术、输电设备施工及运行安全技术、变电设备施工及运行安全技术、配电设备施工及运行安全技术、无功补偿设备施工及运行安全技术、继电保护及自动化设备施工及运行安全技术、直流系统设备施工及运行安全技术、调度通信系统设备施工及运行安全技术、防雷接地设备施工及运行安全技术、安全工器具安全技术、异常处理及事故处理等。希望本书的出版能够促进风电场电力设备安装及运行安全技术管理的研究和应用，推动新能源产业安全稳定发展。

　　本书内容全面，具有先进性和实用性，既可作为风电场电力设备施工及运行维护人员的培训教材，也可供院校师生和从事风电相关专业工作的安全技术人员参考。

图书在版编目（CIP）数据

风电场电力设备施工及运行安全技术 / 陈小群等编
. -- 北京：中国水利水电出版社，2018.9(2021.8重印)
（风电场建设与管理创新研究丛书）
ISBN 978-7-5170-7027-6

Ⅰ．①风… Ⅱ．①陈… Ⅲ．①风力发电－发电厂－电力设备－运行－安全技术 Ⅳ．①TM621.7

中国版本图书馆CIP数据核字(2018)第232485号

书　　名	风电场建设与管理创新研究丛书 **风电场电力设备施工及运行安全技术** FENGDIANCHANG DIANLI SHEBEI SHIGONG JI YUNXING ANQUAN JISHU
作　　者	陈小群　等编
出版发行	中国水利水电出版社 （北京市海淀区玉渊潭南路1号D座　100038） 网址：www.waterpub.com.cn E-mail：sales@waterpub.com.cn 电话：(010) 68367658（营销中心）
经　　售	北京科水图书销售中心（零售） 电话：(010) 88383994、63202643、68545874 全国各地新华书店和相关出版物销售网点
排　　版	中国水利水电出版社微机排版中心
印　　刷	北京瑞斯通印务发展有限公司
规　　格	184mm×260mm　16开本　18.5印张　439千字
版　　次	2018年9月第1版　2021年8月第2次印刷
印　　数	1501—2500册
定　　价	**98.00元**

本 书 编 委 会

主　　编：陈小群

副 主 编：（按姓氏笔画排序）

王　瑜　　成润奕　　刘　兵　　刘玉颖　　汝会通　　汤建军

汤维贵　　李　明　　肖立佳　　张高群　　张继平　　赵延龙

哈　伟　　禹国顺　　高秉文　　曾学仁

编写人员：（按姓氏笔画排序）

于　全　　于成海　　马轶佳　　王　东（内蒙古分公司）

王　东（白城分公司）　　王　萌　　王　淼　　王井顺　　王文强

王志勇　　王凯飞　　王振宙　　王瑞平　　方　亮　　叶海桑

邢国斌　　刘希彬　　刘国辉　　刘洋洋　　刘艳阳　　许广威

孙志刚　　闫晶晶　　杜　鹏　　李　斌　　李　翔　　李　熙

杨　旭　　杨元林　　杨冬玉　　杨祺金　　吴国磊　　何　艳

辛　峰　　沈天宏　　宋井磊　　张　强　　张爱玲　　陆志荣

邵建伟　　林浩然　　周　鹏　　赵　龙　　赵铁锤　　胡意新

夏禹春　　高　焱　　高东星　　郭　阳　　郭康康　　黄勇德

常润英　　董鹏辉　　韩立江　　韩鹏飞　　焦占一　　雷发霄

蔡　东　　蔡　苓　　谭　杰

前　言

在国家风电产业政策的支持下，我国风电装机规模稳步增长，运行消纳情况明显好转，技术水平不断提升，产业发展呈现出稳中向好的势头。为保证风电场安全生产持续稳定，研究风电场电力设备施工和运行安全技术工作，对不断提高电力设备施工安全和运行安全管理水平，提升风电场管理能力具有十分重要的意义。

本书是在总结多年来对风电场施工和运行安全技术管理经验基础上编写的，其内容包括风电场概况、风电机组施工及运行安全技术、输电设备施工及运行安全技术、变电设备施工及运行安全技术、配电设备施工及运行安全技术、无功补偿设备施工及运行安全技术、继电保护及自动化设备施工及运行安全技术、直流系统设备施工及运行安全技术、调度通信系统设备施工及运行安全技术、防雷接地设备施工及运行安全技术、安全工器具安全技术、异常处理及事故处理等。本书以设备的技术特性、施工及运行安全技术的思路及相关的标准规范为主线，系统地介绍了风电场电力设备的类型、技术特点及施工和运行安全技术要求，通俗易懂，以便供风电行业工程建设和运行人员参考。

本书由陈小群主编，参加本书编写的人员有：陈小群、刘玉颖、哈伟、闫晶晶、辛峰、沈天宏、郭康康、马轶佳、王志勇、高东星、杨旭、李明、禹国顺、王东（内蒙古分公司）、焦占一、王文强、邵建伟、刘国辉、高焱、郭阳、常润英、夏禹春、成润奕、肖立佳、宋井磊、杨冬玉、张强、叶海桑、王东（白城分公司）、刘艳阳、王井顺、李斌、于全、于成海、曾学仁、张高群、何艳、董鹏辉、王萌、陆志荣、赵龙、韩立江、王凯飞、李翔、王瑜、赵延龙、吴国磊、杜鹏、王振宙、汤维贵、杨祺金、邢国斌、谭杰、刘希彬、李熙、王瑞平、蔡苓、汤建军、杨元林、雷发霄、方亮、周鹏、张爱玲、刘兵、许广威、林浩然、赵铁锤、刘洋洋、蔡东、韩鹏飞、孙志刚等。

在本书的编写过程中，得到中国三峡新能源有限公司和各分公司领导的大力支持，三峡新能源东北分公司成润奕、肖立佳完成全书的统稿工作，谨在此一并表示衷心感谢。本书编写中查阅了大量的资料和文献，在此对其作者一并表示感谢。

由于编者水平有限，再加之时间仓促，书中难免存在疏漏之处，恳请专家和读者提出宝贵意见，使之不断完善。

编者

2018 年 8 月

目　录

第 1 章　风 电 场 概 况

风电场是利用风能并结合一系列发电设备从而达到利用风能发电的目的。本章主要从风电场的概念、风电场安全风险以及风电场安全技术管理 3 方面进行阐述，从而分析和评价安全风险等级，提出预防事故和规避风险的控制措施。

1.1　风 电 场 的 概 念

风能是一种清洁可再生的自然能源。把风的动能转化为机械动能，再把机械动能转化为电能的过程，就是风力发电。

风力发电场（简称"风电场"）是在风能资源良好的地域范围内，将多台并网型风力发电机组按照一定的规则排成阵列，组成一系列风力发电机组群，通过场内输电线路将电能送至风电场变电站，通过变电站的主变压器将电压等级升高后输送到电网。一般认为，风电场选址年平均风速 6m/s 以上的地域为合适，7m/s 以上的地域为更好，8m/s 以上的地域为最优。

1.1.1　风电场的构成

风力发电系统主要是由风电场、电网以及负荷构成，是风电的生产、传输、变换、分配及监控保护的系统。其中：风电场是整个风电系统的基本生产单位，通过风力发电机组生产电能，通过变电站将电能变换后传输给电网；电网是电力系统中各种电压等级的变电所和输配电线路组成的整体系统。

风电场电气系统由一次系统和二次系统组成。其中：电气一次系统用于电能的生产、变换、分配、传输和消耗；电气二次系统对一次系统进行测量、监视、控制和保护。

构成电气一次系统的电气设备称为电气一次设备，是风力发电系统的主体，包括风力发电机组、箱变压器、集电线路、主变压器、开关设备、电力母线、电容器、互感器和送出线路等。构成电气二次系统的电气设备称为电气二次设备，其通过电流互感器、电压互感器与一次设备建立电的联系，对一次设备进行监测、控制、调节和保护，包括测量仪表、控制单元、信号单元、继电保护及自动装置等。

风电场一次系统由四个部分组成，即风力发电系统、集电系统、升压变电站及场用电系统。其中：风力发电系统主要包括风电机组、换流器（变流器）、机组升压变压器（箱式变压器）等，风电机组经过箱式变压器将电压升高到 10kV 或 35kV；集电系统的主要功能是将风电机组生产的电能以组的形式收集起来，由电缆线路或架空线路汇集到升压变电站 10kV 或 35kV 母线上；升压变电站通过主变压器将集电系统输送的电能再次升高，一般可将电压升高到 110kV 或 220kV 接入电力系统，百万千瓦级的特大型风电场可升高到 500kV 或更高；场用电系统主要是维持风电场正常运行及安排检修维护等生产用电和运行维护人员在风电场内的生活用电。

并网型风力发电系统是由计算机自动控制的综合性系统。在自动控制程序下，风电机组将风能转变成传动装置的机械能并传递给发电机，由发电机将其转化为电能，输送给电网。其中，偏航系统主要是驱动风轮并跟踪风向的变化，使其扫掠面始终与风向垂直，最大限度地提升风轮对风能的捕获能力；液压系统为制动系统、偏航驱动与制动及变桨距机组的变距机构提供动力来源。

1.1.2　风电场的分类

目前，风电场按其所处位置可分为陆地风电场、海上风电场（潮间带风电场）以及空中风电场 3 种类型。

（1）陆地风电场。陆地风电场一般建设在风资源良好的丘陵、山脊或者海边。

（2）海上风电场。海上风电场位于海洋中。海上的平均风速相对较高，风力发电机组的风能利用率远远高于陆地风电场，但海上风电场设备安装及运行维护费用比陆地风电场高得多。

（3）空中风电场。高空中风能资源丰富，风速相对稳定，是理想的风力发电场所。因此，便捷、高效、环保的空中发电，市场潜力很大。

1.1.3　风电场的特点

风电场因其特殊的发电特性，具有如下特点：

（1）风能资源具有丰富性。风电场的电能资源来自于风能。大气的气流形成了风，风资源取之不尽、用之不竭。

（2）风力发电具有清洁性。风能是绿色能源，风电发电在减少常规能源消耗的同时，其向大气排放的污染物为零，对保护大气环境有积极作用。

（3）风电场场址具有特殊性。为获得较好的经济效益，应选择风资源丰富的场址。通常，风电场的选址要求场址所在地年平均风速大于 6m/s，风速年变化相对较小，30m 高度处的年有效风力时数在 6000h 以上，风功率密度到达 250W/m 以上。

（4）生产方式具有分散性。由于风电机组单机容量小，通常为 1.5～5MW，风电场的发电机组数很多且分散，所以，风电场的电能生产方式比较分散。例如，要建设一个千万千瓦级规模的风电场，大约需要上千台 1.5MW 的风电机组，分布在方圆几十千米的范围内。

（5）风电机组类型具有多样性。应用于风力发电的发电机有多种类型，同步发电机和异步发电机都有应用。随着风电技术的发展，当前常用的机型有双馈式风电机组、直驱式永磁风电机组等。

（6）输出功率具有波动性。风能具有很强的波动性和随机性，风电机组的输出功率也具有这些特点。

（7）风电机组并网具有复杂性。风电机组单机容量小，输出电压等级相对低，因此需要箱式变压器变换至更高的电压等级。而且，要通过变流设备对输出电流进行整流和逆变，满足电网需要的频率和电压相位才能并入电网。

1.2 风电场安全风险

风电场多数建在"三北"地区（东北、华北和西北地区）和东南沿海的偏远地区，气候和环境条件恶劣。北方风电场多在高原地区，部分风电场海拔高于1800m，冬季最低温度低于−30℃，常年伴有5～8级大风，有的沙尘暴极端风速高于30m/s，个别地区风力发电机组在冬季运行时会发生叶片结冰现象。泥石流、洪涝、雷电、台风是风电场要面对的自然气象灾害，热带气旋、雷暴、强沙尘暴、低温和积冰均会影响风电场的安全，在风电场选址和可行性研究中应予以充分的关注，在风电场的运行过程中应有完备的安全防范措施。

海拔高，空气密度低，雷电、台风等自然灾害均会影响风电场电力设备，导致材料老化、表面疲劳、机舱散热差、电控元件（如开关）损坏等。复杂地形、障碍物会引起气流畸变，造成湍流、切变以及尾流发生复杂变化，进而影响风电机组的输出性能，造成设备损坏，甚至影响设备寿命。因此，风电场安全风险分析尤为重要。

1.2.1 自然灾害安全风险

由于风电场特殊的地理位置和环境，大风、冰雪、雷电、洪水、台风、沙尘暴、地震、泥土流、火灾等自然灾害易发，会对风电场构成安全风险，对发电设备和线路造成直接危害，给工程施工和发电运行带来直接影响。按照自然灾害的严重性和紧急程度，自然灾害风险分为四级，其中：Ⅰ级为特别严重灾情；Ⅱ级为严重灾情；Ⅲ级为较重灾情；Ⅳ级为一般灾情。

1.2.2 施工建设安全风险

风电场在施工过程中，机位间距大，施工地点、人员分散，风电机组吊装、电气设备安装等工序交叉进行，不确定安全风险十分复杂。施工建设安全风险主要是指在施工安全生产管理中没有立即纠正、排除不良作业因素，如违章作业、冒险作业、工作环境不良、设备隐患等，从而造成的安全事故。在基础工程施工阶段的主要危险源是：基坑开挖过程中的土石方坍塌；基础混凝土施工中模板与支撑、物料提升、脚手架失稳造成倒塌意外等。在电气设备安装及调试阶段的主要危险源是：塔筒、机舱、轮毂叶片的吊装作业，变压器安装，铁塔安装，架空输电线安装、触电伤害等。按照施工建设性质、严重程度、可控性和影响范围等因素分类，可分为四级风险，即Ⅰ级风险（特别重大）、Ⅱ级风险（重大）、Ⅲ级风险（较大）和Ⅳ级风险（一般）。

1.2.3 运行维护安全风险

风电场的运行管理包括风力发电机组及输变电设备的日常运行管理，安全风险因素表现在主要设备设施运行的故障隐患。对风力发电机组故障发生率的统计资料表明，电控系统的故障发生率为75%、齿轮箱的故障发生率为12%、偏航系统的故障发生率为8%、发电机的故障发生率为 5%、驱动系统的故障发生率为 5%、并网部分的故障发生率为 5%。发电运行中的主要危险源是：风电机组轴承损坏、轴及轴承室磨损、放电点蚀、绕组局部过热、遭受雷击等；叶片受到雷击、老化、承载超过极限值而发生断裂、损坏等。发电运行安全风险划分为四级，即Ⅰ级风险（特别重大）、Ⅱ级风险（重大）、Ⅲ级风险（较大）和Ⅳ级风险（一般）。风电场在运行管理中，应认真开展风险评估和隐患排查、季节性安全检查、专项安全检查等，利用试验、监测、监控、检验及各类报警装置，及时发现和监控危险源，做到早发现、早报告、早处置。

1.3　风电场安全技术管理

　　风电场安全风险客观存在，所以必须对安全风险开展辨识分析、评价风险等级等，提出预防事故和规避风险的控制措施。因此，分析和总结风电场电气设备施工及运行过程中的安全技术管理成果就显得尤为重要。

1.3.1　设备施工过程中的安全技术控制

　　（1）做好施工前的技术准备工作。要求施工人员仔细研读设备厂家的安装技术规范，熟悉安装图纸，发现问题及时协调，提出控制措施，确保安装质量。

　　（2）认真进行设备开箱验收，发现问题及时处理。设备到场后，应成立验收小组，按供货清单、技术说明书、相关质量文件和规范进行开箱检查验收，主要对设备的外观、配件、专用工具的数量进行验收，验收合格后应签字确认。

　　（3）工程质量的质量控制。设备的安装验收是风电场施工建设质量控制的重要环节。必须成立由业主单位、监理单位、施工单位、设备厂家四方代表组成的验收小组，验收在设备安装、试验之后进行，主要对过程文件、机械连接、电气接线进行检查，重点检查风力发电机组螺栓连接力矩。由施工单位和监理单位提供详细的现场记录和单位工程评定资料，验收各方对提供的资料进行审核，并到现场查看或者抽查，然后进行评定，并填写单位工程验收鉴定书，验收组成员签字确认。

1.3.2　风电场运行过程中的安全技术控制

　　（1）风电场在运行中应牢牢树立"安全第一"观念，采取"预防为主、综合治理"的方法。风电场大多在比较恶劣的环境中，在选址、规划、投产、后期的维护过程中具有很多危险点，所以应密切关注每个环节，提前制定防范措施，防止意外发生时不知所措。

　　（2）风电场的运行人员应对设备进行巡视检查和定期检修，要求运行人员熟练掌握设备的主要结构性能和涉及的专业技能，以及必要的检修维护技能。另外，运行人员的安全问题必须重视，应定期进行必要的安全技能培训。

　　（3）认真落实安全部门的管理职责。安全管理人员要熟练掌握法律法规、技术规程标准，以及设备设施存在的安全风险，分级管控，把好"源头关"、严守"现场关"，挂好"风险牌"。做好安全风险建档管理，对重大危险源的级别、管理状况、责任人、本质安全等基本情况，建立完善安全监管档案，实行一个风险建立一个档案，并按照风险等级，用红、黄、绿等色彩对监管档案进行分类管理。要抓住设备检修、维护这个重点，关注每一个细节，将"细节决定安危"理念融入到每位员工的心中，严格禁止违反设备安全操作规程和超时、超限、硬拼设备的行为，把控好安全风险预判现场的控制力，保障安全风险预判效果。

第2章　风电机组施工及运行安全技术

风力发电机是将风能转换为机械能，机械能带动转子旋转，最终输出交流电的电力设备。本章从风电机组、塔架、机舱、风轮（轮毂）4部分介绍其类型、技术特性、施工及运行过程中的安全技术要求等内容。

2.1　风　电　机　组

风电机组是将风的动能转换为电能的系统，包括风轮（包括叶片、轮毂和变桨距系统）、机舱（包括传动系统、发电机系统、辅助系统、控制系统等）、塔架和基础等部件，实物图如图2.1所示。

图2.1　风电机组实物图

2.1.1　类型和技术特性

2.1.1.1　类型

1. 按照风轮旋转主轴的方向（即主轴与地面相对位置）分类

（1）水平轴式风电机组。转动轴与地面平行，风轮需随风向变化调整位置。

（2）垂直轴式风电机组。转动轴与地面垂直，风轮不必随风向改变调整方向。

2. 按照桨叶受力方式分类

（1）升力型风电机组。

（2）阻力型风电机组。

3. 按照桨叶数量分类

（1）单叶片。

（2）双叶片。

（3）三叶片。

（4）多叶片。

叶片的数目由空气动力效率、复杂度、成本、噪声、美学要求等多种因素决定。

4. 按照风电机组接受风的方向分类

（1）上风向型风电机组。风轮正面迎着风向（即在塔架的前面迎风旋转），一般需要调向装置保持风轮迎风。

（2）下风向型风电机组。风轮背着风向，能够自动对准风向，不需要调向装置。但对于下风向型风电机组，由于一部分空气通过塔架后再吹向风轮，塔架会干扰流过叶片的气流而形成塔影效应，使其性能降低。

5. **按照功率传递的机械连接方式分类**

（1）双馈型风电机组。双馈型风电机组的桨叶通过齿轮箱及其高速轴和万能弹性联轴节将转矩传递到发电机的传动轴，联轴节具有很好的吸收阻尼和振动的特性，可吸收适量的径向、轴向和一定角度的偏移，并且联轴器可阻止机械装置的过载。

（2）直驱型风电机组。直驱型风电机组采用多项先进技术，桨叶的转矩可以不通过齿轮箱增速而直接传递到发电机的传动轴，使风电机组发出的电能同样能并网输出。这样的设计简化了装置的结构，减少了故障概率，多用于大型机组。

6. **根据桨叶接受风能的功率调节方式分类**

（1）定桨距（失速型）风电机组。风轮与轮毂的连接是固定的。当风速变化时，叶片的迎风角度不能随之变化。由于定桨距（失速型）风电机组结构简单、性能可靠，20 年来在风能开发利用中一直占据主导地位。

（2）变桨距风电机组。叶片可以绕风轮中心轴旋转，使叶片攻角可在一定范围内（一般为 0°～90°）调节变化，其性能比定桨距风电机组好，但结构也趋于复杂，现多用于大型机组。

7. **按照风轮转速是否恒定分类**

（1）恒速风电机组。优点是设计简单可靠、造价低、维护量少，可直接并网；缺点是气动效率低、结构载荷高，易造成电网电压波动，从电网吸收无功功率。

（2）变速风电机组。优点是气动效率高、机械应力小、功率波动小、成本效率高、支撑结构轻；缺点是功率对电压降敏感，电气设备的价格较高，维护量大。现常用于大容量的主力机型。

8. **按照风电机组的发电机类型分类**

（1）异步发电机型。异步发电机型按其转子结构不同又可分为以下类型：

1）笼型异步发电机，转子为笼型。由于其结构简单、可靠、廉价、易于接入电网，在小、中型风电机组中得到广泛应用。

2）绕线式双馈异步发电机，转子为线绕型。定子与电网直接连接输送电能，同时绕线式转子也经过变频器控制向电网输送有功或无功功率。

（2）同步发电机型。同步发电机型按其产生旋转磁场的磁极的类型又可分为：

1）电励磁同步发电机。转子为线绕凸极式磁极，通过外接直流电流激磁产生磁场。

2）永磁同步发电机。转子为铁氧体材料制造的永磁体磁极，通常为低速多极式，不用外界激磁，简化了发电机结构，因而具有多种优势。

2.1.1.2　技术特性

1. **双馈式异步风电机组的主要优点**

（1）能控制无功功率，并通过独立控制转子励磁电流解耦有功功率和无功功率控制。

（2）双馈感应发电机无需从电网励磁，而从转子电路中励磁。

（3）能产生无功功率，并可以通过电网侧变流器传送给定子。

2. **直驱式风电机组的主要优点**

（1）发电效率高。直驱式风电机组没有齿轮箱，减少了传动损耗，提高了发电效率，尤其是在低风速环境下，效果更加显著。

（2）可靠性高。齿轮箱是风电机组运行出现故障频率较高的部件，直驱技术省去了齿轮箱及其附件，简化了传动结构，提高了风电机组的可靠性。同时，风电机组在低转速下运行，旋转部件较少，可靠性更高。

（3）运行及维护成本低。采用无齿轮直驱技术可减少风电机组零部件数量，避免齿轮箱油的定期更换，降低了运行维护成本。

（4）电网接入性能优异。直驱永磁风电机组的低电压穿越使得电网并网点电压跌落时，风电机组能够在一定电压跌落的范围内不间断并网运行，从而维持电网的稳定运行。

2.1.2　施工安全技术

2.1.2.1　风电机组吊装

（1）吊装前吊装人员必须检查吊车各零部件，正确选择吊具。起吊前应认真检查风电机组设备，防止物品坠落。

（2）吊装现场必须设专人指挥。指挥人员必须有安装工作经验，执行规定的指挥手势和信号。起重机械操作人员在吊装过程中负有重要责任。吊装前，吊装指挥人员和起重机械操作人员要共同制定吊装方案。吊装指挥人员应向起重机械操作人员交代清楚工作任务。

（3）参加风电机组吊装的全体人员，必须严格遵守电力工程施工安全规程要求，熟悉并严格执行本工种的安全操作规程，按照风电机组吊装施工工艺的要求，精心操作。

（4）遇有大雾、雷雨天、照明不足，指挥人员看不清各工作地点，或起重机械操作人员看不见指挥人员时，不得进行起重工作。

（5）吊装施工时间要尽量安排在风速不大的季节进行。塔筒安装前，应对气象条件和安装时间作出粗略估计，以确保整个安装过程中吊装塔筒下段时风速不大于 12m/s，吊装塔筒上段、机舱时风速不大于 8m/s，吊装塔筒轮毂和叶片时风速不大于 6m/s。

（6）在起吊过程中，不得调整吊具，不得在吊臂工作范围内停留。塔上协助安装指挥及工作人员不得将头和手伸出塔筒之外。

（7）所有吊具调整应在地面进行。在吊绳被拉紧时，不得用手接触起吊部位，以免碰伤。

（8）不同设备吊装作业时，要确保安全起吊机舱、桨叶、风轮的风速不超过风电机组设备安装技术相关标准的规定。

（9）起吊塔筒吊具必须齐全。起吊点要保持塔筒直立后下端处于水平位置。应有导向绳导向。

（10）起吊机舱时，起吊点应确保无误。在吊装中必须保证有一名工程技术人员在塔筒平台协助指挥吊车司机起吊。起吊机舱必须配备对讲机，系好导向绳。

（11）起吊桨叶必须保证有足够高的起吊设备。应有两根导向绳，导向绳长度和强度应满足相关标准要求。应用专用吊具，加护板。工作现场必须配备对讲机。保证现场有足够人员拉紧导向绳，保证起吊方向，避免触及其他物体。

（12）塔筒上段与机舱要连续安装，当天完成，以免夜间停工期间刮起大风造成塔筒共振破坏。

（13）高处作业人员要系好安全带，地面作业人员要戴安全帽。高处作业人员的手用工具要放在工具袋内，在高空传递时不得扔掷。

（14）每次雨后、风后都要对现场摆放的塔筒、机舱、叶片等设备进行检查，必须保证其垫木、支撑等稳定、可靠。

（15）吊装时，吊具必须绑扎牢固。

（16）吊装现场划定作业区域，非施工人员禁止进入施工区域。

2.1.2.2　风电机组场内外运输

（1）风电机组安装现场道路应平整、通畅，所有桥涵、道路能够保证各种施工车辆安全通行。

（2）在运输过程中，要对沿途路况进行勘察，了解路、桥、涵洞等的承重与宽度，必要时请交通部门协助通过。

（3）对道路运输驾驶人员要求做到"八不"，即不超载超限、不超速行车、不强行超车、不开带病车、不开情绪车、不开急躁车、不开冒险车、不酒后开车。保证精力充沛，谨慎驾驶，严格遵守道路交通规则和交通运输法规。

（4）做好危险路段记录并积极采取应对措施，特别是山区道路行车安全，要做到"一慢、二看、三通过"。

（5）发生事故时，应立即停车、保护现场、及时报警、抢救伤员和货物财产，协助事故调查。

（6）不违章作业，驾驶人员连续驾驶时间不超过4h。

2.1.3　运行安全技术

2.1.3.1　风电机组运行

（1）风电机组运行期间，安全装置、控制装置均正常投入，无失效、短接及退出现象。

（2）手动启动风电机组前，风轮上应无覆冰、积雪现象；风电机组内发生冰冻情况时，禁止使用自动升降机等辅助爬升设备；停运叶片结冰的机组，应采用远程停机方式。

（3）风电机组正常启、停操作应采取风电机组底部就地操作或远程操作。机舱内启、停操作仅限于调试、维护和故障处理。

（4）有人员在机舱内、塔架平台或塔架爬梯上时，禁止将风电机组启动并网运行。

（5）在寒冷、潮湿和盐雾腐蚀严重的地区，停止运行7天以上的风电机组在投运前应检查绝缘，合格后才能启动运行。

（6）禁止在风电机组进气口和排气口附近存放物品。

（7）风电机组长期退出运行时，应在风电机组周边、内部做好安全警示措施和防潮措施，并定期进行巡检。必要时对可能发生凝露、锈蚀的设备进行保养维护。

（8）风电机组的巡视应遵照《风力发电场安全规程》（DL 796—2001）相关规定进行定期巡视、登机巡视、特殊巡视。当风电机组非正常运行、大修后或新设备投入运行时，需要增加该部分设备的巡视检查内容和次数。

2.1.3.2　风电机组检修

（1）风电机组检修作业时，必须保持通信畅通，随时保持各作业点、监控中心之间的联络。

（2）风电机组检修作业时，车辆宜停泊在塔架上风向并与塔架保持 20m 及以上的安全距离。

（3）风电机组检修作业使用的临时照明、手持照明，应使用电压不大于 24V 的安全行灯变压器。

（4）风电机组检修作业使用的手持式电动工具应使用Ⅱ类或Ⅲ类电动工具。

（5）检修和维护时使用的吊篮，应符合《高处作业吊篮》（GB 19155—2003）相关标准技术要求。工作温度低于 −20℃时禁止使用吊篮，当工作处阵风风速大于 8m/s 时，不得在吊篮上工作。

（6）出机舱工作必须系安全带，系两根安全绳；在机舱顶部作业时，应站在防滑表面。安全绳应挂在安全绳定位点或牢固构件上。

（7）风速超过 12m/s 时，不得打开机舱盖（含天窗）；风速超过 14m/s 时，应关闭机舱盖。风速超过 12m/s，不得在轮毂内工作，风速超过 18m/s 时，不得在机舱内工作。

（8）测量网侧电压和相序时必须佩戴绝缘手套，并站在干燥的绝缘台或绝缘垫上；风电机组启动并网前，应确保电气柜柜门关闭，外壳可靠接地。检查和更换电容器前，应将电容器充分放电。

（9）检修液压系统时，应先将液压系统泄压，拆卸液压站部件时，应戴防护手套和护目眼镜；拆除制动装置应先切断液压、机械与电气连接，安装制动装置应最后连接液压、机械与电气装置。

（10）清理润滑油脂必须戴防护手套；打开齿轮箱盖及液压站油箱时，应防止吸入热蒸汽；进行清理滑环、更换碳刷、维修打磨叶片等粉尘环境的作业时，应佩戴防毒防尘面具。

（11）进入轮毂或在风轮工作，应首先将风轮可靠锁定，不得在高于风电机组规定的最高允许风速时锁定风轮；进入变桨距机组轮毂内工作，还必须将变桨机构可靠锁定。

（12）拆除能够造成风轮失去制动的部件前，应首先锁定风轮。拆除制动装置应先切断液压、机械与电气连接。

（13）严禁在风轮转动的情况下插入锁定销，禁止锁定销未完全退出插孔前松开制动器。

（14）使用弹簧阻尼偏航系统卡钳固定螺栓扭矩和功率消耗应每半年检查一次。采用滑动轴承的偏航系统固定螺栓力矩值应每半年检查一次。

（15）风电机组内的螺栓，均应按规定的方式和力矩值进行紧固，并进行抽检。

（16）风电机组高速轴和刹车系统防护罩未就位时，禁止启动风电机组。

（17）进入轮毂或在风轮工作，宜按照有限空间作业的安全管理要求做好相应措施。

（18）禁止将车辆作为缆绳支点和起吊动力器械。

（19）风电机组检修工作完毕后，应清点检修前所携带的工具和物料，及时清理现场的油污、零件包装、抹布等废弃物。在锁闭塔筒门之前，应清点工作人员，防止人员被锁在塔筒内。

2.1.4 标准依据

风电机组施工及运行必须遵照的相关标准及规范见表2.1。

表 2.1 风电机组施工及运行的标准依据

序号	标 准 名 称	标准编号或计划号
1	电工术语 风力发电机组	GB/T 2900.53—2001
2	风力发电机组 双馈异步发电机 第1部分：技术条件	GB/T 23479.1—2009
3	风力发电机组 双馈异步发电机 第2部分：试验方法	GB/T 23479.2—2009
4	直驱永磁风力发电机组 第1部分：技术条件	GB/T 31518.1—2015
5	直驱永磁风力发电机组 第2部分：试验方法	GB/T 31518.2—2015
6	风力发电机组 装配和安装规范	GB/T 19568—2017
7	风力发电机组 验收规范	GB/T 20319—2017
8	风力发电机组 运行及维护要求	GB/T 25385—2010
9	电业安全工作规程 第1部分：热力和机械	GB 26164.1—2010
10	电力安全工作规程 发电厂和变电站电气部分	GB 26860—2011
11	风力发电场安全规程	DL/T 796—2012

2.2 塔 架

塔架是指风电机组的支撑结构，一般为采用钢板卷制、焊接等形式组成的柱体或者锥体结构，内部附有机械内件和电器内件等辅助设备。风电机组塔架包括塔体、爬梯、电缆、电缆梯、平台等结构，如图2.2所示。

2.2.1 类型

风电机组的塔架主要有混凝土制造和钢材制造两种。

1. 混凝土制造的塔架

混凝土制造的塔架需要将原材料从工厂运送到安装地点就地建筑，但是这种结构只适用于小型风电机组，大型风电机组用这种方法建设塔架的运输成本比较高。

2. 钢材制造的塔架

钢材制造的风电机组塔架主要有桁架式和圆筒式两种。

（1）桁架式。桁架式风电机组塔架并不多见，塔身由杆件组成，各杆件通过螺栓连接，最常见的桁架式塔架是电视塔。桁架式风电机组是开放式

图 2.2 风电机组塔架实物

的，不利于缆线安装和保护，并且风电机组塔顶需要维修时不便于工人攀爬。

（2）圆筒式。目前，大型兆瓦级风电机组塔架多采用圆筒式，也常将这种塔架称为塔筒。塔筒先由一系列成对的钢板卷压，然后将这些钢板沿纵向焊接成锥形圆台，再将圆台沿横向焊接成塔筒。塔筒内部设有爬梯和平台，有些塔筒设有电梯，便于工人维修塔顶风电机组。塔身是封闭结构，能够保证维修工人的安全，也能够更好地避免电缆老化或破坏，延长使用寿命。塔筒的外形美观，得到了广泛应用。塔筒通常有两种固定方式：一种是将一短塔段嵌入地下，塔筒底部法兰通过螺栓固定在短塔段上；另一种是将螺杆浇铸在混凝土中，塔筒底部法兰通过螺杆固定在地基上。

2.2.2　施工安全技术

塔架吊装施工时应满足以下安全技术措施：

（1）基础浇筑后保养 28 天后方可进行塔架安装，塔架安装时基础的强度不应低于设计强度的 75%。

（2）安装地基应用水平仪校验，地基与塔架接触面的水平度不大于 1mm，以满足风电机组安装后塔架与水平面的垂直度要求。

（3）高空作业的现场地面不可停留闲杂人员，不可向下抛掷任何物体，也不可将任何物体遗漏在高空作业现场。

（4）安全防护区应有警告标志。

（5）吊装物应固定牢靠，防止坠落，发生意外。

（6）大型零部件在运输时应采取有效措施，保证运输的安全；应提出对道路的宽度、最小转弯半径、最大承载力要求，应考虑当地的道路高度。

（7）在平均风速大于 10m/s 时和雷雨气候下不可吊车工作。

（8）塔架安装前应对地基进行清洗，将地脚螺栓上的浇注保护套取下并清除螺栓根部水泥或砂浆，螺栓应加注少许润滑油，在法兰接触面涂密封胶。

（9）塔架起吊后要缓慢移动，塔架法兰螺纹孔要对准对应的螺栓位置后轻轻放下并按照对称拧紧方法拧紧，以保证受力均匀。

（10）将要在地基上固定的构件按规定的位置固定好。

（11）塔架起吊前应检查所固定的构件是否有松动和遗漏。

（12）塔架安装后检查其安装位置，如果误差较大应进行调整、防止挤压螺栓。

（13）塔架安装后检查垂直度，塔架中心线的垂直度应不大于塔架高度的 1‰。

（14）塔架安装前应先完成风电机组基础验收，其接地电阻应满足技术要求。

（15）起吊塔架时，应保证塔架直立后下端处于水平位置，并至少有一根导向绳导向。

（16）塔架就位时，工作人员不应将身体部位伸出塔架之外。底部塔架安装完成后应立即与接地网进行连接，其他塔架安装就位后应立即连接引雷导线。

2.2.3　运行安全技术

塔筒内攀爬时应满足以下安全技术措施：

（1）现场工作人员攀爬风电机组的爬梯前应做好风险分析，明确工作任务与分工，清点工作；应减少工作人员在高处的时间，遵守高处作业时间最短原则；落实预防措施，通过落实围栏，关闭孔洞盖板创建新的基准面，降低高处作业风险。

（2）现场人员攀爬塔架前，应确认符合气象条件；冬季或雨雪天气，应清除梯子上及脚底的冰雪后，方可进入塔架，爬塔架时应注意个人保暖与腰部防护，作业人员背部、腰部不宜紧靠冰冷部件。

（3）攀爬风电机组前，应将机组置于停机状态，禁止两人在同一段塔架内同时攀爬；上下攀爬风电机组时，通过塔架平台盖板后，应立即随手关闭平台盖板；随身携带工具人员应后上塔、先下塔；到达塔架顶部平台或工作位置，应先挂好安全绳，后解自锁器；在塔架爬梯上作业，应系好安全绳和定位绳，进行防坠落方案转换时要连接到梯子的安全锚点上，不应直接连在梯子的铝制爬梯的横杠（有螺纹杆的除外）上；安全绳的挂点不应低于作业人员的肩部，严禁低挂高用。

（4）作业人员在攀爬过程中应时刻保证双手双脚中的 3 个点与爬梯有实质性接触；作业人员处在高处时应优先选择工作定位与限位的安全用品，其次选择防坠落安全用具，并优先选择防坠落距离短的防坠落安全用品，同时应以作业人员的步速与体能攀爬梯子。

（5）现场工作人员使用塔筒升降机前应经过升降机厂家培训，当使用塔筒中的升降机时，应首先了解升降机的使用说明，确认升降机的额定载荷，以及升降机在使用过程中的注意事项，并严格按照电梯的使用说明来使用升降机；首次操作升降机的人员应在有经验的工作人员陪同下进行。

（6）当出现超速、风暴、雷雨、闪电等恶劣气候时应立即停止作业，并马上撤离。

（7）当作业人员需要到风力发电机组平台时，应先关闭平台盖板后再卸掉自锁器；当从风电机组平台向下攀爬时应先连接好自锁器再打开盖板。

2.2.4　标准依据

风电机组塔架施工及运行必须遵照的相关标准及规范如表 2.2 所示。

表 2.2　风电机组塔架施工及运行的标准依据

序号	体　系　框　架	标准编号或计划号
1	风力发电机组 塔架	GB/T 19702—2010
2	安全带	GB 6095—2009
3	安全标志及其使用导则	GB 2894—2008
4	风力发电机组 安全手册	GB/T 35204—2017
5	风力发电机组装配和安装规范	GB/T 19568—2017
6	风力发电场项目建设工程验收规程	DL/T 5191—2004

2.3　机　　舱

机舱内的装置是风电机组最重要的设备，也是主驱动链和偏航机构固定的基础，并能将载荷传递到塔架上去。机舱包括传动系统、发电机系统、辅助系统、控制系统等，机舱的吊装过程如图 2.3 所示。

2.3.1　类型和技术特性

2.3.1.1　类型

目前，国内机舱结构主要分两类。异步风电机组机舱，内有发电机及齿轮箱；直驱式风电机组机舱，由于无齿轮箱，所以发电机是风轮与机舱间的直接连接部件。

2.3.1.2　技术特性

1. 异步风电机组机舱

（1）操作和维修方便。如用于运输维修物品的吊车一般放在机舱后部，机舱后部一般离塔架较远，物品不易与塔架碰撞。

（2）功能效率要求高。如冷却器要放在换热效率高的地方，有的换热器放在机舱罩外顶部。

图 2.3　风电机组机舱吊装过程

（3）尽量保持机舱静平衡，使机舱的重心位于机舱的对称面内，在塔架与叶轮之间偏塔架轴线一方。这样便于吊具设计、机舱吊装，并有利于偏航回转装置负载均匀。

2. 直驱式风电机组机舱

直驱式风电机组机舱布置简单。轮毂直接与发电机外转子相连，发电机定子紧固在主轴上，主轴固定左机舱底座上。机舱内除了少量电气设备和偏航装置外，没有别的装备，十分简洁。

2.3.2　施工安全技术

2.3.2.1　机舱施工

（1）安装现场的工作人员应佩戴安全装备，如安全鞋、安全帽、工作服、防护手套、听觉防护（需要时）、防护镜（需要时）、安全带等。

（2）高空作业的现场地面不可停留闲杂人员，不可向下抛掷任何物体，也不可将任何物体遗漏在高空作业现场。

（3）安全防护区应有警告标志。

（4）吊装物应固定牢靠，防止坠落，发生意外。严禁现场人员到吊车臂下以及吊物下方。

（5）机舱到场后，确保密封严实完好，以防沙尘、雨雪等进入机舱组件内。

（6）在平均风速大于 10m/s，雨雪、雷电等恶劣天气下以及夜间光线不足时不可进行吊装工作。

（7）吊车驾驶人员要有符合相关规定的执业资格证书。

（8）吊具使用前目测检查每件吊具的完好性，发现异常则禁止使用。

（9）正确使用吊具，严禁违规使用吊具。

（10）吊车吊物前，确保地面有足够的承载力，并保持平稳，防止雨水冲刷导致支撑地面失去稳定作用而发生危险。

（11）机舱底座法兰与顶段塔筒上法兰面紧紧贴合，螺栓口对齐（对正）后方可手工旋入螺栓。严禁将机舱底座与塔筒连接螺栓强行旋入，如施工遇到困难，需马上停止，过丝后再进行安装。

（12）在机舱吊装前，需拧至各段塔架连接螺栓力矩。

（13）主吊车设备规格选择应由现场吊装经理根据所安装机型的机舱重量和轮毂中心高度，并对照吊车性能参数表和相关起重规范来确定。

2.3.2.2　机舱组装

（1）组装前机舱应保持清洁，防止潮湿及雨淋。

（2）机舱与安装平台可靠固定后方可进行机舱组装，机舱吊点应可靠牢固。

（3）安装测风支架应在机舱地面进行，两人配合，测风支架底座一圈用聚氨酯密封胶密封。

（4）机舱连接螺栓、螺母、垫片安装正确，应分多次对称拧紧螺栓至规定力矩。

（5）组装机舱壳体时，避免碰撞机舱底部仪器设备。

（6）机舱组装后不能立即安装设备的应有防倾覆、防位移措施。

2.3.2.3　机舱吊装

（1）为给下道工序做准备，机舱吊装前机舱内放置的零部件要牢固可靠，防止滑落。

（2）如果条件允许，一般要求机舱口与主风向一致。

（3）机舱与塔筒对接时需缓慢，注意不要将手、工具等伸入两法兰之间。

（4）对接塔筒外法兰，安装螺栓时需小心，防止螺栓沿塔筒壁滑落发生危险并注意提醒地面人员远离塔筒周围。

（5）塔筒顶法兰与机舱偏航轴承连接螺栓先使用电动扳手预紧，然后使用液压扳手进行 3 遍拧紧，要求螺栓紧固施工过程连续、不间断。

（6）安装和拆卸过程中，注意机舱专用吊具不要碰坏机舱内的设备和电气元件，也不要使吊具伤人，注意人员、设备安全。

（7）机舱法兰对正后，按要求安装好连接螺栓，并紧固至设计力矩。

（8）机舱吊装时，风速不应该高于该机型安装技术规定，未明确相关吊装风速的，风速超过 8m/s 时，不宜进行机舱吊装。

（9）遇有大雾、雷雨天、照明不足，指挥人员看不清各工作地点，或起重机驾驶员看不见起重指挥人员等情况时，不应进行起重工作。

2.3.2.4　机舱场内外运输

（1）车辆应有足够的长度和承载能力满足机舱在各路况的运输要求。

（2）运输车辆（船舶）应性能良好、手续齐全，同时车辆（船舶）能够保证陆运和海运的安全性和可靠性。

（3）驾驶人员应具有国家认证的资格，证书应齐全。

（4）机舱运输前，应根据设备防冲击、振动、防潮、抗变形等方面的要求，采用合理的方式进行绑扎固定。

（5）应有风电机组机舱的装车和卸车作业专项技术方案，作业时应专人负责。

（6）机舱运输时，应固定牢靠和设置警示标志；在运输、装卸过程中，密封严实可靠。

（7）机舱在运输时应采取有效措施保证运输安全，应提出对道路宽度、最小转弯半径的要求，还应考虑当地的道路高度。

2.3.3　运行安全技术

2.3.3.1　机舱运行

（1）风电机组是全天候自动运行的设备，在整个运行过程中处于严密控制之中，通过机舱控制柜将机舱内发电机、齿轮箱、偏航系统、测风辅助系统等信息采集后发送至可编程控制器，会及时发现设备异常情况。

（2）在风电机组超常振动、过速、出现极限风速等时保护风电机组，独立于计算机系统的安全链可能把对风电机组造成致命伤害的故障点串联成一个回路，其中任何一个节点被触发后都会引发系统紧急停机，安全保护措施会让系统执行紧急停机的动作。

（3）偏航系统局域自动控制功能保证风力发电机组在小风状态下自行解缆，避免电缆损坏，减少了电量损失。

2.3.3.2　机舱检查与维护

（1）检查发电机的机械连接及固定结构是否牢靠。

（2）测试发电机绝缘值是否满足运行要求，正常运行时是否异响。

（3）检查齿轮箱油位及漏油情况，齿轮油按照规定及时进行油样检测。

（4）检查偏航系统压力是否正常，制动器闸体及闸片有无损坏情况。

（5）检查测风系统是否固定牢靠，是否满足灵敏度及准确度要求。

（6）检查液压系统油位是否正常，连接油管是否渗漏油，每 3 年进行液压油采样化验。

（7）检查轴承润滑系统是否正常运行，轴承是否缺油，有无异响等。

（8）检查机舱紧急停机按钮、振动开关、扭缆开关、叶轮过速模块的功能是否正常。

（9）检查机舱天窗手柄是否完整，密封是否牢固。

2.3.3.3　机舱提升机使用

（1）调试风电机组需要将提升机链条重新收回到链盒内，收回时应仔细检查链条是否有质量缺陷，避免使用提升机时造成链条断裂，危及风电机组下面的人员安全。

（2）提升重物时，不得用手拉链条以免意外夹伤。打开吊物孔门时要穿安全衣、系安全绳，且安全绳要与机舱中的安全挂点固定好，并将支撑架放下以免失足坠落。

（3）提升重物需要考虑提升机的载重，一般不得超过提升机额定的载重量（350kg），且不得载人。

（4）提物品时应该把物品固定好，检查工具包是否牢固，是否有小孔，以免小工具掉落伤人。

（5）用提升机将物体提升到机舱，应使用导向绳稳定吊物，以免吊物与塔壁碰撞，造成物体和塔架防腐的损伤。同时确保此期间无人及车辆在塔架周围，以防坠物掉落伤人。

（6）在风速较大的情况下提升重物时，风轮要偏航侧风90°之后方可使用。风速过大时不得使用提升机。

（7）使用提升机过程中，应考虑周围环境。应正确使用提升机，防止错误操作造成设备工具碰撞损坏，或链条等触及高压线造成触电。

2.3.4 标准依据

风电机组机舱施工及运行必须遵照的相关标准及规范见表2.1。

2.4 风 轮（轮 毂）

风轮是将风能转化为机械能的风力部件，由叶片和轮毂组成。叶片是使风轮旋转并产生气动力的部件；轮毂是风电机组的主要部件，用于安装风轮叶片或叶片组件于风轮轴上，如图2.4所示。

2.4.1 类型和技术特性

2.4.1.1 类型

目前，国内叶轮主要分两类：水平轴风轮，风轮的旋转轴与风向平行，主要分类包括单叶片、双叶片、三叶片和多叶片等，其中三叶片风轮应用最为广泛；垂直轴风轮，风轮的旋转轴垂直于地面或者气流方向。

2.4.1.2 技术特性

1. 水平轴三叶片风轮特点

水平轴三叶片风轮的缺点是在风向转变

图2.4 风电机组风轮实物图

时须随风摆动，造成结构复杂，能量损耗大，噪声大，设计转速较低，发电机变速比较大。优点是3片叶片制作方便，并且机械强度高。

2. 垂直轴风轮特点

垂直轴风轮的优点是不需要随着风向摆动，电机位置固定，运转稳定，噪声小。但现有垂直轴风电机组虽然不受风向影响，风轮有一半时间处于逆风周期。

2.4.2 施工安全技术

2.4.2.1 风轮施工

（1）安装现场的工作人员应佩戴安全装备，如安全鞋、安全帽、工作服、防护手套、听觉防护（需要时）、防护镜（需要时）、安全带等。

（2）高空作业的现场地面不允许停留闲杂人员，不可向下抛掷任何物体，也不可将任何物体遗漏在高空作业现场。

（3）安全防护区应有警告标志。

（4）吊装物应固定牢靠，防止坠落，发生意外。

（5）大型零部件在运输时应采取有效措施，保证运输的安全；应提出对道路宽度、最小转弯半径、最大承载力的要求，应考虑当地的道路高度。

（6）在平均风速大于 10m/s 时和雷雨气候下不允许吊车工作。

（7）应有风电机组和吊车在吊装现场吊装中的位置图。

2.4.2.2　风轮组装

（1）组装前轮毂应保持清洁，安装平台应放置水平。

（2）轮毂与安装平台可靠固定后方可进行叶轮叶片组装，叶片吊点应设在叶片起吊标示位，并应有防护措施。

（3）叶片根部的 0°标记位与轮毂叶片轴承的 0°标记位应保持一致。

（4）叶片连接螺栓、螺母、垫片安装正确，应分多次对称拧紧螺栓至规定力矩。

（5）叶片安装后应采用专用支架支撑叶片，支持点在支撑标示位。

（6）风轮组装后不能立即安装的应有防倾覆、防位移措施。

2.4.2.3　风轮吊装

（1）风轮吊装应使用检验合格的吊具。

（2）吊装前，应检查叶片引雷线连接良好，叶片各接闪器至根部引雷线阻值不应大于该风力发电机组的规定值，检查吊具与叶轮是否固定牢靠。

（3）起吊时至少有两根导向绳，导向绳长度和强度应足够；应有足够人员拉紧导向绳，保证起吊方向。

（4）吊装风轮时，应在叶尖设置导向绳，防止发生转动、磕碰受损，导向绳的长度和强度应满足制造厂家要求，应注意叶尖不能碰着地面和塔架，以免损伤叶尖。

（5）风轮吊离地面 1.5～1.8m 时，安装叶轮定位导向销。

（6）轮毂法兰对正后，按要求安装好连接螺栓，并紧固至设计力矩。

（7）风轮吊装时，风速不应该高于该机型安装技术规定，未明确相关吊装风速的，风速超过 8m/s 时，不宜进行风轮吊装。

（8）遇有大雾、雷雨天气，或者照明不足时，有可能出现指挥人员看不清各工作地点，或起重机驾驶员看不见起重指挥人员的指令等情况，不宜进行吊装工作。

2.4.2.4　风轮场内外运输

（1）风电机组设备运输前，应根据设备防冲击、振动、防潮、抗变形等方面的要求，采用合理的方式进行绑扎固定。

（2）应编制风电机组设备的装车和卸车作业专项技术方案，作业时应设专人。

（3）叶片、轮毂运输时，应固定牢靠和设置警示标志；在运输、装卸过程中，应对叶片的薄弱部位、螺栓和配合面加以特别保护。

2.4.3　运行安全技术

2.4.3.1　风轮运行

（1）风速超过 12m/s 时，不应在机舱外和轮毂内工作。

（2）进入轮毂或风轮上工作，首先必须将风轮可靠锁定；锁定风轮时，风速不应高于风电机组规定的最高允许风速。进入变桨距风电机组轮毂内工作时，必须将变桨机构可靠固定。

（3）严禁在风轮转动的情况下插入锁定销，禁止锁定销未完全退出插孔前松开制动器。

（4）手动启动风电机组前风轮上应无结冰、积雪现象；停运叶片结冰的风电机组，应采用远程停机的方式。

2.4.3.2 叶片检查

（1）检查叶片的表面、根部和边缘有无损坏，检查一级装配区域有无裂缝。

（2）检查叶片内部有无异物。

（3）根据力矩表抽样紧固叶片螺栓。

（4）检查叶片初始安装角是否改变。

（5）检查叶片表面附翼有无损坏。

（6）检查叶片的接地系统是否正常。

（7）检查定桨距系统的叶尖制动系统是否正常。

2.4.3.3 轮毂检查

（1）检查轮毂表面有无腐蚀。

（2）根据力矩表抽样紧固主轴法兰与轮毂装配螺栓。

（3）当发现螺栓不符合要求时应予以更换。

（4）检查叶片和风轮的锁定系统是否正常。

2.4.3.4 风轮检修

（1）风电机组检修作业时，必须保持通信畅通，随时保持各作业点、监控中心之间的联络。

（2）风电机组检修作业时，车辆宜停泊在塔架上风向并与塔架保持 20m 及以上的安全距离。

（3）严禁在风轮转动的情况下插入锁定销，禁止锁定销未完全退出插孔前松开制动器。

（4）拆除能够造成风轮失去制动的部件前，应首先锁定风轮。

（5）进入轮毂或在风轮工作，应首先将风轮可靠锁定，不得在高于风电机组规定的最高允许风速时锁定风轮；进入变桨距风电机组轮毂内工作，还必须将变桨机构可靠锁定。

（6）维修叶片使用的吊篮，应符合《高处作业吊篮》（GB 19155—2017）的技术要求。工作温度低于−20℃时禁止使用吊篮，当工作处阵风风速大于 8.3m/s 时，不应在吊篮上工作。

2.4.4 标准依据

风电机组风轮施工及运行必须遵照的相关标准及规范见表 2.3。

表 2.3 风电机组风轮施工及运行的标准依据

序号	标 准 名 称	标准编号或计划号
1	电工术语 风力发电机组	GB/T 2900.53—2001
2	风力发电机组 装配和安装规范	GB/T 19568—2017
3	风力发电机组 验收规范	GB/T 20319—2017
4	风力发电机组 运行及维护要求	GB/T 25385—2010
5	风力发电机组 风轮叶片	GB/T 25383—2010
6	风力发电场安全规程	DL/T 796—2012
7	风力发电场运行规程	DL/T 666—2012
8	风力发电场检修规程	DL/T 797—2012
9	风力发电机组 设计要求	JB/T 10300—2001

第3章 输电设备施工及运行安全技术

高压输电的主要目的是让电流在远距离传输的前提之下，降低电流耗损的成本，所以做好高压输电设备的施工及运行与维护工作，对于保证输电正常运行十分重要。本章从送出线路、集电线路、高压电缆线路3部分介绍施工及运行维护的相关内容。

3.1 送 出 线 路

送出线路的任务是输送电能，实现发电场站与变电站之间互联，实现电力系统间的功率传递，是风电场的重要组成部分。目前，风电场送出线路的电压等级主要有10kV、35kV、66kV、110kV、220kV等，实物图如图3.1所示。

3.1.1 组成和技术特性

3.1.1.1 组成

风电场送出线路一般是架空线路，由导线、避雷线、杆塔、绝缘子和金具等元件组成。

3.1.1.2 技术特性

架空线路具有投资省，施工、维护和检修方便等特点。

3.1.2 施工安全技术

3.1.2.1 坑洞开挖与爆破

（1）挖坑前，应与地下管道、电缆等地下设施的主管单位取得联系，明确地下设施

图3.1 220kV送出线路实物图

的确切位置，做好防护措施。组织外来人员施工时，应将安全注意事项交代清楚，并加强监护。

（2）挖坑时，应及时清除坑口附近浮土、石块，坑边禁止外人逗留。在超过1.5m深的基坑内作业时，向坑外抛掷土石应防止土石回落坑内，并做好防止土层塌方的临边防护措施。作业人员不准在坑内休息。

（3）在土质松软处挖坑，应有防止塌方的措施，如加挡板、撑木等。不准站在挡板、撑木上传递土石或放置传土工具。禁止由下部掏挖土层。

（4）在下水道、煤气管线、潮湿地、垃圾堆或有腐质物等附近挖坑时，应设监护人。在挖深超过2m的坑内工作时，应采取安全措施，如戴防毒面具、向坑中送风和持续检测

等。监护人应密切注意挖坑人员，防止煤气、硫化氢等有毒气体中毒及沼气等可燃气体爆炸。

（5）在居民区及交通道路附近开挖的基坑，应设坑盖或可靠遮栏，加挂警告标识牌，夜间挂红灯。

（6）检查塔脚，在不影响铁塔稳定的情况下，可以在对角线的两个塔脚同时挖坑。

（7）进行石坑、冻土坑打眼或打桩时，应检查锤把、锤头及钢钎。扶钎人应站在打锤人侧面。打锤人不准戴手套。钎头有开花现象时，应及时修理或更换。

（8）变压器台架的木杆打帮桩时，相邻两杆不准同时挖坑。承力杆打帮桩挖坑时，应采取防止倒杆的措施。使用铁钎时，注意上方导线。

（9）线路施工进行爆破作业时应遵守《民用爆炸物品安全管理条例》等有关规定。

3.1.2.2　杆塔施工

（1）立、撤杆应设专人统一指挥。开工前，应交代施工方法、指挥信号和安全组织、技术措施，作业人员应明确分工、密切配合、服从指挥。在居民区和交通道路附近立、撤杆时，应具备相应的交通组织方案，并设警戒范围或警告标志，必要时派专人看守。

（2）立、撤杆应使用合格的起重设备，禁止过载使用。

（3）立、撤杆塔过程中基坑内禁止有人工作。除指挥人员及指定人员外，其他人员应处于杆塔高度的 1.2 倍距离以外。

（4）立杆及修整杆坑时，应有防止杆身倾斜、滚动的措施，如采用拉绳和叉杆控制等。

（5）顶杆及叉杆只能用于竖立 8m 以下的拔梢杆，不能用铁锹、桩柱等代替。立杆前，应开好"马道"。作业人员要均匀地分配在电杆的两侧。

（6）利用已有杆塔立、撤杆，应先检查杆塔根部及拉线和杆塔的强度，必要时增设临时拉线或其他补强措施。

（7）使用吊车立、撤杆时，钢丝绳套应挂在电杆的适当位置以防止电杆突然倾倒。吊重和吊车位置应选择适当，吊钩口应封好，并应有防止吊车下沉、倾斜的措施。起、落时应注意周围环境。撤杆时，应先检查有无卡盘或障碍物并试拔。

（8）使用倒落式抱杆立、撤杆时，主牵引绳、尾绳、杆塔中心及抱杆顶应在一条直线上。抱杆下部应固定牢固，抱杆顶部应设临时拉线控制，临时拉线应均匀调节并由有经验的人员控制。抱杆应受力均匀，两侧拉绳应拉好，不准左右倾斜。固定临时拉线时，不准固定在有可能移动的物体上，或其他不牢固的物体上。使用固定式抱杆立、撤杆，抱杆基础应平整坚实，缆风绳应分布合理、受力均匀。

（9）整体立、撤杆塔前应进行全面检查，各受力、连接部位全部合格方可起吊。立、撤杆塔过程中，吊件垂直下方、受力钢丝绳的内角侧禁止有人。杆顶起立离地约 0.8m 时，应对杆塔进行一次冲击试验，对各受力点处做一次全面检查，确无问题，再继续起立；杆塔起立 70° 后，应减缓速度，注意各侧拉线；起立至 80° 时，停止牵引，用临时拉线调整杆塔。

（10）立、撤杆作业现场，不准利用树木或外露岩石作受力桩。一个锚桩上的临时拉线不准超过两根，临时拉线不准固定在有可能移动或其他不可靠的物体上。临时拉线绑扎工作应由有经验的人员担任。临时拉线应在永久拉线全部安装完毕承力后方可拆除。

（11）杆塔分段吊装时，上下段连接牢固后，方可继续进行吊装工作。分段分片吊装时，应将各主要受力材连接牢固后，方可继续施工。

（12）杆塔分解组立时，塔片就位时应先低侧、后高侧。主材和侧面大斜材未全部连接牢固前，不准在吊件上作业。提升抱杆时应逐节提升，禁止提升过高。单面吊装时，抱杆倾斜不宜超过 15°；双面吊装时，抱杆两侧的荷重、提升速度及摇臂的变幅角度应基本一致。

（13）在带电设备附近进行立撤杆工作，杆塔、拉线与临时拉线应与带电设备保持规定的安全距离，且有防止立、撤杆过程中拉线跳动和杆塔倾斜接近带电导线的措施。

（14）已经立起的杆塔，回填夯实后方可撤去拉绳及叉杆。回填土块直径应不大于 30mm，回填应按规定分层夯实。基础未完全夯实牢固和拉线杆塔在拉线未制作完成前，禁止攀登。杆塔施工中不宜用临时拉线过夜；需要过夜时，应对临时拉线采取加固措施。

（15）检修杆塔不准随意拆除受力构件，如需要拆除时，应事先做好补强措施。调整杆塔倾斜、弯曲、拉线受力不均或迈步、转向时，应根据需要设置临时拉线及其调节范围，并应有专人统一指挥。杆塔上有人时，不准调整或拆除拉线。

3.1.2.3 杆塔作业

（1）攀登杆塔作业前，应先检查根部、基础和拉线是否牢固。新立杆塔在杆基未完全牢固或做好临时拉线前，禁止攀登。遇有冲刷、起土、上拔或导地线、拉线松动的杆塔，应先培土加固，打好临时拉线或支好架杆后，再行登杆。

（2）登杆塔前，应先检查登高工具、设施，如脚扣、升降板、安全带、梯子和脚钉、爬梯、防坠装置等是否完整牢靠。禁止携带器材登杆或在杆塔上移位。禁止利用绳索、拉线上下杆塔或顺杆下滑。攀登有覆冰、积雪的杆塔时，应采取防滑措施。

（3）上横担进行工作前，应检查横担连接是否牢固和腐蚀情况，检查时安全带（绳）应系在主杆或牢固的构件上。

（4）作业人员攀登杆塔、杆塔上转位及杆塔上作业时，手扶的构件应牢固，不准失去安全保护，并防止安全带从杆顶脱出或被锋利物损坏。

（5）在杆塔上作业时，应使用有后备保护绳或速差自锁器的双控背带式安全带，当后备保护绳超过 3m 时，应使用缓冲器。安全带和后备保护绳应分别挂在杆塔不同部位的牢固构件上。后备保护绳不准对接使用。

（6）杆塔上作业应使用工具袋，较大的工具应固定在牢固的构件上，不准随便乱放。上下传递物件应用绳索拴牢传递，禁止上下抛掷。

（7）在杆塔上作业，工作点下方应按坠落半径设围栏或其他保护措施。杆塔上下无法避免垂直交叉作业时，应做好防落物伤人的措施，作业时要相互照应，密切配合。

（8）在杆塔上水平使用梯子时，应使用特制的专用梯子。工作前应将梯子两端与固定物可靠连接，一般应由一人在梯子上工作。

（9）在相分裂导线上工作时，安全带（绳）应挂在同一根子导线上，后备保护绳应挂在整组相导线上。

（10）雷电时，禁止线路杆塔上作业。

3.1.2.4　放线、紧线与撤线

（1）放线、紧线与撤线工作均应有专人指挥、统一信号，并做到通信畅通、加强监护。工作前应检查放线、紧线与撤线工具及设备是否良好。

（2）交叉跨越各种线路、铁路、公路、河流等放线、撤线时，应先取得主管部门同意，做好安全措施，如搭好可靠的跨越架、封航、封路、在路口设专人持信号旗看守等。

（3）放线、紧线前，应检查导线有无障碍物挂住，导线与牵引绳的连接应可靠，线盘架应稳固可靠、转动灵活、制动可靠。放线、紧线时，应检查接线管或接线头以及过滑轮、横担、树枝、房屋等处有无卡住现象。如遇导、地线有卡、挂住现象，应松线后处理。处理时操作人员应站在卡线处外侧，采用工具、大绳等撬、拉导线。禁止用手直接拉、推导线。

（4）放线、紧线与撤线工作时，人员不准站在或跨在已受力的牵引绳、导线的内角侧和展放的导、地线圈内以及牵引绳或架空线的垂直下方，防止意外跑线时抽伤。

（5）紧线、撤线前，应检查拉线、桩锚及杆塔。必要时，应加固桩锚或加设临时拉绳。拆除杆上导线前，应先检查杆根，做好防止倒杆措施，在挖坑前应先绑好拉绳。

（6）禁止采用突然剪断导、地线的做法松线。

（7）放线、撤线工作中使用的跨越架，应使用坚固无伤相对较直的木杆、竹竿、金属管等，且应具有能够承受跨越物重量的能力，否则可双杆合并或单杆加密使用。搭设跨越架应在专人监护下进行。

（8）跨越架的中心应在线路中心线上，宽度应超出所施放或拆除线路的两边各1.5m，架顶两侧应装设外伸羊角。跨越架与被跨电力线路应不小于规定的安全距离，否则应停电搭设。

（9）各类交通道口的跨越架的拉线和路面上部封顶部分，应悬挂醒目的警告标识牌。

（10）跨越架应经验收合格，每次使用前检查合格后方可使用。强风、暴雨过后应对跨越架进行检查，确认合格后方可使用。

（11）借用已有线路做软跨放线时，使用的绳索应符合承重安全系数的要求。跨越带电线路时应使用绝缘绳索。

（12）在交通道口使用软跨时，施工地段两侧应设立交通警示标识牌，控制绳索人员应注意交通安全。

（13）张力放线。

1）在邻近或跨越带电线路采取张力放线时，牵引机、张力机本体、牵引绳、导地线滑车、被跨越电力线路两侧的放线滑车应接地。操作人员应站在干燥的绝缘垫上，并不得与未站在绝缘垫上的人员接触。

2）不准在雷雨天进行放线作业。

3）在张力放线的全过程中，操作人员不准在牵引绳、导引绳、导线下方通过或逗留。

4）放线作业前应检查导线与牵引绳连接是否可靠牢固。

3.1.3　运行安全技术

线路的运行工作必须贯彻"安全第一、预防为主"的方针，严格执行有关规定。运行

单位应全面做好线路的巡视、检测、维修和管理工作，应积极采用先进技术和实行科学管理，不断总结经验、积累资料、掌握规律，保证线路安全运行。

线路的杆塔上必须有线路名称、杆塔编号、相位以及必要的安全、保护等标志，同塔双回、多回线路应有色标。

3.1.3.1 送出线路巡视

线路的巡视（简称巡线）是为了经常掌握线路的运行状况，及时发现设备缺陷和沿线情况，并为线路维修提供资料。

（1）巡线工作应由有电力线路工作经验的人员担任。巡线人员必须经过考试合格并经工区批准后方可上岗。电缆隧道、偏僻山区和夜间巡线，应由两人进行。汛期、暑天、雪天等恶劣天气巡线，必要时由两人进行。单人巡线时，禁止攀登电杆和铁塔。地震、台风、洪水、泥石流等灾害发生时，禁止巡视灾害现场。灾害发生后，如需要对线路、设备进行巡视时，应制定必要的安全措施，得到设备运维管理单位批准，并至少两人一组，巡视人员应与派出部门之间保持通信联络。

（2）正常巡线时，巡视人员应穿绝缘鞋；雨雪、大风天气或事故时巡线，应穿绝缘靴或绝缘鞋；汛期、暑天、雪天等恶劣天气和山区巡线时，应配备必要的防护用具、自救器具和药品；夜间巡线时，应携带足够的照明工具。

（3）夜间巡线应沿线路外侧进行；大风时，巡线应沿线路上风侧前进，以免触及断落的导线；特殊巡线时，应注意选择路线，防止洪水、塌方、恶劣天气等对人的伤害。巡线时禁止泅渡。

（4）事故巡线时，应始终认为线路带电，应明确了解即使该线路已停电，也随时有恢复送电的可能。

（5）巡线人员发现导线、电缆断落地面或悬挂空中，应设法防止行人靠近断线地点8m以内，以免跨步电压伤人，并迅速报告调控人员和上级，等候处理。

（6）线路巡视中，如发现危急缺陷或线路遭到外力破坏等情况，应立即采取措施并向上级或有关部门报告，以便尽快予以处理。对巡视中发现的可疑情况或无法认定的缺陷，应及时上报以便组织复查、处理。

巡线的主要内容如下：

1）检查沿线环境有无影响线路安全的情况。

2）检查杆塔、拉线和基础有无缺陷和运行情况的变化。

3）检查导线、地线（包括耦合地线、屏蔽线）有无缺陷和运行情况的变化。

4）检查绝缘子、绝缘横担及金具有无缺陷和运行情况的变化。

5）检查防雷设施和接地装置有无缺陷和运行情况的变化。

6）检查附件及其他设施有无缺陷和运行情况的变化。

3.1.3.2 送出线路检修

1. 在带电线路杆塔上的工作

（1）在带电杆塔上进行测量、防腐、巡视检查、紧固杆塔螺栓、清除杆塔上异物等维护工作时，作业人员活动范围及其所携带的工具、材料等与带电导线最小距离不准小于表3.1的规定。

表 3.1　在带电线路杆塔上作业与带电导线最小安全距离

线路类型	电压等级/kV	安全距离/m	电压等级/kV	安全距离/m
交流线路	≤10	0.7	220	3.0
	20、35	1.0	330	4.0
	66、110	1.5	500	5.0
直流线路	±50	1.5	±500	6.8
	±400	7.2	±660	9.0

（2）风力超过 5 级时禁止登杆塔作业。

（3）每基杆塔上都有线路名称和杆塔号，登塔前核对线路名称、杆塔号无误后登塔。

2. 砍伐树木

（1）在线路带电情况下，砍剪靠近线路的树木时，工作负责人应在工作开始前，向全体人员说明：电力线路有电，人员、树木、绳索应与导线保持表 3.2 的安全距离。

表 3.2　邻近或交叉其他电力线工作的安全距离

线路类型	电压等级/kV	安全距离/m	电压等级/kV	安全距离/m
交流线路	≤10	1.0	330	5.0
	20、35	2.5	500	6.0
	66、110	3.0	750	9.0
	220	4.0	1000	10.5
直流线路	±50	3.0	±660	10.0
	±400	8.2	±800	11.1
	±500	7.8		

（2）砍剪树木时，应防止马蜂等昆虫或动物伤人。上树时，不应攀抓脆弱和枯死的树枝，并应使用安全带。安全带不准系在待砍剪树枝的断口附近或以上。不应攀登已经锯过或砍过的未断树木。

（3）砍剪树木应有专人监护。待砍剪的树木下面和倒树范围内不准有人逗留，城区、人口密集区应设置围栏，防止砸伤行人。为防止树木（树枝）倒落在导线上，应设法用绳索将其拉向与导线相反的方向。绳索应有足够的长度和强度，以免拉绳的人员被倒落的树木砸伤。砍剪山坡树木应做好防止树木向下弹跳接近导线的措施。

（4）树枝接触或接近高压带电导线时，应将高压线路停电或用绝缘工具使树枝远离带电导线至安全距离。此前禁止人体接触树木。

（5）风力超过 5 级时，禁止砍剪高出或接近导线的树木。

（6）使用油锯和电锯的作业，应由熟悉机械性能和操作方法的人员操作。使用时，应先检查所能锯到的范围内有无铁钉等金属物件，以防金属物体飞出伤人。

3. 线路停电操作

（1）落实保证安全的组织措施。

（2）执行保证安全的组织措施。

（3）线路工作严禁约时停送电。

（4）遇有 5 级以上的大风时，禁止在杆塔上进行线路停电检修工作。

（5）每基杆塔应设识别标记（色标、判别标识等）和线路名称、杆号。工作前应发给作业人员相对应线路的识别标记。经核对停电检修线路的识别标记和线路名称、杆号无误，验明线路确已停电并挂好接地线后，工作负责人方可发令开始工作。

（6）登杆塔和在杆塔上工作时，每基杆塔都应设专人监护。

（7）作业人员登杆塔前应核对停电检修线路的识别标记和线路名称、杆号无误后，方可攀登。登杆塔至横担处时，应再次核对停电线路的识别标记与双重称号，确实无误后方可进入停电线路侧横担。

（8）绑线要在下面绕成小盘再带上杆塔使用。禁止在杆塔上卷绕或放开绑线。

（9）在停电线路一侧吊起或向下放落工具、材料等物体时，应使用绝缘无极绳圈传递，物件与带电导线的安全距离应符合相关标准规定。

（10）放线或撤线、紧线时，应采取措施防止导线或架空地线由于摆（跳）动或其他原因而与带电导线的距离接近至危险距离以内。

（11）绞车等牵引工具应接地，放落和架设过程中的导线亦应接地，以防止产生感应电。

3.1.4　标准依据

送出线路施工及运行必须遵照的相关标准及规范见表 3.3。

表 3.3　送出线路施工及运行的标准依据

序号	标　准　名　称	标准编号或计划号
1	电力安全工作规程　电力线路部分	GB/T 26859—2011
2	110~500kV 架空电力线路施工及验收规范	GB/T 50233—2005
3	架空输电线路运行规程	DL/T 741—2010
4	国家电网公司电力安全工作规程　线路部分	Q/GDW 1799.2—2013

3.2　集　电　线　路

风电场集电线路是风电场电气设备的重要组成部分，起着电能汇集及输送的关键作用。风电场集电线路一般分为直埋电缆、架空线以及直埋电缆—架空线混合 3 种。架空线一般由导线和避雷线、杆塔、绝缘子、金具、杆塔基础和接地装置等组成，集电线路外观如图 3.2 所示。

3.2.1　类型和技术特性

3.2.1.1　类型

（1）采用直埋电缆作为集电线路。

（2）采用架空线作为集电线路。

（3）采用直埋电缆—架空线作为集电线路。

3.2.1.2　技术特性

1. 直埋电缆作为集电线路的主要优缺点

（1）直埋电缆沿道路布置，施工方便，只占用临时征地，减少征地面积。

（2）不占地面和空间，视觉美观。

（3）可以不考虑防雷接地。

（4）完全不需要考虑覆冰影响。

图 3.2　集电线路外观

（5）运行维护简易、安全可靠性高。

（6）损耗略高。

（7）单相接地电容电流较大。

2. 架空线作为集电线路主要优缺点

（1）损耗低、单相接地电容电流较小。

（2）山坡较陡，但线路主要靠近道路和山脊，施工难度大。

（3）架空线路遭受雷击致使风力发电机组停机的事故常有发生。架空线路即使采用避雷线，也存在遭受雷击的概率。另外架空杆塔需要充分考虑接地。

（4）架空线路需考虑覆冰，铁塔需采取措施，尽量降低由于覆冰引起风电机组停机的概率。

（5）运行维护稍复杂。

（6）架空线路须考虑跨越经济作物、农田、房屋、道路等，施工难度较大，施工补偿费较高。

3. 直埋电缆—架空线作为集电线路主要优缺点

（1）损耗介于架空线、电缆之间。

（2）在风电场区内电缆沿道路布置，施工方便；风电场区外架空线施工难度较大。

（3）可靠性、运行维护等介于单独电缆布线或单独架空线之间。

3.2.2　施工安全技术

3.2.2.1　集电线路设备吊装

（1）必须组织施工人员对工器具进行全面认真的检查，确认配套工器具、设备全部完好合格才能使用。

（2）平整相应的组装场地，对影响组装和吊装的障碍物预先采取措施处理。

（3）铁塔组立前应仔细检查铁塔材料是否符合图纸的规格，有无弯曲、锈蚀麻面、夹层损坏和镀锌的质量是否满足要求。

（4）吊装现场必须设专人指挥。指挥人员必须有安装经验，执行规定的指挥手势和信号。起重机械操作人员在吊装过程中负有重要责任。吊装前，吊装指挥人员和起重机械操作人员要共同制定吊装方案。吊装指挥人员应向起重机械操作人员交代清楚工作任务。

（5）参加集电线路设备吊装的全体人员，必须严格遵守电力工程施工安全规程要求，熟悉并严格执行本工种的安全操作规程，按照集电线路设备吊装施工工艺的要求精心操作。

（6）遇有大雾、雷雨天气，或者照明不足时，有可能出现指挥人员看不清各工作地点，或起重机驾驶员看不见指挥人员的指令等情况，不宜进行吊装工作。

（7）在起吊过程中，不得调整吊具，不得在吊臂工作范围内停留。塔上协助安装指挥及工作人员不得将头和手伸出塔筒之外。

（8）所有吊具调整应在地面进行。在吊绳被拉紧时，不得用手接触起吊部位，以免碰伤。

（9）各转角塔左右横担长度不同，长横担组装在线路外角侧，短横担组装在线路内角侧，施工时应注意核对。

（10）铁塔组立完成后，应测量其倾斜值，直线塔的倾斜值不应大于 2.4‰；转角塔不得向受力侧倾斜，向外角倾斜不能超过设计预偏值。

（11）直线塔组立好经检查，螺栓紧固率达到 95% 以上，可以进行塔脚保护帽施工，耐张塔应在架线后进行塔脚保护帽施工。

（12）保护帽的混凝土应与塔脚板上部铁板接合严密，且不得有裂缝。

（13）接地装置必须敷设完成，当塔座板置于基础上后应马上与接地体连通，以防止立塔时雷电或感应电伤人。

（14）高处作业人员要系好安全带，地面作业人员要戴安全帽。高处作业人员的手用工具要放在工具袋内，在高空传递时不得扔掷。

（15）螺栓应与构件面垂直，螺栓头平面与构件间不应有空隙。

（16）螺母拧紧后，螺杆露出螺母的长度，对单螺母不应小于两个螺距；对双螺母可与螺母平齐。

（17）螺杆与螺母的螺纹有滑牙或螺母的棱角磨损以至扳手打滑的螺栓必须更换。

（18）铁塔组立时，塔材连接或重叠部位造成的间隙，均须用垫片垫平，但垫片重叠最多不得超过两片，当超过两片时，必须改用垫块或垫圈。

（19）吊装时，吊具必须绑扎牢固。

（20）吊装现场划定作业区域，非施工人员禁止进入施工区域。

3.2.2.2 集电线路设备场内外运输

（1）根据铁塔施工图检查到位铁塔型号是否与设计相符，确认无误方可运输。

（2）在运输的过程中，要对沿途路况进行勘察，了解路、桥、涵洞等的承重与宽度，必要时请交通部门进行协助通过。

（3）对道路运输驾驶人员要求做到"八不"，即不超载超限、不超速行车、不强行超车、不开带病车、不开情绪车、不开急躁车、不开冒险车、不酒后开车。保证精力充沛，谨慎驾驶，严格遵守道路交通规则和交通运输法规。

（4）做好危险路段记录并积极采取应对措施，特别是山区道路行车安全，要做到"一慢、二看、三通过"。

（5）发生事故时，应立即停车、保护现场、及时报警、抢救伤员和货物财产，协助事故调查。

（6）不违章作业，驾驶人员连续驾驶时间不超过 4h。

3.2.3　运行安全技术

3.2.3.1　集电线路运行

（1）线路的运行工作必须贯彻"安全第一、预防为主"的方针，严格执行电力安全工作规程的有关规定。运行单位应全面做好线路的巡视、检测、维修和管理工作，应积极采用先进技术和实行科学管理，不断总结经验、积累资料、掌握规律，保证线路安全运行。

（2）集电线路原则上不允许过负荷，即使在处理事故时出现的过负荷，也应迅速恢复其正常电流。

（3）应在夏季或电缆最大负荷时测量电缆的温度。

（4）需加强监视重要电缆线路的户外引出线连接点，一般可用红外线测温仪或测温笔测量温度。在检修时，应检查各接触面的表面情况。

（5）敷设在土中、隧道中以及沿桥梁架设的电缆，每 3 个月至少巡视一次。根据季节及基建工程特点，应增加巡查次数；对挖掘暴露的电缆，按工程情况，酌情加强巡视。

（6）电缆终端头，由现场根据运行情况每 1～3 年停电检查一次。

（7）对敷设在地下的每一电缆线路，应查看路面是否正常，有无挖掘痕迹及路线标桩是否完整无缺等。

（8）直埋电缆线路上不应堆置瓦砾、矿渣、建筑材料、笨重物件、酸碱性排泄物或砌堆石灰坑等。

（9）对户外与架空线连接的电缆和终端头应检查终端头是否完整，引出线的接点有无发热现象，电缆铅包有无龟裂漏油，靠近地面一段电缆是否被车辆撞碰等。

（10）对易发生外力破坏、鸟害的区域和处于洪水冲刷区的输电线路，应加强巡视，并采取针对性技术措施。

（11）线路的杆塔上必须有线路名称、杆塔编号、相位以及必要的安全、保护等标志，同塔双回、多回线路应有醒目的标识。

（12）杆塔基础表面水泥不应脱落，钢筋不应外露，装配式、插入式基础不应出现锈蚀，基础周围保护土层不应流失、坍塌。

（13）应注意检查钢筋混凝土杆保护层是否腐蚀脱落、钢筋外露；普通钢筋混凝土杆是否有纵向裂纹、横向裂纹，且缝隙宽度超过 0.2mm；预应力钢筋混凝土杆是否有裂缝。

（14）检查导、地线是否有表面腐蚀、外层脱落或呈疲劳状态，试验值不应小于原破坏值的 80％。

（15）导、地线由于断股、损伤造成强度损失或减少截面应不小于规定值。

（16）OPGW 接地引线不应松动或对地放电。

（17）瓷质绝缘子伞裙不应破损，瓷质不应有裂纹，瓷釉不应有烧坏。

（18）棒形及盘形复合绝缘子伞裙、护套不应破损或龟裂，端头密封不应开裂、老化。

（19）330kV 及以下线路盘形绝缘子绝缘电阻不应小于 300MΩ，500kV 及以上线路不应小于 500MΩ。

（20）绝缘横担不应有严重结垢、裂纹，不应出现瓷釉烧坏、瓷质损坏、伞裙破损。

（21）设备巡视以地面巡视为主，可以按照一定的比例进行带电登杆（塔）检查，重点对导线、绝缘子、金具、附属设施的完好情况进行全面的检查。

（22）巡线人员应将巡视电缆线路的结果，记入巡线记录簿内。运行部门应根据巡视结果，采取对策消除缺陷。

（23）巡线人员如发现电缆线路有重要缺陷，应立即报告运行管理人员，并做好记录，填写重要缺陷通知单。运行管理人员接到报告后应采取措施，及时消除缺陷。

3.2.3.2　集电线路检修

（1）检修项目应按照设备状况、巡视、检测的结果和反事故措施的要求确定。

（2）维修工作应根据季节特点和要求安排，要及时落实各项反事故措施。

（3）维修工作应遵守有关检修工艺要求及质量标准。更换部件维修（如更换杆塔、横担、导线、地线、绝缘子等）时，要求更换后新部件的强度和参数不低于原设计要求。

（4）运行维护单位应配备抢修工具，根据不同的抢修方式分类配备工具，并分类保管。

（5）线路维修检测工作应广泛开展带电作业，以提高线路运行的可用率。对紧凑型线路开展带电作业应计算或实测最大操作过电压倍数，认真核对塔窗的最小安全距离，慎重进行。

（6）应加强对杆塔、基础、导线、地线、拉线、绝缘子、金具及防洪、防冰、防舞、防雷、测振等设施的检测和维修，并做好定期分析工作。

（7）做好被雷击线路的检查，对损坏的设备应及时更换、修补，对发生闪络的绝缘子串的导线、地线线夹必须打开检查，必要时还须检查相邻档线夹及接地装置。

（8）重污区线路外绝缘应配置足够的爬电比距，并留有裕度；若有必要，特殊地区可以在上级主管部门批准后，配置足够的爬电比距，并在瓷绝缘子上喷涂长效防污闪涂料。

（9）覆冰季节前应对线路做全面检查，消除设备缺陷，落实除冰、融冰和防止导线、地线跳跃、舞动的措施，检查各种观测、记录设施，并对融冰装置进行检查、试验，确保必要时能投入使用。

（10）已经投入运行，经实践证明不能满足微气象区要求的杆塔型式、绝缘子串型式、导线排列方式，应有计划进行改造或更换，做好记录，并与设计单位沟通，在同类地区不得再使用相应设计。

（11）直埋电缆线路新投运 1 年后，应对电缆线路进行全面检查，收集各种状态量，并据此进行状态评价，评价结果作为状态检修的依据。

3.2.4　标准依据

集电线路施工及运行必须遵照的相关标准及规范见表 3.4。

表 3.4　集电线路施工及运行的标准依据

序号	标 准 名 称	标准编号或计划号
1	电工术语　架空线路	GB/T 2900.51—1998
2	电工术语　电缆	GB/T 2900.10—2013
3	电力安全工作规程　发电厂和变电站电气部分	GB 26860—2011
4	额定电压 110kV　交联聚乙烯绝缘电力电缆及其附件	GB/T 11017.1—2002～ GB/T 11017.3—2002

续表

序号	标　准　名　称	标准编号或计划号
5	额定电压 1kV（U_m＝1.2kV）到 35kV C（U_m＝40.5kV）挤包绝缘电力电缆及附件	GB/T 12706.1—2008～ GB/T 12706.4—2008
6	电气装置安装工程电缆线路施工及验收规范	GB 50168—2016
7	电气装置安装工程接地装置施工及验收规范	GB 50169—2016
8	额定电压 66kV～220kV 交联聚乙烯绝缘电力电缆接头安装规程	DL/T 342—2010
9	电业安全工作规程（电力线路部分）	DL/T 409—1991
10	架空送电线路钢管杆设计技术规程	DL/T 5130—2001
11	风力发电场安全规程	DL/T 796—2012

3.3　高 压 电 缆 线 路

高压电缆线路是用于传输和分配电能的电力设备，一般指由电缆、附件、附属设备及附属设施所组成的整个系统，如图 3.3 所示。

3.3.1　基本结构、类型和技术特性

3.3.1.1　基本结构

电力电缆由电缆线芯（导体）、绝缘层、屏蔽层和保护层四部分组成。

（1）线芯是电力电缆的导电部分，用来输送电能，是电力电缆的主要组成部分。

（2）绝缘层是将线芯与大地以及不同相的线芯间在电气上彼此隔离，保证电能输送，是电力电缆结构中不可缺少的组成部分。

图 3.3　高压电缆线路实物图

（3）屏蔽层。15kV 及以上的电力电缆一般都有导体屏蔽层和绝缘屏蔽层。

（4）保护层的作用是保护电力电缆免受外界杂质和水分的侵入，以及防止外力直接损坏电力电缆。

（5）电缆接头分为中间接头、终端头两种。

1）电缆线路中间部位的电缆接头称为中间接头。

2）线路两末端的电缆接头称为终端头。

3.3.1.2　类型

（1）低压电缆。适用于固定敷设在交流 50Hz，额定电压 3kV 及以下的输配电线路上，用于输送电能。

（2）中低压电缆。一般指 35kV 及以下，有聚氯乙烯绝缘电缆、聚乙烯绝缘电缆、交联聚乙烯绝缘电缆等。

（3）高压电缆。一般为 110kV 及以上，有聚乙烯电缆和交联聚乙烯绝缘电缆等。

（4）超高压电缆。一般为 27～800kV。

（5）特高压电缆。1000kV 及以上。

3.3.1.3 技术特性

（1）电缆线路正常运行时导体允许的长期最高运行温度和短路时电缆导体允许的最高工作温度应符合表 3.5 的规定。

表 3.5 电缆线路允许的长期最高运行温度和短路时电缆导体允许的最高工作温度

电缆类型	电压/kV	最高运行温度/℃	
		额定负荷时	短路时
聚氯乙烯电缆	1	70	160
黏性浸渍纸绝缘电缆	10	70	250①
	35	60	175
不滴流纸绝缘电缆	10	70	250①
	35	65	175
自容式充油电缆	66～500	85	160
交联聚乙烯	1～500	90	250①

① 铝芯电缆短路允许最高温度为 200℃。

（2）电缆线路的载流量，应根据电缆导体的允许工作温度、电缆各部分的损耗和热阻、敷设方式、并列回路数、环境温度以及散热条件等计算确定。对于单芯电缆，如采用铁磁材料作为保护管、使用钢丝铠装（包括有隔磁结构）电缆，应考虑由此产生的对载流量的影响。

（3）电缆线路在正常运行时不允许过负荷运行。

3.3.1.4 安全和防护要求

（1）有机械保护要求的电缆线路，应按照《电力设施保护条例》有关规定，采取防护措施和设置电缆线路保护区标志。

（2）有防水要求的电缆线路，电缆应有纵向和径向阻水措施。绝缘屏蔽与金属套间的纵向阻水结构可采用半导电阻水膨胀带绕包而成，或采用具有纵向阻水功能的金属丝屏蔽布绕包结构；导体纵向阻水可在导体绞合时绞入阻水绳等材料。径向防水应采用铅套、平滑铝套、皱纹铝套、皱纹铜套或皱纹不锈钢套。接头的防水应采用铜套，必要时可增加玻璃钢防水外壳。

（3）有防火要求的电缆线路，除选用阻燃外护套外，还应按照《国家电网公司电缆通道管理规范》的有关要求，在电缆通道内采取必要的防火措施。

（4）在特殊环境下，可选用对人体和环境无害的防白蚁、鼠啮和微生物侵蚀的特种外护套。同时应视腐蚀严重程度选择合适的金属套。

3.3.1.5 运输与保管要求

（1）电缆及附件的运输、保管应符合产品标准要求，应避免强烈振动、倾倒、受潮、腐蚀，确保不损坏箱体表面以及箱内部件。

（2）在运输装卸过程中，不得使电缆及电缆盘受到损伤；严禁将电缆盘直接由车上推下；电缆盘不应平放运输、平放储存。

（3）运输或滚动电缆盘前，必须保证电缆盘牢固，电缆绕紧。滚动时必须顺着电缆盘上的箭头指示或电缆的缠紧方向。

（4）电缆及其有关材料如不立即安装，应按下列要求储存：

1）电缆应集中分类存放，并应标明型号、电压、规格、长度。电缆盘之间应有通道，地基应坚实，当受条件限制时，盘下应加垫，存放不得积水。

2）电缆附件绝缘材料的防潮包装应密封良好，并应根据材料性能和保管要求储存和保管。

3）防火涂料、包带、堵料等防火材料，应根据材料性能和保管要求储存和保管。

4）电缆桥架应分类保管，不得因受力变形。

5）电缆及其附件在安装前的保管，其保管期限应为 1 年及以内。当需长期保管时，应符合设备保管的专门规定。

6）电缆在保管期间，电缆盘及包装应完好，标识齐全，封堵应严密。当有缺陷时，应及时处理。

3.3.2　施工安全技术

3.3.2.1　施工安全要求

（1）电缆敷设前检查。

1）电缆沟、电缆隧道、管道、交叉跨越管道及直埋电缆沟的深度、宽度、弯曲半径等符合设计和规范要求。

2）电缆外观应无损伤，当对电缆的外观和密封状态有怀疑时，应进行潮湿判断，并进行外护套绝缘电阻试验并合格。

3）在带电区域内敷设电缆，应有可靠的安全措施。

4）电缆放线架应放置稳妥，钢轴的强度和长度应与电缆盘的重量和宽度相配合，敷设电缆的机具应检查并调试正常，电缆盘应有可靠的制动措施。

（2）直埋电缆敷设要求。

1）直埋电缆的埋设深度。一般由地面至电缆外护套顶部的距离不小于 0.7m，穿越农田或在车行道下时不小于 1m。在引入建筑物、与地下建筑物交叉及绕过建筑物时可浅埋，但应采取保护措施。

2）敷设于冻土地区时，宜埋入冻土层以下。当无法深埋时可埋设在土壤排水性好的干燥冻土层或回填土中，也可采取其他防止电缆线路受损的措施。

3）电缆周围不应有石块或其他硬质杂物以及酸、碱等强腐蚀物，沿电缆全线上下各铺设 100mm 厚的细土或沙层，并在上面加盖保护板，保护板覆盖宽度应超过电缆两侧各 50mm。

4）直埋电缆在直线段每隔 30～50m 处、电缆接头处、转弯处、进入建筑物等处，应设置明显的路径标志或标桩。

（3）电缆沟及隧道敷设要求。

1) 电缆隧道净高不宜小于 1900mm，与其他沟道交叉段净高不得小于 1400mm。

2) 电缆支架的层间垂直距离，应满足能方便地敷设电缆及其固定、安置接头的要求，在多根电缆同置一层支架上时，有更换或增设任一电缆的可能。

3) 电缆沟和隧道应有不小于 0.5% 的纵向排水坡度。电缆沟沿排水方向适当距离设置集水井，电缆隧道底部应有流水沟，必要时设置排水泵，排水泵应有自动启闭装置。

4) 电缆隧道应有良好通风、照明、通信和防火设施，必要时应设置安全出口。

5) 电缆沟与煤气（或天然气）管道临近平行时，应有防止煤气（或天然气）泄漏进入沟道的措施。

（4）电缆敷设时应从盘的上端引出，不应使电缆在支架上及地面摩擦拖拉。电缆上不得有铠装压扁、电缆绞拧、护层折裂等未消除的机械损伤。

（5）电缆敷设时应排列整齐，不宜交叉，加以固定，并及时装设标识牌。

（6）电缆接头的布置要求。

1) 并列敷设的电缆，其接头的位置宜相互错开。

2) 电缆明敷时的接头，应用托板托置固定。

3) 直埋电缆接头应有防止机械损伤的保护结构或外设保护盒。位于冻土层内的保护盒，盒内应注入沥青。

（7）电缆终端和接头制作前应做好检查，电缆绝缘良好无受潮，附件规格应与电缆一致，零部件齐全无损伤，试验密封，结构尺寸符合产品技术要求。

（8）电缆终端和接头制作从剥切电缆开始应连续操作直至完成，缩短绝缘暴露时间。剥切时不应损伤线芯和保留绝缘层。附加绝缘的包绕、装配、收缩等应清洁。

3.3.2.2 防火与阻燃

（1）变电站电缆夹层、电缆竖井、电缆隧道、电缆沟等空气中敷设的电缆，应选用阻燃电缆。

（2）在重要场所中已经运行的非阻燃电缆，应包绕防火包带或涂防火涂料。电缆穿越建筑物孔洞处，必须用防火封堵材料堵塞。

（3）隧道中应设置防火墙或防火隔断；电缆竖井中应分层设置防火隔板；电缆沟每隔一定的距离应采取防火隔离措施。电缆通道与变电站和重要用户的接合处应设置防火隔断。

（4）电缆夹层、电缆隧道宜设置火情监测报警系统和排烟通风设施，并按消防规定，设置沙桶、灭火器等常规消防设施。

（5）对防火防爆有特殊要求的，电缆接头宜采用填沙、加装防火防爆盒等措施。

3.3.3 运行安全技术

3.3.3.1 巡视检查

（1）敷设于地下的电缆线路，应查看路面是否正常，有无开挖痕迹，沟盖、井盖有无缺损，线路标识是否完整无缺等；查看电缆线路上是否堆置瓦砾、矿渣、建筑材料、笨重物件、酸碱性排泄物等，或是否砌石灰坑、建房等。

（2）敷设于桥梁上的电缆，应检查桥梁电缆保护管、沟槽有无脱开或锈蚀，检查盖板有无缺损。

（3）检查电缆终端表面有无放电、污秽现象；终端密封是否完好；终端绝缘管材有无开裂；套管及支撑绝缘子有无损伤。

（4）检查电气连接点固定件有无松动、锈蚀，引出线连接点有无发热现象；终端应力锥部位是否发热。应对连接点和应力锥部位采用红外测温仪测量温度。

（5）检查接地线是否良好，连接处是否紧固可靠，有无发热或放电现象；必要时测量连接处温度和单芯电缆金属护层接地线电流，有较大突变时应停电进行接地系统检查，查找接地电流突变的原因。

（6）检查电缆铭牌是否完好，相色标志是否齐全、清晰；电缆固定、保护设施是否完好等。

（7）检查电缆终端杆塔周围有无影响电缆安全运行的树木、爬藤、堆物及违章建筑等。

（8）对电缆终端处的避雷器，应检查套管是否完好，表面有无放电痕迹，检查泄漏电流监测仪数值是否正常，并按规定记录放电计数器动作次数。

（9）通过短路电流后应检查护层过电压限制器有无烧熔现象，交叉互联箱、接地箱内连接排接触是否良好。

（10）检查工井、隧道、电缆沟、竖井、电缆夹层、桥梁内电缆外护套与支架或金属构件处有无磨损或放电迹象，衬垫是否失落，电缆及接头位置是否固定正常，电缆及接头上的防火涂料或防火带是否完好；检查金属构件如支架、接地扁铁是否锈蚀。

（11）检查电缆隧道、竖井、电缆夹层、电缆沟内孔洞是否封堵完好，通风、排水及照明设施是否完整，防火装置是否完好；监控系统是否运行正常。

（12）水底电缆应经常检查临近河（海）岸两侧是否有受潮水冲刷的现象，电缆盖板是否露出水面或移位，同时检查河岸两端的警告牌是否完好。

（13）多条并联运行的电缆要检测电流分配和电缆表面温度，防止电缆过负荷。

（14）对电缆线路靠近热力管或其他热源、电缆排列密集处，应进行土壤温度和电缆表面温度监视测量，以防电缆过热。

3.3.3.2　防护要求

（1）运行单位应根据国家电力设施保护相关法律法规及公司有关规定，结合本单位实际情况，制定电缆线路外力破坏防护措施。

（2）风电场应加强与政府规划、市政等有关部门的沟通，及时收集地区的规划建设、施工等信息，及时掌握电缆线路所处周围环境动态情况。

（3）风电场应加大电缆线路防护宣传，提高民众对保护电缆线路重要性的认识，定期组织召开防外力工作宣传会，督促施工单位切实执行有关保护地下管线的规定。

（4）风电场应及时了解和掌握电缆线路通道内施工情况，查看电缆线路路面上是否有人施工，有无挖掘痕迹，全面掌控路面施工状态。

（5）对于未经允许在电缆线路保护范围内进行的施工行为，风电场应对施工现场进行拍照记录，并立即进行制止。

（6）允许在电缆线路保护范围内施工的，风电场必须严格审查施工方案，制定安全防护措施，并与施工单位签订保护协议书，明确双方职责。施工期间，安排运行人员到现场进行监护，确保施工单位不擅自更改施工范围。

（7）对于临近电缆线路的施工，运行人员应对施工方进行交底，包括路径走向、埋设深度、保护设施等。并按不同电压等级要求，提出相应的保护措施。

3.3.4 标准依据

高压电缆线路施工及运行必须遵照的相关标准及规范见表3.6。

表 3.6　高压电缆线路施工及运行的标准依据

序号	标 准 名 称	标准编号或计划号
1	电工术语　风力发电机组	GB/T 2900.53—2001
2	电气装置安装工程电缆线路施工及验收规范	GB 50168—2016
3	电业安全工作规程　第1部分：热力和机械	GB 26164.1—2010
4	电力安全工作规程　线路部分	GB 26860—2011
5	电线电缆电性能试验方法局部放电试验	GB/T 3048.12—2007
6	电力工程电缆设计规范	GB 50217—2007
7	电气装置安装工程质量检验及评定规程 第5部分：电缆线路施工质量检验	DL/T 5016.5—2011
8	额定电压35kV及以下电力电缆热缩式附件技术条件	DL/T 413—2006
9	中压交联电缆抗水树性能鉴定试验方法和要求	DL/T 1070—2007
10	电力电缆线路巡检系统	DL/T 1148—2009
11	风力发电场安全规程	DL/T 796—2012
12	电力电缆线路运行规程	Q/GDW 512—2010

第4章 变电设备施工及运行安全技术

变电设备是电力系统中变换电压、接受和分配电能的电力设施，通过变压器将各级电压的电网联系起来。本章从主变压器、箱式变压器、接地变压器兼站用变压器、备用变压器、SVG连接变压器、消弧线圈6部分介绍施工及运行维护的相关内容。

4.1 主 变 压 器

主变压器简称主变，是变电站的核心部分。它利用电磁感应原理，通过自身各侧线圈匝数的不同，实现将任一数值的电压转变成频率相同的另一电压值，以实现电能的输送、分配和使用。主变由器身（铁芯和绕组）、冷却装置、变压器油、油枕、绝缘套管、气体继电器、有载调压装置、在线滤油装置等主要部分组成，实物图如图4.1所示。

图 4.1　220kV油浸式电力变压器实物图

4.1.1 类型和技术特性

4.1.1.1 类型

1. 按照冷却介质分类

（1）干式变压器。干式变压器一般利用树脂绝缘，靠自然风冷却内部线圈。

（2）油浸式变压器。油浸式变压器靠绝缘油进行绝缘，绝缘油在内部循环将线圈产生的热带到变压器散热器（片）上进行散热。

2. 按照冷却方式分类

（1）油浸自冷（ONAN）。

（2）强迫油循环风冷（OFAF）。

（3）油浸风冷（ONAF）。

3. 按照相数分类

（1）单相变压器。用于单相负载和三相变压器组。

（2）三相变压器。用于三相系统的升、降电压。

4. 按照绕组类型分类

（1）双绕组变压器。用于连接电力系统中的两个电压等级。

（2）三绕组变压器。用于连接电力系统中的三个电压等级。

（3）自耦变压器。用于连接不同电压等级的电力系统。

4.1.1.2 技术特性

1. 干式变压器的主要优点

(1) 承受热冲击能力强，过负载能力大。

(2) 阻燃性强，材料难燃防火性能极高。

(3) 低损耗，局部放电量小。

(4) 噪声低，不产生有害气体，不污染环境，对湿度、灰尘不敏感，体积小，不易开裂，维护简单。

2. 油浸式变压器的主要优点

(1) 造价较低、容量较大、额定电压高。

(2) 散热性能好，液体油循环散热流动性较强。

(3) 过载能力较强。

4.1.2 施工安全技术

4.1.2.1 主变安装

(1) 安装位置应符合设计要求。

(2) 安装资料要求。变压器应装有铭牌，铭牌上应注明制造厂名、额定容量，一次、二次额定电压、电流，阻抗电压及接线组别等技术数据；变压器的容量、规格及型号必须符合设计要求。附件、备件齐全，并有出厂合格证及技术文件。

(3) 作业条件。施工图及技术资料齐全无误，土建工程基本施工完毕，标高、尺寸、结构及预埋件焊件强度均符合设计要求；变压器轨道安装完毕，并符合设计要求。

(4) 设备点件检查。设备点件检查应由安装单位、供货单位、会同建设单位代表共同进行，并做好记录；按照设备清单、施工图纸及设备技术文件核对变压器本体及附件备件的规格型号是否符合设计图纸要求，是否齐全，有无丢失及损坏；变压器本体外观检查无损伤及变形，零部件完好无损伤；油箱封闭是否良好，有无漏油、渗油现象，油标处油面是否正常，发现问题应立即处理；绝缘瓷件及高低压侧套管有无损伤、缺陷及裂纹。

(5) 主变设备的安装。应检查设备混凝土基础及构架是否达到允许安装的强度，基础是否调平，焊接构架的机械强度是否满足设计要求；场地清理干净，道路畅通。二次搬运应由起重工作业，电工配合，用汽车吊卸到地面，再用平板车、滚杠、导链移动至变压器安装位置；运输移动过程中应行车平稳、减少振动。变压器在装卸和运输过程中，不应发生冲击或严重振动；利用机械牵引时，牵引的着力点应在变压器重心以下，以防倾倒；应采取措施，防止内部结构变形。

(6) 拆除包装箱底座、核对高低压侧参考方向、将变压器找平找正，直接就位在安装位置的地面上，变压器安装时要求离开墙壁 300mm。

(7) 按变压器温度控制器安装要求接线，经检查无误后进行温度控制器的设定和调试。

(8) 变压器的交接试验在供电部门许可的试验室进行，试验标准应符合规范要求、符合产品技术资料的要求，主要试验内容如下：

1）测量绕组的直流电阻。

2）检查所有分接头的变压比。

3）检查变压器的三相接线组别。

4）测量绕组的绝缘电阻。

5）绕组的交流耐压试验。

6）测量与铁芯绝缘的各紧固件的绝缘电阻。

（9）变压器试运行前的检查内容如下：

1）各种交接试验数据齐全、符合要求。

2）变压器清理、擦拭干净，本体及附件无缺损，变压器一次、二次相位正确，绝缘良好，接地线良好，通风设施安装完备，工作正常，各种标识牌已挂好、门装锁。保护装置整定值符合规定要求，操作及联动试验正常。

（10）变压器第一次投入时，可全电压冲击合闸，应进行 3～5 次冲击合闸，励磁涌流不应引起保护装置误动作，变压器试运行要注意冲击电流，空载电流，一次电流、二次电流、温度，并做好调试记录。变压器空载 24h 无异常后，方可投入负荷运行，并办理验收手续。

（11）成品保护。安装调试好的变压器用塑料薄膜覆盖，注意防潮。

4.1.2.2　主变场内外运输

（1）主变安装现场道路应平整、通畅，所有桥涵、道路能够保证各种施工车辆安全通行。

（2）在运输的过程中，要对沿途路况进行勘察，了解路、桥、涵洞等的承重与宽度，必要时请交通部门进行协助通过。

（3）对道路运输驾驶人员要求做到"八不"，即不超载超限、不超速行车、不强行超车、不开带病车、不开情绪车、不开急躁车、不开冒险车、不酒后开车。保证精力充沛，谨慎驾驶，严格遵守道路交通规则和交通运输法规。

（4）做好危险路段记录并积极采取应对措施，特别是山区道路行车安全，要做到"一慢、二看、三通过"。

（5）发生事故时，应立即停车、保护现场、及时报警、抢救伤员和货物财产，协助事故调查。

（6）不违章作业，驾驶人员连续驾驶时间不超过 4h。

（7）变压器在运输过程中，倾斜角不得超过 5°，保持变压器的平稳。

（8）变压器在运输途中临时停置时，应选择在安全地区停置，并做好防护措施，设专人值班监护，夜间装安全信号警示灯。

（9）板车在通过空障时，车辆必须缓行，排障人员应在主变前侧进行排障。排障撑杆要用竹质材料或干燥木质材料加工制作，要坚固、耐用、轻便，使用人员要戴绝缘手套、穿绝缘胶鞋。不得在平板车行驶中上下车，以保证行车和人身安全。

（10）如遇雪天要暂停运输，车辆在冰雪路面行驶时要采取预防措施，保障运输车辆的行车安全。

4.1.3 运行安全技术

4.1.3.1 主变压器运行

（1）主变压器正常运行中的监视、维护与运行中的规定。

1）变压器一次电压不得超过运行额定值的105%，在分接头额定值±5%范围内运行时其容量不变。

2）变压器油温正常值不超过85℃，最高不超过95℃，允许温升不超过55℃。

3）变压器事故情况下，允许短时间过负荷，其时间和倍数按表4.1掌握。

表 4.1　变压器过负荷倍数与持续时间

过负荷倍数	1.3	1.45	1.6	1.75	2.0	2.4	3.0
持续运行时间/min	120	80	30	15	7.5	3.5	1.5

4）变压器可在正常过负荷和事故过负荷的情况下运行，一般情况下不准过负荷运行。事故过负荷只允许在事故情况下。例如，运行中的若干台变压器中有一台损坏，又无备用变压器，则其余变压器允许按事故过负荷使用。

（2）主变压器的日常巡视检查项目。

1）变压器油温正常不超过85℃，最高不得超过90℃。

2）变压器声音正常，无放电声。

3）油位、油色正常，油位应在油位计1/3～2/3范围内，各处不漏油。

4）各线接头不过热，各处无杂物。

5）高低压瓷瓶清洁，无裂纹、无闪络现象。

6）防爆膜完整，无喷油现象。

7）气体继电器内无气体、不漏油、油色透明、导线完好。

8）散热管无局部过热现象。

9）呼吸器完整，硅胶不潮湿、不饱和。

10）外壳接地良好。

11）指示牌及照明设备完好。

（3）变压器的特殊检查项目。

1）当系统发生短路故障或变压器跳闸后应立即检查变压器系统有无爆裂、断脱、移位、变形、焦味、烧伤、闪络、烟火及喷油等现象。

2）气温骤变时，检查变压器的油位是否正确，导线及接头有无变形发热等现象。

3）变压器过负荷时，检查各部应正常。

4）新安装或大修后的变压器投运后，应增加必要的检查次数。

5）备用变压器必须一切处于正常状态，一旦投入即可正常运行，其定期检查项目同工作变压器。

（4）变压器运行时重瓦斯保护的投退规定。

1）变压器运行时重瓦斯保护应投入跳闸位置。

2）运行中变压器进行注油、滤油，更换硅胶或在瓦斯保护上工作时，应将气体继电器由跳闸位置改至信号位置，此时变压器的其他保护（如差动保护、复合过电流保护等）仍应投入，工作完毕，4h 试运行无问题后，方可将瓦斯保护投至跳闸位置。

3）当油位计指示油面有异常或油路系统异常现象时，为查明原因，需打开各个放气阀门和进油阀门。检查呼吸器或进行其他工作时，应将瓦斯保护改投信号位置后方可工作。防止瓦斯保护误动作跳闸。

4）在地震预报期间，根据变压器的具体情况来选择跳闸或信号位置。

5）地震引起瓦斯保护动作停运时，在投运前应对变压器及瓦斯保护进行检查试验，确定无异常后方可投运。

6）新装或检修后的变压器，充电时应将重瓦斯投跳闸位置。

（5）变压器中性点运行规定。根据不同电力系统要求，主变压器运行中性点的接地方式也不相同，规定如下：

1）变压器中性点接地方式，应满足各种运行方式下的继电保护整定和运行要求。

2）变压器充电或停运前，必须将中性点接地刀闸推上，并使开关在断开侧的线圈中性点保持接地运行。

3）并列运行的变压器，在倒换中性点接地开关时，应先推（合）后拉；有关零序过流保护和零序过电压保护要做相应的切换。

4）经消弧线圈接地的并列运行变压器在倒换操作时，不允许将消弧线圈同时接入两台变压器中性点上，应先拉后推（合）。

5）当数台变压器接入双母线时，每一组母线上至少应有一台变压器中性点接地。

4.1.3.2　主变检修

（1）设备检修前须参照有关的安全操作规程，对施工现场的安全措施进行全面的检查。

（2）带电设备应切断电源并挂好接地线。

（3）在 1.5m 以上的高空作业者应有可靠的脚手架，工作人员应系安全带。

（4）工作时应用安全绳传递工器具及其他物件。

（5）工作现场应备有足够的消防器材。

（6）工作人员必须穿工作服，戴好安全帽。

（7）使用电动工具必须戴绝缘手套。

（8）进行设备清扫工作时，应小心工作，攀登瓷瓶时用力适度，以免损坏瓷瓶。

（9）在解开设备引线时，应有专人扶好人字梯，作业人员应系好安全带才能进行工作，防止作业人员高空坠落。

（10）各部件在拆除前应认真查对或做好编号，并做好记录。

（11）部件拆装时连接紧固力要对称均匀，力度适当。

（12）零部件存放时，小型的应分类做好标记，用布袋子或用木箱装好妥善保管，大型部件应按指定地点用垫放好，不得相互叠放。

（13）所有零件要保护其加工面，拆装时应避免直接敲击，存放时不得砸、碰，精密部件的工作面不得被锈蚀并做好保护。

（14）设备分解完毕后应及时检查零部件完整情况，若有毛刺、伤痕、缺损等要进行处理修复；若不能修复的要更换或加工新的备品。

（15）所有零部件回装前均应按要求进行清洗，回装时应保证清洁、干净、组合面无毛刺，零件无缺损；管路畅通无阻，该刷油漆的地方按规定刷漆。易燃品应放在特定的安全地点。

（16）检修现场应保持整洁，文明施工，部件摆放有序，并注意防火防尘。在检修现场应设置隔离带，并挂相关的标识牌。

4.1.4 标准依据

主变压器施工及运行必须遵照的相关标准及规范见表 4.2。

表 4.2 主变压器施工及运行的标准依据

序号	标 准 名 称	标准编号或计划号
1	电力变压器	GB 1094.1—2013～GB 1094.5—2016
2	干式电力变压器技术参数和要求	GB/T 10228—2015
3	油浸式电力变压器技术参数和要求	GB 6451—2015
4	变压器油中溶解气体分析和判断导则	GB 7252—2001
5	油浸式电力变压器负载导则	GB/T 1094.7—2008
6	电气装置安装工程电力变压器、油浸电抗器、互感器施工及验收规范	GB 50148—2010
7	电气装置安装工程电气设备交接试验标准	GB 50150—2016
8	继电保护和安全自动装置技术规程	DL 400—1991
9	电力建设安全工作规程	DL 5009.1—2014
10	电力变压器检修导则	DL/T 573—2010
11	电力设备接地设计技术规程	SDJ 8—79

4.2 箱 式 变 压 器

箱式变压器（简称箱变）是将高压设备、低压设备、变压器、二次设备统一集成在密封、防腐、可移动的户外钢结构箱体内全封闭运行；因其结构紧凑、外观整洁、安装移动方便、维护工作量小等优点，在低压电网建设中被广泛采用，如图 4.2 所示。

4.2.1 类型和技术特性

4.2.1.1 类型

箱式变压器相当于一个小型的变电站，包括高压室和低压室；高压室内包括高压母

图 4.2 箱式变压器实物图

排、断路器或者熔断器、电压互感器、避雷器等，其通过架空线路或电缆线路直接与风电场升压站相连。变压室内都是变压器，是箱式变压器的核心部分。低压室包括低压母排、低压断路器、计量装置、避雷器等，其通过低压动力电缆直接与风力发电机组相连。箱式变压器在风电场中起着承上启下的关键作用。按其结构可分为以下类型：

（1）欧式箱式变压器。高压室一般是由高压负荷开关、高压熔断器和避雷器等组成，可以进行停送电操作并且有过负荷和短路保护。低压室由低压空气断路器、电流互感器、电流表、电压表等组成。

（2）美式箱式变压器。美式箱式变压器以变压器为主体，将负荷开关、后备保护熔断器、分接开关和变压器装在变压器油箱内，插入式熔断器、电缆和低压配电部分围绕变压器油箱排列，构成整体布置。

（3）国产箱式变压器。同美式箱式变压器相比增加了接地开关、避雷器，接地开关与主开关之间有机械联锁。

4.2.1.2　技术特性

1. 欧式箱式变压器的主要优点

（1）噪声与Ⅲ型站和Ⅰ型站相当。

（2）辐射较美式箱式变压器低，因为欧式箱式变压器的变压器是放在金属箱体内，起到屏蔽的作用。

（3）可以设置配电自动化，不但具有Ⅲ型站和Ⅰ型站的优点，而且还有美式箱式变压器的主要优点。

2. 美式箱式变压器的主要优点

（1）体积小、占地面积小，便于安放、便于伪装。

（2）过载能力强，允许过载 2 倍 2h，过载 1.6 倍 7h 而不影响箱变的寿命。

（3）采用肘式插接头，方便高压进线电缆的连接，并可在紧急情况下作为负荷开关使用，即可带电拔插。

（4）采用双熔断器保护，插入式熔断器为双敏熔丝（温度、电流），保护箱式变压器二次侧发生的短路故障。后备限流保护熔断器保护箱式变压器内部，用于保护高压侧。

（5）变压器一般采用高燃点油。

（6）高压负荷开关保护用熔断器等全部元件都与变压器铁芯、绕组放在同一油箱内。

3. 国产箱式变压器的主要优点

（1）国产箱式变压器每相用一只熔断器代替了美式箱式变压器的两支熔断器。

（2）当任一相熔断器熔断之后，都会保证负荷开关跳闸而切断电源，而且只有更换熔断器后，主开关才可合闸。

4.2.2　施工安全技术

4.2.2.1　箱式变压器施工

（1）箱式变压器在装卸、就位过程中，设专人负责统一指挥，指挥人员发出的指挥信号必须清晰、准确。

（2）汽车吊就位时，汽车吊的支撑腿必须稳固，受力均匀。吊耳选用变压器器身自带吊耳，起吊时必须试吊；起吊过程中，在吊臂及吊物下方严禁任何人员通过或逗留，吊起的设备不得在空中长时间停留。

（3）箱式变压器就位移动时不宜过快，应缓慢移动，不得发生碰撞及严重的冲击和振荡。

（4）箱式变压器就位后，外壳干净，不应有裂纹、破损等现象，各部件应齐全完好，门可正常开启。

（5）箱体调校平稳后，与基础槽钢焊接牢固并做好防腐措施。用地脚螺栓固定，拧紧牢固。

（6）接地装置引出的接地干线与变压器的低压侧中性点直接连接，接地干线与箱式变压器的 N 母线和 PE 母线直接连接，箱式变压器箱体外壳应接地，接上所有连接。

4.2.2.2 箱式变压器场内外运输

（1）运输前对运输人员进行安全告知，时刻注意运输中的安全事项。

（2）在运输过程中，倾斜角不得超过 30°，保持箱式变压器的平稳。

（3）箱式变压器安装现场道路应平整、通畅，所有桥涵、道路能够保证各种施工车辆安全通行。

（4）做好危险路段记录并积极采取应对措施，特别是山区和车流量密集道路行车安全，要做到"一慢、二看、三通过"。

（5）若发生交通或安全事故，及时报警并保护现场，抢救伤员及财产，协助事故调查。

（6）对道路运输驾驶人员要求做到"八不"，即不超载超限、不超速行车、不强行超车、不开带病车、不开情绪车、不开急躁车、不开冒险车、不酒后开车。保证精力充沛，谨慎驾驶，严格遵守道路交通规则和交通运输法规。

4.2.3 运行安全技术

4.2.3.1 箱式变压器运行

（1）箱式变压器运行有以下相关规定：

1）变压器在额定使用条件下，全年可按定容量运行。

2）变压器上层油温不宜超过 85℃，温升限值为 60℃。

3）变压器各绕组负荷不得超过额定值。

4）变压器三相负荷不平衡时，应监视最大电流项的负荷。

5）变压器的外加一次电压可以较额定电压高，一般不超过该运行分接头额定电压的 5%。

6）变压器运行时，气体保护应投入信号和接入跳闸。

7）值班员在投运变压器前，应仔细检查，确认变压器在完好状态，具备带电运行条件（接地线是否拆除，核对分接开关位置和测量绝缘电阻）。

8）在大修、事故抢修和换油后，宜静止 48h，待消除油中气泡后方可投入运行。

9）变压器压力释放器在运行中产生非常压力时，释放器自动释放，油箱压力正常后，释放器的阀盖应自动封闭。如释放器动作，阀盖就把指示杆顶起，必须手动压复位，此时微动开关动作，必须扳动扳手使机械复位，以备下次动作再发信号。释放器接点宜作用于信号。

（2）断路器运行有以下规定：

1）观察分、合闸位置是否正确无误，机构动作是否正常，并做好记录。

2）观察断路器内部有无异常响声、严重发热等异常现象，如发现问题，需查明原因，必要时应及时请求调度退出运行，进行清查检修。

3）运行中的断路器机构箱不得擅自打开，利用停电机会进行清扫、检查及缺陷处理，所进行的维护项目均应记入有关记录。

4）电动储能机构完成一次储能后将储能开关断开，此次储能只用于此次的合闸，下次合闸前再进行储能。当停电时需要检修试验合闸，可使用手动储能。

（3）隔离开关运行有以下规定：

1）观察隔离开关支持瓷瓶是否清洁、完整，无裂纹及破损、放电痕迹。

2）观察机械连锁装置是否完整可靠。

3）检查各引线，应无过热、无变色、无氧化、无断裂等现象。

4）隔离开关卡涩时，不可用强力拉合，以免隔离开关损伤或损坏接地连锁装置。

（4）箱式变压器停送电操作有以下规定：

1）断电操作顺序：①断开低压各支路空气断路器、隔离开关；②断开低压总断路器；③断开高压断路器；④断开高压隔离开关。

2）送电顺序与断电时操作顺序相反。

（5）箱式变压器操作时有以下注意事项：

1）负荷开关分、合闸操作时，要推到分闸或合闸最终位置，切勿在负荷开关完成动作前松开或拔出操作手柄。

2）负荷开关分、合闸操作时，操作手柄的操作把向外。

3）负荷开关分、合闸操作前，必须把对应单元面板上部的电动、手动切换旋钮拔出，并旋转 90°固定到手动位置后，才能进行负荷开关的手动操作。

4.2.3.2　箱式变压器检修

（1）进行箱式变压器设备检修作业前，应做好保证安全的组织措施和技术措施。

（2）箱式变压器停运操作可直接拉开高压侧的柱上断路器或跌落式熔断器，然后再拆下箱式变压器熔断器，并将高压侧下闸口的引线和低压侧的引线分别短路接地。

（3）停电后的箱式变压器应进行验电、放电操作；检修箱式变压器的周围应设置遮栏或围栏，并挂标识牌。

（4）箱式变压器门的开启与关闭，不能生拉硬拽，防止门体变形，影响箱式变压器的正常使用。

（5）高压负荷开关本地手动操作结束后，要将负荷开关操作手柄放到规定位置；停电检修时还应在开关把手处悬挂"禁止合闸"标识牌，并将高压室门锁住。

（6）在箱式变压器顶盖上作业时必须穿软底鞋。

（7）停电后的箱式变压器与周围带电部分的距离不能满足检修作业时，必须设置遮栏，并由监护人监护作业；做试验时，周围严禁有人，地面应设围栏，并悬挂"止步，高压危险"的标识牌，由监护人监护。

（8）更换变压器油时，必须同牌号且经化验试验合格，必要时应做混油试验。

（9）箱式变压器设备检修工作完毕后，应清点检修前所携带的工器具和物料，及时清理现场废弃物。

（10）箱式变压器应定期巡视维护，发现缺陷及时维修，定期进行预防性试验，操作时要正确解除机械连锁，做好保证安全的组织措施和技术措施才能开始工作。

（11）箱式变压器在正常运行时每月应进行电缆头红外测温工作，发现异常及时处理，并做好保养记录。

4.2.4 标准依据

箱式变压器施工及运行必须遵照的相关标准及规范见表 4.2。

表 4.3 箱式变压器施工及运行的标准依据

序号	标 准 名 称	标准编号或计划号
1	电力安全工作规程 发电厂和变电站电气部分	GB 26860—2011
2	油浸式电力变压器技术参数和要求	GB/T 6451—2015
3	电力变压器检修导则	DL/T 573—2010
4	电力变压器运行规程	DL/T 572—2010
5	电力安全工作规程 变电部分	Q/GDW 1799.1—2013

4.3 接地变压器兼站用变压器

接地变压器兼站用变压器是人为地为中性点不接地系统制造一个中性点，以便采用消弧线圈或小电阻接地的接地方式。当系统发生接地故障时，对正序、负序电流呈高阻抗，对零序电流呈低阻抗，使接地保护可靠动作；在小电流接地系统中同时给变电站内的生活、生产用电提供交流电源，实物图如图4.3所示。

图 4.3 接地变压器（干式）实物图

4.3.1 类型、结构特点和技术特性

4.3.1.1 类型

（1）干式变压器。干式变压器一般利用树脂绝缘，靠自然风冷却内部线圈。

（2）油浸式变压器。油浸式变压器靠绝缘油进行绝缘，绝缘油在内部的循环将线圈产生的热带到变压器散热器（片）上进行散热。

4.3.1.2 结构特点

风电场主变压器低压侧电压等级多为 6kV、10kV、35kV，且一般采用三角形接法，没有可以接地的中性点。当系统发生单相接地故障时，线电压保持三角形对称，可以持续运行 2h。但随着发电线路的不断增加，系统对地电容电流急剧增加，单相接地后会产生很大的接地电流，电弧不易熄灭，易产生谐振过电压和间歇性弧光接地过电压，导致设备绝缘损坏和停电范围扩大，严重时烧毁电压互感器。因此接地变压器应运而生。在低压侧形成人为的中性点，同消弧线圈相结合，构成消弧线圈接地系统，低压侧发生接地时补偿接地电容电流，消除接地点电弧，同时二次配置小电流接地选线装置，快速切除系统中的接地点；同接地电阻相结合，构成小电阻接地系统，35kV 发生接地时会产生足够大的零序电流，使保护可靠动作。

风电场接地变压器多采用三相干式双绕组变压器，其主要结构特点如下：

（1）线圈采用铜导线缠绕或箔绕，以玻璃纤维增强，环氧树脂不加填料真空干燥脱气脱湿整体浇注。

（2）高压绕组首末端及中间分接抽头采用铜嵌件预埋结构。

（3）铁芯采用晶粒取向冷轧硅钢片叠制、多阶梯接缝；表面用树脂绝缘涂层覆盖，耐潮湿，防锈，降低噪声。

（4）铁芯、夹件和线圈之间采用弹性件夹紧，使线圈处于稳定压紧状态，以降低噪声。

（5）变压器按自冷设计，整体浇注的高（低）压线圈筒壁内部预留有纵向通风道，可配备强迫风冷装置（冷却风机）。采用强迫风冷装置后，可提高输出容量。

（6）配有温控器，在低压线圈顶部的预埋孔内放置铂电阻，以监测变压器绕组温升。自动启停冷却风机并设有故障报警、超温报警和超温跳闸功能，为干式变压器提供可靠的过载保护装置，从而提高干式变压器运行的安全性。

（7）绕组材料为铜线。

4.3.1.3　技术特性

1. 干式变压器的主要优点

（1）承受热冲击能力强，过负载能力大。

（2）阻燃性强，材料难燃，防火性能极高。

（3）低损耗，局部放电量小。

（4）噪声低，不产生有害气体，不污染环境，对湿度，灰尘不敏感，体积小，不易开裂，维护简单。

2. 油浸式变压器的主要优点

（1）造价较低，容量较大，额定电压高。

（2）散热性能好，液体油循环散热流动性较强。

（3）过载能力较强。

4.3.2　施工安全技术

4.3.2.1　接地变压器兼站用变压器安装

（1）施工场地周围要设有足够的灭火器，在周围挂"禁止吸烟""明火作业"等标识牌。

（2）就位时，手不应放在其行走轮上方、前方，以防卡手。变压器在就位和基础找中时，手严禁伸入设备底座下。

（3）在开箱时，施工人员应相互配合好，注意防止撬棒伤人。开箱后应立即将装箱钉头敲平，严禁钉头竖直。

（4）作业人员分工明确，实施安全、技术交底。

（5）所使用的梯子必须有可靠的防滑和防倾斜措施。

（6）吊装所用绳索、钢丝绳、卡扣要进行抽查，并经拉力试验合格，有伤痕或不合格的严禁使用，更不能以小代大。

（7）紧螺栓时，要对角轮流转圈上紧，有胶圈的地方要紧到胶圈的厚度减少到 3/5 为止。

（8）部件安装时，要充分考虑部件的重量、作业半径和安装高度，用有充分余量的吊车进行吊装。吊装作业必须由起重工指挥，所有作业人员持证上岗。

（9）使用的工具必须清点好，做记录，专人管理。

（10）始终保持现场整齐、清洁，做到设备、材料、工具摆放整齐，现场卫生"一日一清理"，做到"工完料尽场地清"。

（11）施工前要对作业人员进行安全、技术措施交底并做好签证记录。

（12）加强机具维护，减少施工机具噪声对人身和环境的影响。

（13）施工用完的油漆罐、松节水罐、润滑油罐，废弃的包装箱纸，粘有油脂的废手套、棉布，残油和工机具的渗漏油等应用专用容器收集好，用专门的垃圾箱装好，交有资质的公司处理，以免污染环境，并做好防火措施。安装位置应符合设计要求。

（14）组装站用变压器支架，支架底座与基础预埋槽钢焊接牢固，并涂防锈漆，检查支架水平度误差应小于 2～3mm。

（15）在支架上安装站用变，站用变之间应保持相同距离，铭牌、编号朝向通道一侧，安装好的整组站用变压器应保持水平和垂直度。

（16）按设计图、厂家说明书及图纸要求，在站用变端子间安装连接线，接线应牢固可靠、对称一致、整齐美观、相色标示正确。

（17）按照施工设计图及相关规范的要求，安装站用变压器各设备的接地引下线并与接地网连接，要求连接牢固。

（18）将接地引下线涂刷黄绿色漆，要求漆层均匀完整。

（19）站用变压器安装调整、接线施工完成后，可进行设备交接试验，试验方法、步骤及技术要求详见《电业安全工作规程（高压试验室部分）》（DL 560—1995）中的试验项目。

4.3.2.2 接地变压器兼站用变压器场内外运输

（1）装置运输过程中，其倾斜度应不大于 30°。

（2）对于振动易损的元件，如控制器、电表等，长途运输前可拆下，单独采用防振包装，运输到后再安装。

（3）分立式装置中，对于有小车的组件，如接地变压器、消弧线圈，为防止其在运输过程中的位置移动，一般应卸掉小车轮。

（4）组合共箱式装置或分立式装置中的箱体组件在运输时，应按其使用正常位置放置，且一定将其底座或包装底盘与运输工具之间牢固绑扎好，运输过程中不允许有移动和明显摇晃现象。除箱体的底座、挂钩及顶部吊环外，不允许绑拉箱体的其他部位。

（5）在运输的过程中，要对沿途路况进行勘察，了解路、桥、涵洞等的承重与宽度，必要时请交通部门进行协助通过。

（6）对道路运输驾驶人员要求做到"八不"，即不超载超限、不超速行车、不强行超车、不开带病车、不开情绪车、不开急躁车、不开冒险车、不酒后开车。保证精力充沛，谨慎驾驶，严格遵守道路交通规则和交通运输法规。

（7）做好危险路段记录并积极采取应对措施，特别是山区道路行车安全，要做到"一慢、二看、三通过"。

（8）发生事故时，应立即停车、保护现场、及时报警、抢救伤员和货物财产，协助事故调查。

（9）不违章作业，驾驶人员连续驾驶时间不超过 4h。

（10）如遇雪天要暂停运输，车辆在冰雪路面行驶时要采取预防措施，保障运输车辆的行车安全。

4.3.3　运行安全技术

4.3.3.1　接地变压器兼站用变压器运行

（1）接地变压器运行中的监视、维护与运行中的规定。

1）经常观察负荷情况和变压器的温度情况。

2）如发现有过多的灰尘聚集，应在可断电的情况下用干燥、清洁的压缩空气清除灰尘。

3）接地变压器停运后，经绝缘检测，无异常情况可直接带负荷投入运行。

4）注意接地变压器的温控器设定和调节。

5）无激磁调压的变压器，在完全脱离电网（高、低压侧均断开）的情况下，用户可根据当时电网电压的高低按分接位置同时调节三相电压。

6）有载调压变压器，当电网电压波动时，可在负载的情况下，通过自动控制器或电动、手动操作来改变线圈匝数，从而稳定输出电压。

7）根据环境温度和初始负载状态，接地变压器允许短时过载运行。

8）在附件调试正常后，先将变压器投入运行，再将附件，如温度控制器、开关等投入运行。

（2）接地变压器运行安全注意事项。

1）温度控制器（及风电机组）的电源应通过开关屏获得，而不要直接接在变压器上。

2）接地变压器投入运行前，必须认真检查变压器室的接地系统。

3）接地变压器外壳的门要关好，以确保用电安全。

4）接地变压器室要有防小动物进入的措施，以免发生意外事故。

5）工作人员进入接地变压器室一定要穿绝缘鞋。注意与带电部分的安全距离，不要触摸变压器。

6）如发现接地变压器噪声突然增大，应立即注意接地变压器的负荷情况和电网电压情况，加强观察接地变压器的温度变化，并及时与有关人员联系。

7）接地变压器应每年全面检查一次，同时做必要的预防性试验。

4.3.3.2 接地变压器兼站用变压器检修

（1）设备检修前须参照有关的安全操作规程，对施工现场的安全措施进行全面检查。

（2）带电设备应切断电源并挂好接地线。

（3）在1.5m以上的高空作业者应有可靠的脚手架，工作人员应系安全带。

（4）工作时应用安全绳传递工器具及其他物件。

（5）工作现场应备有足够的消防器材。

（6）工作人员必须穿工作服，戴好安全帽。

（7）使用电动工具必须戴绝缘手套。

（8）进行设备清扫工作时，应小心工作，攀登瓷瓶时用力适度，以免损坏瓷瓶。

（9）在解开设备引线时，应有专人扶好人字梯，作业人员应系好安全带后进行工作，防止作业人员高空坠落。

（10）各部件在拆除前应认真查对或做好编号，并做好记录。

（11）部件拆装时连接紧固力要对称均匀，力度适当。

（12）零部件存放时，小型的应分类做好标记，用布袋子或用木箱装好妥善保管；大型部件应按指定地点用垫放好，不得相互叠放。

（13）所有零件要保护其加工面，拆装时应避免直接敲击，存放时不得砸碰，防止精密部件的工作面锈蚀并做好保护。

（14）设备分解完毕后应及时检查零部件完整情况，若有毛刺、伤痕、缺损等要进行处理和修复；若不能修复的要更换或加工新的备品。

（15）所有零部件回装前均应按要求进行清洗，回装时应保证清洁、干净，组合面无毛刺，零件无缺损；管路畅通无阻，该刷油漆的地方按规定刷漆。易燃品应放在特定的安全地点。

（16）检修现场应保持整洁，文明施工，部件摆放有序，并注意防火防尘。在检修现场安设置隔离带，并挂相关的标识牌。

4.3.4 标准依据

接地变兼站用变压器施工及运行必须遵照的相关标准及规定见表4.4。

表4.4 接地变兼站用变压器施工及运行的标准依据

序号	标准名称	标准编号或计划号
1	电力变压器	GB 1094.1—2013～GB 1094.5—2016
2	干式电力变压器	GB/T 10228—2015
3	油浸式电力变压器技术参数和要求	GB 6451—2015
4	电气装置安装工程电力变压器、油浸电抗器、互感器施工及验收规范	GB 50148—2010
5	电气装置安装工程接地装置施工及验收规范	GB 50169—2016
6	电业安全工作规程（高压试验室部分）	GB 26861—2011
7	电力建设安全工作规程 第1部分：火力发电	DL 5009.1—2014

序号	标 准 名 称	标准编号或计划号
8	电力变压器运行规程	DL/T 572—2010
9	电力变压器检修导则	DL/T 573—2010
10	电气测量仪表装置设计技术规程	SDJ 9—76

4.4 备用变压器

在变电站异常运行条件下或站用变压器因故退出运行时，风电场多为农电线路接引（10kV/400V），承担变电功能的变压器就是备用变压器，它为变电站内的生活、生产提供交流电源，如图 4.4 所示。

图 4.4 10kV 台式备用变压器实物图

4.4.1 类型、结构特点及技术特性

4.4.1.1 类型

（1）干式变压器。干式变压器一般利用树脂绝缘，靠自然风冷却内部线圈。

（2）油浸式变压器。油浸式变压器靠绝缘油进行绝缘，绝缘油在内部循环将线圈产生的热带到变压器散热器（片）上进行散热。

4.4.1.2 结构特点

（1）主要用途。供给变电站使用的低压交流电源。

（2）相数。三相变压器。

（3）绕组。双绕组变压器。

（4）绕组材料。铜线变压器。

（5）调压方式。无载调压变压器（风电场多数采取此类型）。

（6）冷却介质和冷却方式。风电场多为油浸式变压器；冷却方式一般为自然冷却、风冷却（在散热器上安装风扇）、强迫风冷却（在前者基础上还装有潜油泵，以促进油循环）。

4.4.1.3 技术特性

1. 干式变压器的主要优点

（1）承受热冲击能力强，过负载能力大。

（2）阻燃性强，材料难燃。防火性能极高。

（3）低损耗、局部放电量小。

（4）噪声低，不产生有害气体，不污染环境，对湿度、灰尘不敏感，体积小，不易开裂，维护简单。

2. 油浸式变压器的主要优点

(1) 造价较低，容量较大，额定电压高。

(2) 散热性能好，液体油循环散热流动性较强。

(3) 过载能力较强。

4.4.2 施工安全技术

4.4.2.1 备用变压器安装

(1) 施工场地周围要设有足够的灭火器，在周围挂"禁止吸烟""明火作业"等标识牌。

(2) 就位时，手不应放在其行走轮上方、前方，以防卡手。变压器在就位和基础找中时，手严禁伸入设备底座下。

(3) 在开箱时，施工人员应相互配合好，注意防止撬棒伤人。开箱后应立即将装箱钉头敲平，严禁钉头竖直。

(4) 作业人员分工明确，实施安全、技术交底。

(5) 所使用的梯子必须有可靠的防滑和防倾斜措施。

(6) 吊装所用绳索、钢丝绳、卡扣要进行抽查，并经拉力试验合格，有伤痕或不合格的应严禁使用，更不能以小代大。

(7) 紧螺栓时，要对角轮流转圈上紧，有胶圈的地方要紧到胶圈的厚度减少到 3/5 为止。

(8) 部件安装时，要充分考虑部件的重量、作业半径和安装高度，用有充分余量的吊车进行吊装。吊装作业必须由起重工指挥，所有作业人员持证上岗。

(9) 使用的工具必须清点好，做记录，专人管理。

(10) 始终保持现场整齐、清洁，做到设备、材料、工具摆放整齐，现场卫生"一日一清理"、做到"工完料尽场地清"。

(11) 施工前要进行对作业人员进行安全、技术措施交底并做好签证记录。

(12) 加强机具维护，减少施工机具噪声对人身和环境的影响。

(13) 施工用完的油漆罐、松节水罐、润滑油罐，废弃的包装箱纸，粘有油脂的废手套、棉布，残油和工机具的渗漏油等应用专用容器收集好，用专门的垃圾箱装好，交有资质的公司的处理，以免污染环境，并做好防火措施。安装位置应符合设计要求。

(14) 组装备用变压器支架，支架底座与基础预埋槽钢焊接牢固，并涂防锈漆，检查支架水平度误差应小于 2～3mm。

(15) 按设计图、厂家说明书及图纸要求，在站用变端子间安装连接线，接线应牢固可靠、对称一致、整齐美观、相色标示正确。

(16) 按照施工设计图及相关规范的要求，安装备用变压器各设备的接地引下线并与接地网连接，要求连接牢固。

(17) 将接地引下线涂刷黄绿色漆，要求漆层均匀完整。

(18) 备用变压器安装调整、接线施工完成后，可进行设备交接试验，试验方法、步骤及技术要求详见《电业安全工作规程（高压试验室部分）》（GB 26861—2011）中的试验项目。

4.4.2.2　备用变压器场内外运输

（1）装置运输过程中，其倾斜度应不大于 30°。

（2）对于振动易损的元件，如控制器、电能表等，长途运输前可拆下，单独采用防振包装，运输到后再安装。

（3）分立式装置中，对于有小车的组件，如接地变压器、消弧线圈，为防止其在运输过程中的位置移动，一般应卸掉小车轮。

（4）组合共箱式装置或分立式装置中的箱体组件在运输时，应按其使用正常位置放置，且一定将其底座或包装底盘与运输工具之间牢固绑扎好，运输过程中不允许有移动和明显摇晃现象。除箱体的底座、挂钩及顶部吊环外，不允许绑拉箱体的其他部位。

（5）在运输的过程中，要对沿途路况进行勘察，了解路、桥、涵洞等的承重与宽度，必要时请交通部门进行协助通过。

（6）对道路运输驾驶人员要求做到"八不"，即不超载超限、不超速行车、不强行超车、不开带病车、不开情绪车、不开急躁车、不开冒险车、不酒后开车。保证精力充沛，谨慎驾驶，严格遵守道路交通规则和交通运输法规。

（7）做好危险路段记录并积极采取应对措施，特别是山区道路行车安全，要做到"一慢、二看、三通过"。

（8）发生事故时，应立即停车、保护现场、及时报警、抢救伤员和货物财产，协助事故调查。

（9）不违章作业，驾驶人员连续驾驶时间不超过 4h。

（10）如遇雪天要暂停运输，车辆在冰雪路面行驶时要采取预防措施，保障运输车辆的行车安全。

4.4.3　运行安全技术

4.4.3.1　备用变压器运行

（1）备用变压器运行中的监视、维护与运行中的规定。

1）变压器一次电压不得超过运行额定值的 105%，在分接头额定值±5% 范围内运行时其容量不变。

2）变压器油温正常值不超过 85℃，最高不超过 95℃，允许温升不超过 55℃。

3）变压器事故情况下，允许短时间过负荷，其时间和倍数按表 4.1 掌握。

4）变压器可在正常过负荷和事故过负荷的情况下运行，一般情况下不准过负荷运行。事故过负荷只允许在事故情况下。例如，运行中的若干台变压器中有一台损坏，又无备用变压器，则其余变压器允许按事故过负荷使用。

5）定期切换备用变压器，并检查记录电压、相序是否正常。

6）在切换站用变与备用变时，如果两台变压器不符合并列条件，操作时严禁并列运行，同时切换时应保证站用电系统失电时间最短。

（2）备用变压器正常检查项目。

1）变压器油温正常不超过 85℃，最高不得超过 90℃。

2）变压器声音正常，无放电声。

3）油位、油色正常，油位应在油位计 1/3～2/3 范围内，各处不漏油。

4）各线接头不过热，各处无杂物。

5）高低压瓷瓶清洁，无裂纹、无闪络现象。

6）防爆膜完整，无喷油现象。

7）气体继电器内无气体、不漏油、油色透明、导线完好。

8）散热管无局部过热现象。

9）呼吸器完整，硅胶不潮湿、不饱和。

10）外壳接地良好。

11）指示牌及照明设备完好。

（3）备用变压器的特殊检查项目。

1）当系统发生短路故障或变压器跳闸后应立即检查变压器系统有无爆裂、断脱、移位、变形、焦味、烧伤、闪络、烟火及喷油等现象。

2）气温骤变时，检查变压器的油位是否正确，导线及接头有无变形发热等现象。

3）变压器过负荷时，检查各部应正常。

4）新安装或大修后的变压器投运后，应增加必要的检查次数。

5）备用变压器必须一切处于正常状态，一旦投入即可正常运行，其定期检查项目同工作变压器。

4.4.3.2 备用变压器检修

（1）设备检修前须参照有关的安全操作规程，对施工现场的安全措施进行全面的检查。

（2）带电设备应切断电源并挂好接地线。

（3）在 1.5m 以上的高空作业者应有可靠的脚手架，工作人员应系安全带。

（4）工作时应用安全绳传递工器具及其他物件。

（5）工作现场应备有足够的消防器材。

（6）工作人员必须穿工作服，戴好安全帽。

（7）使用电动工具必须戴绝缘手套。

（8）进行设备清扫工作时，应小心工作，攀登瓷瓶时用力适度，以免损坏瓷瓶。

（9）在解开设备引线时，应有专人扶好人字梯，作业人员应系好安全带才能进行工作，防止作业人员高空坠落。

（10）各部件在拆除前应认真查对或做好编号，并做好记录。

（11）部件拆装时连接紧固力要对称均匀，力度适当。

（12）零部件存放时，小型的应分类做好标记，用布袋子或用木箱装好妥善保管，大型部件应按指定地点用垫放好，不得相互叠放。

（13）所有零件要保护其加工面，拆装时应避免直接敲击，存放时不得砸碰，防止精密部件的工作面锈蚀并做好保护。

（14）设备分解完毕后应及时检查零部件完整情况，若有毛刺、伤痕、缺损等要进行处理和修复，若不能修复的要更换或加工新的备品。

（15）所有零部件回装前均应按要求进行清洗，回装时应保证清洁、干净，组合面无毛刺，零件无缺损；管路畅通无阻，该刷油漆的地方按规定刷漆。易燃品应放在特定的安全地点。

（16）检修现场应保持整洁，文明施工，部件摆放有序，并注意防火防尘。在检修现场应设置隔离带，并挂相关的标识牌。

4.4.4　标准依据

备用变压器施工及运行必须遵照的相关标准及规范见表 4.5。

表 4.5　备用变压器施工及运行的标准依据

序号	标准名称	标准编号或计划号
1	电力变压器	GB 1094.1—2013～GB 1094.5—2016
2	干式电力变压器技术参数和要求	GB/T 10228—2015
3	油浸式电力变压器技术参数和要求	GB 6451—2015
4	电气装置安装工程电力变压器、油浸电抗器、互感器施工及验收规范	GB 50148—2010
5	电气装置安装工程接地装置施工及验收规范	GB 50169—2016
6	电力建设安全工作规程	DL 5009.1—2014
7	电力变压器检修导则	DL/T 573—2010
8	电业安全工作规程（高压试验室部分）	DL 560—1995
9	电力变压器运行规程	DL/T 572—2010
10	电力设备过电压保护设计技术规程	SDJ 7—79
11	电力设备接地设计技术规程	SDJ 8—79
12	电气测量仪表装置设计技术规程	SDJ 9—76

4.5　SVG 连接变压器

SVG 连接变压器具有变压器的全部特性，相较于风电场主变压器的升压作用，SVG 连接变压器作为降压变压器，起降压作用，目的是满足 SVG 系统的一次运行电压要求。随着 SVG 装置研发技术的不断更新，越来越多的新能源场站已逐渐开始采用母线直挂的方式，通过串联启动电阻和电抗器组来代替连接变压器，同样起到降压启动 SVG 的作用，通常称为"软启动"，SVG 连接变压器实物图如图 4.5 所示。

图 4.5　SVG 连接变压器实物图

4.5.1　结构特点和技术特性

4.5.1.1　结构特点

风电场 SVG 连接变压器采用油浸式变压器，是以油作为主要绝缘手段，并以油作为冷却介质。SVG 连接变压器的主要部件有铁芯、绕组、油箱、油枕、呼吸器、防爆管（压力释放阀）、散热器、绝缘套管、分接开关、气体继电器、温度计等。其结构特点如下：

（1）SVG 连接变压器用途为降压变压器。

（2）相数。三相变压器。

（3）绕组。双绕组变压器。

（4）绕组材料。铜线变压器。

（5）调压方式。无载调压（风电场多数采取此方式）。

（6）冷却介质和冷却方式。自然风冷却。

4.5.1.2 技术特性

油浸式 SVG 连接变压器的主要优点如下：

（1）SVG 连接变压器油绝缘性能好、导热性能好，同时 SVG 连接变压器油廉价、成本低。

（2）能够解决 SVG 连接变压器大容量散热问题和高电压绝缘问题。

（3）可靠性高，防冲击、防干扰、防雷电。

（4）采用优质冷轧硅钢片叠装，具有高导磁和低损耗的优点。

（5）环保特性。具有耐热性、防潮性、稳定性、化学兼容性、低温性、抗辐射性和无毒性。

（6）可以适应各种恶劣环境。

4.5.2 施工安全技术

4.5.2.1 安装要求

（1）所有施工人员在施工前必须经过安全技术交底，并在交底单上签字，没有经过安全技术交底的人员不能进行施工。

（2）安装现场和其他施工现场应有明显的分界标志，SVG 连接变压器安装人员和其他施工人员互不干扰。

（3）起重工作区域内无关人员不得停留或通过，在伸臂及吊物的下方严禁任何人员通过或逗留。

（4）起重和搬运应按有关规定和产品说明书规定进行，防止在起重和搬运中设备损坏和人员受伤。

（5）吊装作业必须办理工作票。

（6）起吊物应绑牢。吊钩悬挂点应与吊物的重心在同一垂直线上，吊钩钢丝绳应保持垂直，严禁偏拉斜吊。落钩时应防止吊物局部着地引起吊绳偏斜。吊物未固定时严禁松钩。

（7）高空拆卸、装配零件，不得少于两人配合进行。

（8）上下传递物件，必须系绳传递，严禁抛掷。

（9）应做好防风沙、防雨、防寒保温等准备措施。

（10）现场配备相应消防器材。

4.5.2.2　场内外运输要求

（1）在 SVG 连接变压器运输前要做好施工机械和工器具的安全检查准备工作，保证机械状况良好，了解道路及桥梁、涵洞、铁路道口及道路的宽度、坡度、倾斜度、转角及承重情况，必要时应采取措施。在确保 SVG 连接变压器整个运输过程安全顺利进行的前提下，方可进行 SVG 连接变压器运输。

（2）SVG 连接变压器在运输过程中，倾斜角不得超过 30°，保持 SVG 连接变压器的平稳。

（3）在运输过程中严禁急刹车或急牵引，应用一挡缓慢启动。

（4）SVG 连接变压器在运输途中临时停置时，应选择在安全地区停置，并做好防护措施，设专人值班监护，夜间装安全信号警示灯。

（5）公路运输时要与交通部门取得联系，相互配合，便于顺利运输。

（6）如遇雪天要暂停运输，车辆在冰雪路面行驶时要采取预防措施，保障运输车辆的行车安全。

4.5.3　运行安全技术

4.5.3.1　SVG 连接变压器运行

（1）SVG 连接变压器一次电压不得超过运行额定值的 105％，在分接头额定值±5％范围内运行时其容量不变。

（2）SVG 连接变压器油温正常值不超过 85℃，最高不超过 95℃，允许温升不超过 55℃。

（3）新安装、大修、事故检修及换油后的 SVG 连接变，在加电压前静置时间应不少于 24h。

（4）SVG 连接变压器的试验周期和项目参照相应电压等级的变压器试验规程要求执行。

（5）SVG 连接变压器过负荷运行时间，见表 4.1。

（6）SVG 连接变压器正常检查项目如下：

1）雷雨天后，应检查 SVG 连接变压器各部有无放电痕迹，引线接头有无过热现象。

2）SVG 连接变压器声音正常，无放电声。

3）各线接头不过热，各处无杂物。

4）高低压瓷瓶清洁，无裂纹、无闪络现象。

5）气体继电器内无气体、不漏油、油色透明、导线完好。

6）散热管无局部过热现象。

7）呼吸器完整，硅胶不潮湿、不饱和。

8）分接开关指示正确，连接良好。

9）温度装置和油位计指示正确无误。

10）外壳接地良好。

11）名牌、警告牌及其他标志牌完好。

4.5.3.2 SVG 连接变压器检修

（1）SVG 连接变压器的检修一般随变配电装置或线路的检修同期进行。无论线路是否停电，SVG 连接变压器均被视为带电设备。

（2）检修中使用的绝缘手套、绝缘靴、验电器、接地线等检查确认合格后方可使用。

（3）停电后的 SVG 连接变压器应进行验电、放电操作，检修 SVG 连接变的周围应设置遮拦或围栏，并挂标识牌。

（4）SVG 连接变压器顶盖上作业必须穿软底鞋，工具的传递必须手对手，且轻拿轻放。

（5）在使用高脚架或梯子登高作业时，要派专人监护。登高 2m 以上必须佩戴安全带，安全带要做到高挂低用，挂点必须牢固且能受力。

（6）更换 SVG 连接变压器油时，必须使用同牌号且经化验试压合格的油，必要时应做混油试验。

（7）SVG 连接变压器检修完毕必须经试验合格才能投入运行。

4.5.4 标准依据

SVG 连接变压器施工及运行必须遵照的相关标准及规范见表 4.6。

表 4.6 SVG 连接变压器施工及运行的标准依据

序号	标 准 名 称	标准编号或计划号
1	油浸式电力变压器负载导则	GB 1094.7—2016
2	电力变压器	GB 1094.1—2013～GB 1094.5—2016
3	电力变压器检修导则	DL/T 573—2010
4	电力变压器运行规程	DL/T 572—2010
5	油浸式电力变压器技术参数和要求	GB 6451—2015
6	电气装置安装工程质量检验及评定规程	DL/T 5161.8—2002
7	电力设备典型消防规程	DL/T 5027—2015
8	电力安全工作规程 变电部分	Q/GDW 1799.1—2013

4.6 消 弧 线 圈

消弧线圈，顾名思义就是起消弧作用的线圈。当系统出现单相接地时，在接地点会产生电弧。消弧线圈可产生一个感性电流，感性电流由系统流向大地，可抵消系统接地时产生的容性电流，使接地点的电弧在短时间内熄灭，避免系统谐振过电压和间歇性弧光过电压的产生。带消弧线圈的成套装置如图 4.6 所示。

4.6.1 类型和技术特性

4.6.1.1 类型

（1）有分接头的调匝式消弧线圈。采用有载调压开关调节电抗器的抽头以改变电感值。

（2）调容式消弧线圈。通过调节二次侧电容的容抗值，以达到减小一次侧电感电流的

图 4.6　接地变压器（干式）带消弧线圈
成套装置实物图

目的。

（3）调气隙式消弧线圈。通过调节气隙的大小达到改变电抗值的目的。

（4）高短路阻抗变压器式消弧线圈。采用了晶闸管调节，响应速度快，可以实现零至额定电流的无级连续调节。同时利用变压器的短路阻抗作为补偿用的电感，因而具有良好的伏安特性。

（5）偏磁式消弧线圈。通过施加直流励磁电流改变铁芯的磁阻，从而改变消弧线圈的电抗值，它可以在高压下以毫秒级的速度调节电感值。

4.6.1.2　技术特性

1．有分接头的调匝式消弧线圈

（1）可以在电网正常运行时，通过实时测量流过消弧线圈电流的幅值和相位变化，计算出电网当前方式下的对地电容电流。

（2）可根据预先设定的最小残流值或失谐度，由控制器调节有载调压分接头，使之调节到所需要的补偿挡位。

（3）在发生接地故障后，故障点的残流可以被限制在设定的范围之内。

2．调容式消弧线圈

（1）调容式消弧线圈在绕组的二次侧并联若干组用真空断路器或晶闸管通断的电容器，用来调节二次侧电容的容抗值，从而达到减小一次侧电感电流的目的。

（2）根据电容器的大小及组数有多种不同排列组合方式，从而满足调节范围和精度的要求。

3．调气隙式消弧线圈

（1）调气隙式属于随动式补偿系统。

（2）消弧线圈属于动芯式结构，通过移动铁芯改变磁路磁阻，达到连续调节电感的目的。

（3）气隙调整只能在低电压或无电压情况下进行，其电感调整范围上下限之比为2.5。在电网正常运行情况下控制系统将消弧线圈调整至全补偿附近，将约 100Ω 电阻串联在消弧线圈上。

（4）调气隙式消弧线圈有以下缺点：

1）工作噪声大、可靠性低。

2）调节精度差。

3）过电压水平高。

4）功率方向型单相接地选线装置不能继续使用。

4．高短路阻抗变压器式消弧线圈

（1）利用可控硅技术，补偿电流在 $0\sim100\%$ 额定电流范围内连续无级调节，实现大范围精确补偿，还适应了配电网不同发展时期对其容量的不同需要。

（2）利用短路阻抗作为工作阻抗，伏安特性在 $0\sim110\%U_N$ 范围内保持极佳的线性度，因而可以实现精确补偿。

（3）该消弧线圈属于随调式消弧线圈，不需要装设阻尼电阻，也不会出现串联谐振，既提高了运行的可靠性，又简化了设备。

（4）发生单相接地故障后该消弧线圈最快 5ms 内输出补偿电流，从而抑制弧光，防止因弧光引起空气电离而造成相间短路；同时它能有效消除相隔时间很短、连续多次的单相接地故障。

（5）成套装置无传动、转动机构，可靠性高，噪声低，运行维护简单。

5．偏磁式消弧线圈

（1）电控无级连续可调消弧线圈。

（2）全静态结构，内部无任何运动部件，无触点。

（3）调节范围大，可靠性高，调节速度快。

（4）采用避开谐振点的动态补偿方法，不出现串联谐振，即在电网正常运行时，不施加励磁电流，将消弧线圈调谐到远离谐振点的状态。

4.6.2 施工安全技术

4.6.2.1 消弧线圈安装

（1）设备安装前准备包括以下方面：

1）安装位置构架基础符合相关基建要求。

2）安装前设备外观清洁、完整，无缺损。

3）一次、二次接线端子应连接牢固，接触良好。

4）消弧线圈装置本体及附件无渗漏油，油位指示正常。

5）三相相序标志正确，接线端子标志清晰，运行编号完备。

6）消弧线圈装置需要接地的各部位应接地良好。

7）反事故措施符合相关要求。

8）油漆应完整，相色应正确。

9）验收时应移交详细技术资料和文件：①变更设计的证明文件；②制造厂提供的产品说明书、试验记录、合格证件及安装图纸等技术文件；③安装的技术记录、器身检查记录及修试记录完备；④试验报告并且试验结果合格。

（2）设备吊装时有以下安全要求：

1）组合共箱式装置或分立式装置中的箱体组件不应采用叉车搬运。

2）户内安装可采用钢管垫底滚推的方法将设备就位，户外安装应使用吊机吊装就位。

3）吊装应按有关起重安全规程进行，并应根据装置铭牌标称重量选择合适的起吊设备。

4）组合共箱式装置或分立式装置中的箱体组件采用顶起吊方式时，应同时使用装置顶上的吊环。采用底起吊方式时，应采用专用吊具，以避免碰坏顶盖。

5）有包装箱的接地装置在起吊时，应在包装箱四个下角垫木有起吊标志处挂钢丝绳起吊。

6）吊装前吊装人员必须检查吊车各零部件，正确选择吊具。

7）装置在起吊时应保证起吊钢丝绳之间夹角不大于 60°，同时应保证装置平稳起落。

4.6.2.2　消弧线圈场内外运输

　　（1）装置运输过程中，其倾斜度应不大于 30°。

　　（2）对于振动易损的元件，如控制器、电表等，长途运输前可拆下，单独采用防震包装，运输到后再安装。

　　（3）分立式装置中，对于有小车的组件，如接地变压器、消弧线圈，为防止其在运输过程中的位置移动，一般应卸掉小车轮。

　　（4）组合共箱式装置或分立式装置中的箱体组件在运输时，应按其使用正常位置放置，且一定将其底座或包装底盘与运输工具之间牢固绑扎好，运输过程中不允许有移动和明显摇晃现象。除箱体的底座、挂钩及顶部吊环外，不允许绑拉箱体的其他部位。

　　（5）在运输的过程中，要对沿途路况进行勘察，了解路、桥、涵洞等的承重与宽度，必要时请交通部门进行协助通过。

　　（6）对道路运输驾驶人员要求做到"八不"，即不超载超限、不超速行车、不强行超车、不开带病车、不开情绪车、不开急躁车、不开冒险车、不酒后开车。保证精力充沛，谨慎驾驶，严格遵守道路交通规则和交通运输法规。

　　（7）做好危险路段记录并积极采取应对措施，特别是山区道路行车安全，要做到"一慢、二看、三通过"。

　　（8）发生事故时，应立即停车、保护现场、及时报警、抢救伤员和货物财产，协助事故调查。

　　（9）不违章作业，驾驶人员连续驾驶时间不超过 4h。

4.6.3　运行安全技术

4.6.3.1　消弧线圈运行

　　（1）消弧线圈、阻尼电阻箱、接地变压器等均应有标明基本技术参数的铭牌，消弧线圈技术参数必须满足装设地点运行工况的要求。

　　（2）消弧线圈、阻尼电阻箱、接地变压器等均应有明显的接地符号标志，接地端子应与设备底座可靠连接。接地螺栓直径应不小于 12mm，引下线截面应满足安装地点短路电流的要求。

　　（3）消弧线圈装置的引线安装，应保证运行中一次端子承受的机械负载不超过制造厂规定的允许值。

　　（4）消弧线圈装置本体及附件的安装位置应在变电站（所）直击雷保护范围之内。

　　（5）停运半年及以上的消弧线圈装置应按有关规定试验检查合格后方可投运。

　　（6）消弧线圈装置投入运行前，调度部门必须按系统的要求调整保护定值，确定运行挡位。

　　（7）中性点经消弧线圈接地系统，应运行于过补偿状态。

　　（8）中性点位移电压小于 15％相电压时，允许长期运行。

　　（9）接地变压器二次绕组所接负荷应在规定的范围内。

　　（10）运行人员每半年进行一次消弧线圈装置运行工况的分析。分析的内容包括系统接地的次数、起止时间、故障原因、整套装置是否正常等，并上报相关部门。

4.6.3.2 消弧线圈检修

（1）对于从事检修的人员，有以下基本要求：

1）熟悉国家及行业有关消弧线圈装置的技术标准。

2）熟悉消弧线圈装置检修、运行的有关规程。

3）能够组织消弧线圈装置的验收、质检工作。

4）能够编制各种消弧线圈装置的技术条件及检修、运行规程。

5）能根据实际运行情况制订消弧线圈装置预防事故措施要求。

6）掌握消弧线圈装置及附件的结构、技术参数、试验项目、制造工艺等有关内容。

7）掌握消弧线圈装置及附件的电气、绝缘、油化学等专业知识。

8）能审核设备检修、试验、检测记录，并根据设备运行情况和巡视结果，正确分析设备健康状况，掌握设备缺陷和运行薄弱环节。

（2）设备检修，主要包括以下项目：

1）消弧线圈及附件的外部检查及修前试验。

2）检查阻尼电阻箱、接地变压器。

3）吊起器身，检查铁芯及绕组。

4）更换密封胶垫。

5）调匝式消弧线圈有载调压切换装置的检查和试验。

6）绝缘油的处理或更换。

7）吸湿器检修，更换干燥剂。

8）油箱清扫除锈。

9）真空注油。

10）密封试验。

11）绝缘油试验及电气试验。

12）金属部件补漆。操作人员作业时，应站在防滑表面。安全绳应挂在安全绳定位点或牢固构件上。

4.6.4 标准依据

消弧线圈施工及运行必须遵照的相关标准及规范见表4.7。

表 4.7 消弧线圈施工及运行的标准依据

序号	标 准 名 称	标准编号或计划号
1	自动跟踪补偿消弧线圈成套装置技术条件	DL/T 1057—2007
2	高压/低压预装式箱式变电站选用导则	DL/T 537—2002
3	消弧线圈装置技术改造指导意见	国家电网生〔2006〕51号
4	10kV～66kV预防消弧线圈装置事故措施	国家电网生〔2004〕61号
5	输变电设备状态检修试验规程	Q/GDW 168—2008

第5章 配电设备施工及运行安全技术

配电设备是在电力系统中对高压配电柜、断路器、低压开关柜、配电盘、开关箱、控制箱等设备的统称。本章主要从 GIS 设备、开关设备及 400V 配电设备 3 部分介绍施工及运行维护的相关内容。

5.1 GIS 设 备

GIS 全封闭式组合电器，国际上称为气体绝缘开关设备（gas insulated switchgear，GIS），采用 SF$_6$ 或其他气体作为绝缘介质，将变电站中除变压器以外的一次设备，如断路器、隔离开关、接地开关、电压互感器、电流互感器、避雷器、母线、电缆终端、进出线套管等高压元件密封，经优化设计有机地组合成一个整体，封装在接地金属壳体中，其结构示意图如图 5.1 所示。

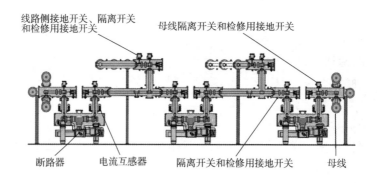

图 5.1 GIS 设备结构示意图

5.1.1 类型和技术特性

5.1.1.1 类型

（1）空气绝缘的常规配电装置（AIS）。其母线裸露，直接与空气接触，断路器可用瓷柱式或罐式。

（2）混合式配电装置（H—GIS）。母线为开敞式，其他均为 SF$_6$ 气体绝缘开关装置。

（3）SF$_6$ 气体绝缘全封闭配电装置（GIS），电气设备内充以 SF$_6$ 作为绝缘介质，风电场、光伏电站普遍采用这种型式。

GIS 设备既可室内安装也可室外安装，主要取决于其工作环境，其工作环境可按制造厂商要求确定，其安装实物图如图 5.2 所示。

（a）室内 GIS 设备现场安装实物图　　　　　（b）室外 GIS 设备现场安装实物图

图 5.2　GIS 设备安装实物图

5.1.1.2　技术特性

1．GIS 设备的主要优点

（1）占地面积小、设备体积小，元件全部密封在金属壳体内，不受污染物和雨、盐雾等周围环境因素的影响。

（2）运行可靠性较高、操作安全性高，采用 SF_6 或其他气体绝缘，缺陷、故障发生概率低，防火性能好。

（3）GIS 设备采用整块运输方式，安装方便，现场安装的工作量比常规设备减少80%左右。维护工作量少，检修周期长，适用于无人值班变电站，达到减人增效的目的。

2．GIS 设备的主要缺点

（1）SF_6 气体泄漏、外部水分渗入、导电杂质的存在、绝缘子老化等因素，都可能导致 GIS 设备内部发生闪络故障。

（2）GIS 设备的全密封结构使故障的定位及检修比较困难，检修工作繁杂，事故后平均停电检修时间比常规设备长，停电范围大，常涉及非故障元件。

3．SF_6 气体的特点

GIS 设备内充装的绝缘介质一般为 SF_6 气体，SF_6 气体本身是无毒的，常温、常压下为气态，无毒、无色、无味，性能稳定，但在高温或电化学作用下产生的氟化物是有毒的。当断路器损坏或密封不良时，这些有毒的氟化物就会泄漏出来，附着在设备表面或弥散在空气中，如工作人员接触或吸入这些有毒物质，就会造成中毒。

5.1.2　施工安全技术

5.1.2.1　GIS 设备安装

（1）GIS 设备安装工艺严格按照国标、产品技术文件进行，两者不一致时按较高标准执行，各项工作必须服从制造厂技术人员的指导。

（2）进入施工现场时，工作人员应穿戴干净的工作服及鞋帽，工器具必须登记，严防将异物遗留在设备内部。

（3）GIS 设备耐压试验时，做好人员和设备的防护工作。

（4）制造厂已装配好的元件在现场组装时，不要解体检查，如有缺陷，必须在现场解体时，经制造厂同意，并在厂方人员指导下进行。

（5）保证清洁度是 GIS 设备安装中最首要的任务，设备装配工作要在无风沙、无雨雪、空气相对湿度小于 80% 的条件下进行，并采取防尘、防潮措施。

（6）采取临时封闭、专人用吸尘器清理等措施，严格保证现场的清洁无尘。按制造厂的编号和规定的程序进行装配，不得混装。

（7）打开对接面盖板时，严禁用手直接接触其绝缘件，必须戴白色尼龙手套进行清扫。

（8）绝缘件及罐体内部用无毛纸蘸无水乙醇擦洗，擦洗完后用吸尘器清理。检查密封面应无划伤痕迹，否则进行妥善处理。

（9）密封性是 GIS 设备绝缘的关键，SF_6 气体泄漏会造成 GIS 设备的严重故障。因此密封性检查应贯穿于整个制造和安装的全过程。密封效果主要取决于罐体焊接质量，其次是密封圈的制造、安装调整情况，密封圈变形后不得使用。

（10）连接插件的触头中心要对准插口，避免卡阻，插入深度要符合产品的技术规定。

（11）元件之间的连接，所有螺栓紧固均用力矩扳手按规定的力矩紧固。

（12）设备对接完毕，应立即进行抽真空和充气工作。

5.1.2.2　GIS 设备吊装

（1）GIS 设备就位前，作业人员应将作业现场所有孔洞用铁板或强度满足要求的木板盖严，避免人员摔伤。

（2）GIS 设备吊离地面 100mm 时，应停止起吊，检查吊车、钢丝绳扣是否平稳牢靠，确认无误后方可继续起吊。起吊后任何人不得在 GIS 设备吊移范围内停留或走动。

（3）通道口在楼上时，作业人员应在楼上平台铺设钢板，使 GIS 设备对楼板的压力得到均匀分散。

（4）作业人员在楼上迎接 GIS 设备时，应时刻注意周围环境，特别是外沿作业人员，更要注意防止高处坠落，必要时应系安全带。

（5）用天吊就位 GIS 设备时，作业人员除应遵守上述吊车作业要求外，操作人员应在所吊 GIS 设备的后方或侧面操作。

（6）GIS 主体设备就位应放置在滚杠上，利用链条葫芦或人工绞磨等牵引设备作为牵引动力源，严禁用撬杠直接撬动设备。GIS 设备后方严禁站人，防止滚杠弹出伤人。

（7）牵引前作业人员应检查所有绳扣、滑轮及牵引设备，确认无误后，方可牵引。工作结束或操作人员离开牵引机时必须断开电源。

（8）操作人员应精神集中，要根据指挥人员的信号或手势进行开动或停止，停止时速度要快。牵引时应平稳匀速，并有制动措施。

5.1.3　运行安全技术

5.1.3.1　GIS 设备运行

（1）预防 SF_6 气体中毒是 GIS 设备维护管理工作中的一个重要方面。在 GIS 设备室内安装时，室内必须配备 SF_6 报警装置，当 SF_6 的含量超标时立即报警。SF_6 断路器上装设气体压力降低报警装置，同时当 GIS 设备各气室内的 SF_6 气体发生泄漏使压力降低到设定值时，装置应向监控后台发出报警信号。由于 GIS 设备的结构特性，各气室压力的设定值也不相同，因此运行人员必须熟练掌握各气室的气体压力定值，日常巡视才能起到良好的作用，其结构如图 5.3 所示。

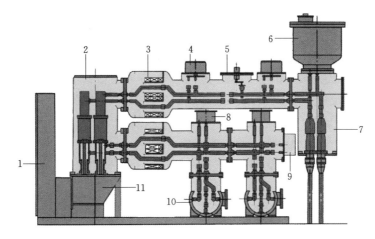

图 5.3 钢壳体 GIS 设备结构图

1—汇控柜；2—断路器；3—电流互感器；4—接地开关；5—出线隔离开关；6—电压互感器；
7—电缆终端；8—母线隔离开关；9—接地开关；10—母线；11—操动机构

（2）GIS 室按《电业安全工作规程》的规定，必须装强力通风装置，其通风量为 GIS 室空间体积的 3～5 倍。排风口应设置在室内底部，以便迅速可靠地排出外逸的 SF$_6$ 气体。运行人员经常出入的 GIS 室，每班至少通风 1 次（15min）；对工作人员不经常出入的室内场所，应定期检查通风设施。在正常的设备运行维护中，在开启通风系统 15min 后，方可进入室内，且尽量避免单人进入 GIS 室巡视设备。

（3）工作人员进入 GIS 室内电缆沟或凹处工作时，应测含氧量或 SF$_6$ 气体浓度，GIS 室内 SF$_6$ 气体的体积分数不大于 $1000mL/m^3$，空气中的含氧量不得低于 18%，确认安全后方可进入，不准一人进入从事检修工作。

（4）气体采样操作及处理一般渗漏时，要在通风条件下进行；当 GIS 设备发生故障造成大量 SF$_6$ 气体外逸时，应立即撤离现场，并开启室内通风设备。

（5）GIS 设备解体检查时，应将 SF$_6$ 气体回收加以净化处理，严禁排放到大气中。

（6）宜在晴朗干燥天气进行充气，并严格按照有关规程和检修工艺、标准作业指导书要求进行操作。充气的管子应采用不易吸附水分的管材，管子内部应干燥、无油、无灰尘。

（7）在环境湿度超标而必须充气时，应确保充气回路干燥、清洁。可用电热吹风对接口处进行干燥处理，并立即连接充气管路进行充气。充气静止 24h 后应对该气室进行湿度测量。

（8）操作 GIS 设备时，应严格执行"五防"程序，原则上尽量使用远程遥控操作，避免就地操作，操作前后均应就地检查设备运行状态，尤其注意各气室压力指示。

（9）非紧急情况严禁解除 GIS 设备本身闭锁装置，如工作本身确需解除闭锁，需经值班长确认并征得主管生产的领导同意后方可解除。

5.1.3.2　GIS 设备分解检查

（1）GIS 设备分解检查前，必须执行工作票制度，必须确定被解体部分完全处于停电状态，并进行可靠的工作接地后，方可进行解体检查。

（2）GIS 设备气室分解检查前，应对相邻气室进行减压处理，减压值一般为额定压力的 50% 或按制造厂规定。

（3）GIS 设备分解前，如怀疑气室有电弧放电时，应先取气样做生物毒性试验、气相色谱分析和可水解氟化物的测定。

（4）GIS 设备分解前，气体回收并抽真空后，根据具体情况可用高纯氮气进行冲洗。且每次排放氮气后均应抽真空，每次充氮气压力应接近 SF_6 额定压力。排放氮气及抽真空应用专用导管，人须站在上风方位。

（5）工作人员必须穿防护服、戴手套，以及戴备有氧气呼吸器的防毒面具，做好防护措施。封盖打开后，人员暂时撤离现场 30min，让残留的 SF_6 及其气态分解物经室内通风系统排至室外，然后才准进入作业现场。

（6）分解设备之前，应确认邻近气室不存在向待修气室漏气的现象。分解设备时，必须先用真空吸尘器吸除零部件上的固态分解物，然后才能用无水乙醇或丙酮清洗金属零部件及绝缘零部件。

（7）工作人员工作结束后应立即清洗手、脸及人体外露部分。

（8）下列物品应做有毒废物处理：真空吸尘器的过滤器及洗涤袋、防毒面具的过滤器、全部抹布及纸；断路器或故障气室的吸附剂、气体回收装置中使用过的吸附剂等；严重污染的防护服也视为有毒废物。处理方法：所有上述物品不能在现场加热或焚烧，必须用 20% 浓度的氢氧化钠溶液浸泡 12h 以上，然后装入塑料袋内深埋。

（9）防毒面具、塑料手套、橡皮靴及其他防护用品必须进行清洁处理，并应定期进行检查试验，使其处于备用状态。

5.1.4　标准依据

GIS 设备施工及运行必须遵照的相关标准及规范见表 5.1。

表 5.1　GIS 设备施工及运行的标准依据

序号	标　准　名　称	标准编号或计划号
1	电气装置安装规程电气设备交接试验标准	GB 50150—2016
2	六氟化硫电气设备中气体管理和检测导则	GBT 8905—2012
3	电业安全工作规程　第 1 部分：热力和机械	GB 26164.1—2010
4	电力安全工作规程　发电厂和变电站电气部分	GB 26860—2011
5	气体绝缘金属封闭开关设备运行及维护规程	DL/T 603—2006
6	气体绝缘金属封闭开关设备状态检修导则	DL/T 1689—2017
7	六氟化硫气体回收装置技术条件	DL/T 662—2009
8	六氟化硫设备运行、试验及检修人员安全防护细则	DL/T 639—2016

5.2 开 关 设 备

开关设备是开关装置及与其相关的控制、测量、保护和调节设备的组合，以及与该组合有关的电气连接、辅件、外壳和支持构件组成的总装的总称。

风电场配电系统普遍采用的开关设备为金属封闭式开关柜，如图 5.4 所示，本节将重点就此类开关设备的施工及运行安全技术进行描述。

5.2.1 类型和技术特性

金属封闭式开关设备（简称开关柜）的主要组成部件包括柜体、断路器、小车、互感器、储能机构、接地开关、保护测控装置等，这些部件分别装在用金属隔板隔开的隔室中，如图 5.5 所示。

图 5.4 金属封闭式开关设备

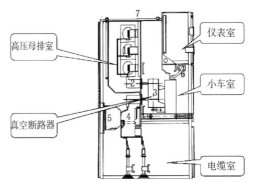

图 5.5 金属封闭式开关设备结构示意图
1—母线；2—静触头；3—断路器；4—接地开关；5—电流互感器；6—二次插件；7—压力释放装置

（1）优点。

1）体积小，大幅度减少了开关设备的占地面积。

2）手车或小车重量轻带有导轨设计，使动静触头接触更加良好，且更便于与检修和更换。

3）使配电系统更加简洁和美观，辨识度较高。

4）还可配置预制配电舱，使土建施工周期和设备安装调试周期更短，且投资成本更低。

5）本身具有"五防"全部功能，安全性能更高。

（2）缺点。

1）对设备运行环境有一定要求，具体可参照厂家对设备的工作环境要求。

2）若调试、安装不良可能造成机械结构卡涩。

3）由于设备在全封闭的柜体内，不易巡视和查找故障点。

5.2.1.1 金属封闭式开关类型

按实际应用和目前行业的普遍命名，开关柜分类如下：

（1）按断路器手车安装位置不同，可分为落地式开关柜和中置式开关柜。

（2）按断路器绝缘介质不同，可分为真空开关柜和 SF$_6$ 开关柜。在这两类之前还应用过油类开关柜，现在已经被取代。

（3）按柜体结构不同，可分为金属封闭间隔式开关柜、金属封闭铠装式开关柜和金属封闭箱式固定开关柜。

5.2.1.2　技术特性

（1）柜体具有足够的机械强度，柜体除能够支撑设备外，还能够承受短路电流冲击和短路电流热稳定冲击。

（2）抗振能力满足操作一次设备时，产生的振动不会引起二次设备电器元件误动作。

（3）有足够的保证人身安全能力，当出现短路时不会危及操作人员人身安全。

（4）具备一定的防护能力，在规定的防护等级下，具备防异物进入的能力。

（5）柜内一次设备相间、相地间安全净距和爬距符合规程要求。

（6）具备机械和电气闭锁装置和功能。

（7）柜内设备、附件和连接线具备阻燃性能。

5.2.2　施工安全技术

5.2.2.1　开关设备安装

（1）安装开关设备时有以下基础要求：

1）预埋件及预留孔符合厂家和设计要求，预埋件应使用镀锌材料。

2）设备安装的紧固件必须采用标准件。

3）安装调试完毕后，建筑物中的预留孔洞及电缆管口应做好封堵。

4）基础有明显可靠接地。

（2）安装手车柜时有以下技术要求：

1）检查手车柜自身机械和电气闭锁齐全，动作灵活可靠。

2）手车推拉灵活轻便，无卡阻，且相同型号的手车间可相互调换后进行推拉测试。

3）手车推入工作位置后，动静触头间隙应符合要求。

4）二次回路插件插拔自如，且接触良好，外表无破损和磕伤。

5）安全隔板应关合自如，随手车位置变化相应动作。

6）二次回路电缆位置应摆放合适，不应阻碍手车进出。

7）手车外壳接地应与柜体接地可靠接触，当进车时其接地出头应比主触头先接触，退车时应比主触头后分开。

8）发热驱潮装置应安装在散热良好的位置，柜内照明应开关良好。

9）柜体成列安装时，其垂直度、水平偏差及盘柜面偏差和盘、柜间的接缝符合相关规范的要求。

（3）对于安装作业人员，有以下安全技术要求：

1）凡参加开关设备安装、调试的人员必须遵守 GB 26860—2011。

2）作业人员工作时必须服从命令、听从指挥，不得擅自离开工作岗位，不得酒后上岗。

3）施工现场设置的各种安全设施严禁拆、挪或移作他用。

4）施工场所应保持整洁，垃圾或废料应及时清除，做到"工完、料尽、场地清"，坚持文明施工。在高处清扫的垃圾或废料，不得向下抛掷。

5.2.2.2 开关运输和验收

高压开关柜不是一般的小物件，它的体积和重量都比较大，所以在搬运时一定要请专业人员搬运。高压开关柜搬运一般由厂家负责，采用汽车结合汽车吊的方式；在施工现场运输时，根据现场的环境、道路的长短，可采用液压叉车、人力平板车或钢板滚杠运输，垂直运输可采用卷扬机结合滑轮的方式。设备运输前，需对现场情况进行检查，对于必要部位需搭设运输平台和垂直吊装平台。设备运输须由起重工作业、电工配合进行。

（1）高压开关柜运输、吊装时有以下注意事项：

1）开关柜内的许多元件都是挂在梁上的，如果倒置，可能掉下来。所以运输及移动过程中，只准直立放置，不得倒置、倾翻、翻滚摔下。

2）产品在安装前，应以原包装存放在库房中；如不能入库房，应防止淋雨，以免产品受潮。

3）避免接近火源，以防引起燃烧，带来不必要的损失。

4）不得随意拆卸电气元件及零部件，安装过程中不得野蛮施工，避免造成柜体或柜内元器件的损伤。

（2）高压开关柜验收时有以下注意事项：

1）拆箱后立即查看是否发生柜体变形，同时查看是否有元器件脱落散架和损坏，检查柜内是否进水或有严重受潮现象。

2）核对包装箱上的合同号，收货单位是否有误。

3）核对开关柜数量是否有误，随柜文件及备件是否缺失。

（3）起重作业时有以下要求：

1）凡属下列情况之一者，必须办理安全施工作业票，并应有施工技术负责人在场指导，否则不得施工。①重量达到起重机械额定负荷的95％；②两台及以上起重机械抬吊同一物件；③起吊精密物件、不易吊装的大件或在复杂场所进行大件吊装；④起重机械在输电线路下方或距带电体较近时。

2）吊物应绑牢，并有防止倾倒措施。吊钩悬挂点应与吊物的重心在同一垂直线上，吊钩钢丝绳应保持垂直，严禁偏拉斜吊。落钩时，应防止吊物局部着地引起吊绳偏斜。吊物未固定好，严禁松钩。

3）吊索（千斤绳）的夹角一般不大于90°，最大不得超过120°。

4）起重工作区域内无关人员不得停留或通过。在伸臂及吊物的下方，严禁任何人员通过或逗留。

5）起重机吊运重物时应走吊运通道，严禁从有人停留场所上空越过；对起吊的重物进行加工、清扫等工作时，应采取可靠的支承措施，并通知起重机操作人员。

6）吊起的重物不得在空中长时间停留。在空中短时间停留时，操作人员和指挥人员均不得离开工作岗位。

5.2.2.3　安装安全技术要求

（1）在已投入运行的变电站，以及正在试运的已带电的电气设备上进行工作或停电作业时，其安全施工措施应按 GB 26860—2011 的有关规定编制和执行。

（2）在生产单位管理的电气设备上进行工作或停电作业时还应遵守生产单位的有关规定。

（3）邻近带电体作业时，施工全过程必须设有经验的监护人。

（4）在调整、检修开关设备及传动装置时，必须有防止开关意外脱扣伤人的可靠措施，工作人员必须避开开关可动部分的动作空间。

（5）放松或拉紧断路器的返回弹簧及自动释放机构弹簧时，应使用专用工具，不得快速释放。

（6）凡可慢分慢合的断路器，初次动作时不得快分快合。对空气断路器初次试操作时，应从低气压开始。施工人员应与被试开关保持一定的安全距离或设置防护隔离设施。

（7）就地操作分合空气断路器时，工作人员应戴耳塞，并应事先通知附近的工作人员，特别是高处作业人员。

（8）对 SF_6 断路器、GIS 设备进行充气时，其容器及管道必须干燥，工作人员必须戴手套和口罩。

（9）取出 SF_6 断路器、GIS 设备中的吸附物时，工作人员必须戴橡胶手套、护目镜及防毒口罩等个人防护用品。

（10）SF_6 气瓶的搬运和保管，应符合下列要求：

1）SF_6 气瓶的安全帽、防震圈应齐全，安全帽应拧紧；搬运时应轻装轻卸，严禁抛掷、溜放。

2）气瓶应存放在防晒、防潮和通风良好的场所；不得靠近热源和油污的地方，严禁水分和油污粘在阀门上。

3）SF_6 气瓶与其他气瓶不得混放。

5.2.3　运行安全技术

5.2.3.1　开关设备运行

（1）电气设备及电气系统的安装调试工作全部完成后，在通电及启动前应做如下检查：

1）通道及出口畅通，隔离设施完善，孔洞堵严，沟道盖板完整，屋面无漏雨、渗水情况。

2）照明充足、完善，有适合于电气灭火的消防设施。

3）该锁的房门、网门、盘门已锁好，警告标志明显、齐全。

4）人员组织配套完善，操作保护用具齐备。

5）工作接地及保护接地符合设计要求。

6）通信联络设施足够、可靠。

7）所有开关设备均处于断开位置。

8）出厂型式试验、交接试验、投运前试验全部进行，且试验合格。

（2）上述各项工作检查完毕并符合要求后，所有人员应离开将要带电的设备及系统。非经指挥人员许可、登记，不得擅自再进行任何检查和检修工作。

（3）带电或启动条件具备后，应由指挥人员按启动方案指挥操作。操作应按 GB 26860—2011 有关规定执行。

（4）在配电设备及母线送电以前，应先将该段母线的所有回路断开，然后再接通所需回路，防止窜电至其他设备。

（5）用系统电压、负荷电流检查保护装置时应做到：

1）工作开始前经值长向调度人员申请停用被检查的保护装置。

2）应有防止操作过程中电流互感器二次回路开路、电压互感器二次回路短路的措施。

3）带负荷切断二次电流回路时，操作人员应站在绝缘垫上或穿绝缘鞋。

4）操作过程应有专人监护。

5.2.3.2 开关设备检修

（1）开关设备检修前，应根据检修项目要求，制定检修方案，落实检修人员及在检修中保障安全的组织措施和技术措施。

（2）检修工作中须严格执行 GB 26860—2011 中相关规定。

（3）对于手车式开关柜，一般情况下，仅对手车开关本体进行检修时，应在"开关检修"状态下进行；仅在开关柜出线室工作时，应在"出线仓检修"状态下进行；需要接近母线或者静触头时，应在"开关柜检修"状态下进行。

（4）对于手车式开关柜，涉及静触头、隔离挡板、挡板轨道、头手车推进机构、传动连杆等部位的检查或检修工作，应在"开关柜检修"状态下进行，严禁在"开关仓检修"状态下开展相关工作。

（5）手车式开关柜无绝缘隔离挡板或隔离挡板在手车开关拉出后不能可靠锁闭的，严禁在"开关仓检修"状态下工作。

（6）在"开关仓检修"状态下的检修工作，现场必须采用绝缘隔板或绝缘罩将工作地点与带电部位可靠隔离，悬挂"止步高压危险"标识牌，并设专责监护人全过程监护。

（7）开关柜检修工作中，所有带电仓室必须封闭并上锁，带电仓门或外壳上必须挂设"运行设备"红布幔。工作地点邻近的带电间隔前后柜门应可靠锁闭，并用遮栏遮挡，遮栏上悬挂"止步 高压危险"标识牌。

（8）检修工作中严禁强行解除开关柜内联锁，严禁强行拆除开关柜壳体，严禁随意使用万能钥匙解锁。

5.2.4 标准依据

金属封闭开关施工及运行必须遵照的相关标准及规范见表 5.2。

表 5.2　金属封闭开关施工及运行的标准依据

序号	标 准 名 称	标准编号或计划号
1	电力安全工作规程　发电厂和变电站电气部分	GB 26860—2011
2	高压开关设备和控制设备标准的共用技术要求	GB/T 11022—2011

序号	标 准 名 称	标准编号或计划号
3	电力建设安全工作规程	DL 5009.3—2013
4	交流金属封闭开关设备和控制设备	DL/T 404—2007
5	气体绝缘金属封闭开关设备带电超声局部放电检测应用导则	DL/T 1250—2013
6	气体绝缘金属封闭开关设备现场交接试验规程	DL/T 618—2011

5.3　400V 配 电 设 备

在风电场中 400V 配电设备通常称为站用电系统，它为整个场站提供生产和生活用电。因为生产提供控制和动力电源，因此 400V 配电设备必须保证不间断供电。通常配置一主一备的降压变压器，两个供电电源之间还应配备自动投切装置，提升 400V 配电网供电的可靠性。另外，必须减少因线路不合理，设备故障和人为、环境因素对配电网可靠性造成的影响。必须建立坚实的配电网络，提升设备先进性，更好地提升供电可靠性。发电场站中 400V 配电设备通常采用抽屉式低压开关柜，如图 5.6 所示。

图 5.6　抽屉式低压开关柜实物图

5.3.1　结构和技术特性

5.3.1.1　结构

400V 配电设备主要由母线，低压开关，互感器，一次、二次电缆构成。

（1）母线一般由高导电率的铜、铝质材料制成，用以汇集、传输和分配电力。母线按外形和结构，大致分为三类：硬母线（包括矩形母线、槽型母线、管型母线等）、软母线（包括铝绞线、铜绞线、钢芯铝绞线、扩径空心导线等）、封闭母线（包括共箱母线、分相母线等）。目前在风电场和光伏电站主要采用矩形母线。矩形母线指截面为矩形的母线，为了改善母线的冷却条件并减少集肤效应的影响，通常采用厚度较小的矩形母线。

（2）低压开关将电力进一步传输和分配，直接将电力送达至最末端的用户（负荷）。主要包括进线开关、联络开关、负荷开关等。

（3）互感器分为电压互感器和电流互感器，对配电设备运行的电压和电流进行监测，提供电压量和电流量给配电设备保护装置。互感器是电力系统中一次系统与二次系统之间的联络元件，它是一种特种变压器。

（4）一次、二次电缆，顾名思义是将电气一次部分、二次部分进行连接、联络，以实现整个电气回路完整、有效闭合。

5.3.1.2　技术特性

1. 母线的主要优点

（1）可以承载大电流。

（2）安装方便灵活，不容易安装错误，一条母线可以供很多用电设备同时取电。

（3）设备运行可靠，加装绝缘热缩材料后，可避免短路、接地故障等。

2. 低压开关的主要优点

（1）外廓尺寸小、安装方便、操作安全，具有多种保护功能。

（2）过载或短路故障发生时自动分闸。

（3）散热性能好。

（4）操作灵活，单支路操作不影响其他支路正常运行。

3. 互感器的主要优点

（1）互感器是将一次回路的高电压或大电流变为二次回路标准的低电压或标准的小电流，使二次仪表和保护继电器等设备与高压装置在电气方面很好地隔离开，以保证人身和设备的安全。

（2）所有二次设备可以采用低电压、小电流的控制电缆连接，使得二次回路简单、安装方便，便于集中管理，易于实现远方控制与测量。

4. 一次、二次电缆的主要优点

（1）可靠性高，故障率低。

（2）运行维护简单。

（3）热性能好，允许工作温度高，传输容量大。

（4）易安装，允许最小弯曲半径小，重量轻。

5.3.2 施工安全技术

5.3.2.1 低压配电柜吊装

（1）吊装前吊装人员必须检查吊车各零部件，正确选择吊具。起吊前应认真检查低压配电柜内设备，防止物品坠落。

（2）吊装现场必须设专人指挥。指挥必须有安装工作经验，执行规定的指挥手势和信号。起重机械操作人员在吊装过程中负有重要责任。吊装前，吊装指挥人员和起重机械操作人员要共同制定吊装方案。吊装指挥人员应向起重机械操作人员交代清楚工作任务。

（3）参加低压配电柜吊装的全体人员，必须严格遵守电力工程施工安全规程要求，熟悉并严格执行本工种的安全操作规程，精心操作。

（4）如需要，应为壳体提供合适的起吊装置或搬运工具。

（5）在起吊过程中，不得调整吊具，不得在吊臂工作范围内停留。地面协助安装指挥人员及地面作业人员要戴安全帽，与低压配电柜保持安全距离。

（6）所有吊具调整应在地面进行。在吊绳被拉紧时，不得用手接触起吊部位，以免碰伤。

（7）起吊点要保持低压配电柜直立后下端处于水平位置。应有导向绳导向。

（8）吊装时，吊具必须绑扎牢固。

（9）吊装现场划定作业区域，非施工人员禁止进入施工区域。

5.3.2.2 低压配电柜场内外运输

（1）低压配电柜运输过程中要进行固定，防止低压配电柜碰撞造成损伤。场内外运输道路应平整，减少低压配电柜在运输过程中的剧烈抖动。

（2）温度在－25～＋55℃范围内适合运输和储存过程。在短时间内（不超过 24h）可达到＋70℃。

（3）对道路运输驾驶人员要求做到"八不"，即不超载超限、不超速行车、不强行超车、不开带病车、不开情绪车、不开急躁车、不开冒险车、不酒后开车。保证精力充沛，谨慎驾驶，严格遵守道路交通规则和交通运输法规。

（4）做好危险路段记录并积极采取应对措施，特别是山区道路行车安全，要做到"一慢、二看、三通过"。

（5）发生事故时，应立即停车、保护现场、及时报警、抢救伤员和货物财产，协助事故调查。

（6）不违章作业，驾驶人员连续驾驶时间不超过 4h。

5.3.2.3　安装

（1）检查成套设备，包括检查接线，如果有必要则进行操作试验（出厂试验）。

（2）检查防护措施和保护电路的电连续性（出厂试验）。

（3）用直观检查或电阻测量验证成套设备的裸导电部件和保护电路之间的有效连接。

（4）测试短路耐受强度。

（5）现场成套设备柜之间、设备与监控室之间等的动力电缆、控制电缆、总线都是集中在有限空间内，应将各种连接电缆分类，按敷设规程进行。

（6）厂房中，电缆敷设采用架空母线与电缆穿管的方式时，电缆管道应该由电导体材料构成，并分段连接到功能地。总线电缆的布置应使其不受到机械应力。否则，应采取保护措施，如用钢管或弯曲的金属导管布置电缆。每间隔一段距离管道接地应做防腐处理，间隔距离应满足电磁兼容要求。

（7）一般电缆敷设在不同支架上的分层原则为大电流动力电缆、低压动力照明电缆、一般控制电缆、信号电缆、总线电缆等。无论是电缆沟还是电缆支架都要注意通风与分层敷设电缆。动力电缆通常在支架上只能单层敷设，占支架的 50％～60％；控制电缆和总线单独一层，各层支架之间的距离一般为 30cm。电缆支架应每隔一定距离，如 10～20m，与接地母线连接。

（8）室外安装，应把电缆置入合适的塑料管道中对电缆提供额外保护。从外部到内部的电缆传输应用一个辅助端子块，来连接埋入地下电缆与标准总线电缆。在电缆进入建筑物前，应安装雷击吸收器，同时辅助端子还应包含有抗过压的保护电路。

（9）通信电缆的屏蔽层应根据使用的总线的要求在电缆的一端或两端接地。如果使用环境中有严重干扰问题，更换为光纤电缆。

（10）接地电缆应采用并联方式，并尽可能靠近通信电缆；接地电缆必须捆扎好以保证大面积区域、高频下仍有效并保证较低的阻抗等。

（11）按所选用的总线形式选择相应类型的中继器。安装中继器时还要遵守制造商的规范要求。中继器优先安装在成套开关设备内。无中继器时，采用屏蔽双绞线，传输最大距离 1200m，最大站点 32 个。

（12）总线长度和连接的站数可用中继器来增加，1 个中继器 2.4km，62 个站；2 个中继器 3.6km，92 个站；3 个中继器 4.8km，122 个站。

（13）电缆出口应在距离地面最近，并与可能连接在低压配电柜上的最大电缆的弯曲半径相适应的位置。

（14）通信电缆应与其他控制信号线分开布置。

（15）电缆进入盘、柜、屏等孔洞时应采取电缆防火措施。

（16）电缆预留孔和电缆保护管两端口应采用有机堵料封堵严实。堵料嵌入管口的深度不应小于 50mm，预留孔封堵应平整。

5.3.3 运行安全技术

5.3.3.1 低压配电柜运行

（1）在成套设备制造商与用户协议中缺少实际负载电流的情况下，成套设备输出电路或输出电路组的设定负载可按相关规定赋值。

（2）在非专业人员可以进入的场地安装的成套设备中不允许有抽出式部件。

（3）为了防止未经允许的操作，应将可移式和可抽出式部件或它们所属的成套设备固定在一个或几个位置上。

（4）在不使用钥匙和工具的情况下，只有插座、操作手柄和控制按钮可以接触。

（5）进入低压配电柜壳体内部空间的门或可移式覆板应加装防护锁，经值班人员同意才可使用钥匙或工具打开进入。

（6）进入低压配电柜壳体电缆的密封板和覆板需移动时，值班人员同意才可使用钥匙或工具打开进行移动。当一个壳体的可移式部件被移时，应遵照《低压成套开关设备和控制设备空壳体的一般要求》（GB/T 20641—2006），壳体的其余部件不允许与保护电路断开。

（7）户内安装场所周围空气温度不得超过＋40℃，而且在 24h 内其平均温度不超过35℃。周围空气温度下限为－5℃。

（8）施工用电进线单元电缆的连接设施应遵照《低压成套开关设备和控制设备 第四部分：对建筑工地用成套设备（ACS）的特殊要求》（GB 7251.4—2017），与此单元电缆的电流额定值相匹配，且应有一个隔离装置和一个过流保护装置，并应具有将隔离装置锁定在分断位置上的设施。电流额定值应大于 125A，但不超过 630A。

（9）施工用电出线单元应遵照 GB 7251.4—2017，每个单元包括一个或数个出线电路。通常用来连接手持式电动工具或类似便携式装置的插座，其额定电流不超过 32A，应采用额定剩余动作电流不超过 30mA 的剩余电流动作保护器进行保护。多条插座电路可以用同一剩余电流动作保护器进行保护。

（10）发电厂、变电站内电缆线路每 3 个月巡视一次。检查电缆终端表面有无放电、污秽现象；终端密封是否完好；终端应力锥部位是否发热等。

（11）开关柜、分接箱内的电缆终端每 2～3 年结合停电巡视检查一次。

（12）电缆线路发生故障后应立即进行故障巡视，交叉互联的电缆线路跳闸后，应同时对线路上的交叉互联箱、接地箱进行巡视，还应对给同一设备供电的其他电缆线路开展巡视工作以保证设备供电安全。

（13）因恶劣天气、自然灾害、外力破坏等因素影响及有特殊运行要求时，应组织运行人员开展特殊巡视。对电缆线路周边的施工行为应加强巡视；对已开挖暴露的电缆线路，应缩短巡视周期，必要时安装临时视频监控装置进行实时监控或安排人员看护。

（14）定期检查电气连接点固定件有无松动、锈蚀，引出线连接点有无发热现象。

（15）定期检查接地线是否良好，连接处是否紧固可靠，有无发热或放电现象；必要时测量连接处温度和单芯电缆金属护层接地线电流，有较大突变时应停电进行接地系统检查，查找接地电流突变原因。

（16）定期检查电缆铭牌是否完好，相色标志处是否齐全、清晰；电缆固定、保护设施是否完好等。

（17）定期检查电缆外护套与支架或金属构件处有无磨损或放电迹象，衬垫是否失落，电缆及接头位置是否固定正常，电缆及接头上的防火涂料或防火带是否完好。

5.3.3.2　低压配电柜检修

（1）进行低压配电柜检修作业时，必须保持通信畅通，随时保持各作业点、监控中心之间的联络。

（2）检修前做好安全措施，隔离检修设备与带电设备，内部隔离可用于获得功能单元间、单独隔离间或封闭的防护空间，防止触及危险部件并防止固体外来物的进入。如果低压电路的接线是根据主电路的相—地电压采用了绝缘电缆，则可以不用挡板。

（3）遵照《低压成套开关设备和控制设备　第 1 部分：型式试验和部分型式试验成套设备》（GB 7251.1—2005）要求，0.23～0.4kV 低压配电系统最小电气间隙为 5.5mm。

（4）运行单位应积极开展状态检修工作。依据电缆线路的状态检测和实验结果、状态评价结果，考虑设备风险因素，动态制定设备维护检修计划，合理安排状态检修的计划和内容。

（5）电缆线路新投 1 年后，应对电缆线路进行全面检查，收集各种状态量，并据此进行状态评价，评价结果作为状态检修的依据。

（6）对于运行达到一定年限，已发生故障或发生故障概率明显增加的设备，宜根据设备运行及评价结果，对检修计划及内容进行调整。

（7）对巡视检查、状态检测和状态检修试验中发现的电缆线路缺陷及隐患应及时处理。

（8）对运行安全的影响程度和处理方式进行分类并计入生产管理系统。电缆线路缺陷分为一般缺陷、严重缺陷、危急缺陷三类。危急缺陷消除时间不得超过 24h，严重缺陷应在 72h 内消除，一般缺陷可结合检修计划尽早消除，但必须处于可控状态。

（9）电缆线路带缺陷运行期间，运行单位应加强监视，必要时制定应急措施。

5.3.4　标准依据

低压开关设备施工及运行必须遵照的相关标准及规范见表 5.3。

表 5.3 低压开关设备施工及运行的标准依据

序号	标准名称	标准编号或计划号
1	电气装置安装工程母线装置施工及验收规范	GB 50149—2010
2	低压成套开关设备和控制设备 第3部分：对非专业人员可进入场地的低压成套开关设备和控制设备——配电板的特殊要求	GB 7251.3—2017
3	低压成套开关设备和控制设备 第2部分：成套电力开关和控制设备	GB 7251.12—2013
4	低压开关设备和控制设备 低压开关、隔离器、隔离开关及熔断器组合电器	GB/T 14048.3—2017
5	低压成套开关设备和控制设备智能型成套设备通用技术要求	GB/T 7251.8—2005
6	低压成套开关设备和控制设备 第4部分：对建筑工地用成套设备（ACS）的特殊要求	GB 7251.4—2017
7	低压成套开关设备和控制设备空壳体的一般要求	GB/T 20641—2014
8	电力设备母线用热缩管	DL/T 1059—2007

第6章 无功补偿设备施工及运行安全技术

无功补偿设备能改善电能质量，主要作用是无功补偿、抑制谐波、降低电压波动和闪变，以及解决三相不平衡等。本章主要从电容器、SVC设备、SVG设备3部分介绍施工及运行维护的相关内容。

6.1 电 容 器

电容器是电力系统中重要的设备之一，主要用于吸收系统的容性无功，相当于向系统提供感性无功，从而提高系统的功率因数，改善电力系统电压质量，同时降低线路损耗，是增大发、输、变、配电设备有效容量的重要技术措施。其外观如图6.1所示。

图6.1 电容器外观图

6.1.1 类型和技术特性

6.1.1.1 类型

（1）并联电容器。原称移相电容器，主要用于补偿电力系统感性负荷的无功功率，以提高功率因数，改善电压质量，降低线路损耗。

（2）串联电容器。串联于工频高压输、配电线路中，用以补偿线路的分布感抗，提高系统的静、动态稳定性，改善线路的电压质量，加长送电距离和增大输送能力。

（3）耦合电容器。主要用于高压电力线路的高频通信、测量、控制、保护以及在抽取电能的装置中作为部件使用。

（4）断路器电容器。原称均压电容器，并联在超高压断路器断口上，起均压作用，使各断口间的电压在分断过程中和断开时分布均匀，并可改善断路器的灭弧特性，提高分断能力。

（5）电热电容器。用于频率为40～24000Hz的电热设备系统中，以提高功率因数，改善回路的电压或频率等特性。

（6）脉冲电容器。主要起储能作用，用作冲击电压发生器、冲击电流发生器、断路器试验用振荡回路等基本储能元件。

（7）直流和滤波电容器。用于高压直流装置和高压整流滤波装置中。

（8）标准电容器。用于工频高压测量介质损耗回路中，作为标准电容或测量高压的电容分压装置。

6.1.1.2 技术特性

1. 电容器的主要优点

（1）具有介质损耗低、寿命长等性能。

（2）机械强度高，易于焊接、密封和散热，耐污秽。

（3）分散式高压并联电容器具有容量调节灵活，装置安装维护方便，储油量少等特点。

（4）密集型高压并联电容器具有全密封、免维护的优点。

2. 电容器的主要缺点

（1）投切电容器时，容易发生谐振。

（2）投退电容器组时容易产生大的涌流。

（3）退出电容器组时断路器容易产生重燃过电压。

（4）运行环境中谐波含量高时容易发生过热等现象。

6.1.2 施工安全技术

6.1.2.1 电容器安装

（1）电容器包装箱应水平平放储存。在抬起时，应保持包装箱两边的平衡，检查交付的货物与订单、所附装单是否相符，及在运期间有无损坏发生，如安装不能及时进行，应拆卸电容器的外包装并尽可能存放于室内，不允许将电容器存储在潮湿的包装箱内。

（2）电容器组的安装应按安装图纸进行操作，确保单元电容器安装在框架的正确位置，并且框架正确安装在成套装置中；在任何情况下，不允许套管遭受外力和撞击。注意：在搬运电容器单元时，绝对不允许搬套管。

（3）在带有线夹的套管上，对于压紧铜连接线的螺母，给予适当力矩紧固。应当绝对避免使用过力造成套管损坏。

（4）电容器在安装前，应进行必要的检查。套管芯柱应无弯曲或滑扣，引出线端连接用的螺母、垫圈应齐全，外壳应无显著变形，无掉漆，外表无锈蚀，接缝不应有裂缝。

（5）三相电容量的差值宜调配到最小，其最大与最小的差值不应超过三相平均电容值的5%，或按设计规定。

（6）电容器构架应保持其应有的水平及垂直位置，紧固应牢靠，油漆应完整，电器的配置应使其铭牌面向通道一侧，并有顺序编号，电容器端子的连接线应符合设计要求，接线应对称一致，整齐美观，母线及分支线应标以相色。凡不与地绝缘的每个电容器的外壳及电容器的构架均应接地；凡与地绝缘的电容器外壳均接到固定的电位上，电容器室内安装时应通风良好。

（7）电容器的熔断器安装。带斜口的熔断器，其熔丝管应紧密插在钳口内。安装有动作指示的熔断器，应便于检查指示器的动作情况。

（8）安装时应严格执行有关安全操作规程，安装完成后，将装置清理干净，等待试投运。

（9）电容器之间的最小垂直净距要满足要求。

6.1.2.2　电容器运输

（1）装置按零部件分箱包装。

（2）运输时，不许倒置、翻滚，并应做好防潮措施。

6.1.3　运行安全技术

6.1.3.1　电容器运行

（1）电容器组的投运与切除，应根据功率因数进行。

（2）电容器可在 1.1 倍额定电压以下长期运行，但达到 1.15 倍额定电压而过电压保护未动作分闸时，则应手动切除电容器组开关。

（3）电容器的最大运行电流不应超过其额定电流的 1.3 倍。

（4）每台电容器的外壳都应贴 55℃ 的示温腊片，试温腊片宜贴在大面的 2/3 高度。

（5）电容器室应在电容器组通风较差，距电容器 0.6～1m 处装设环境温度表。

（6）运行人员在巡视电容器时，应根据示温腊片的变化判断电容器运行温度是否正常。

（7）为了确保电容器的使用寿命，应避免运行中高电压（高于额定值）和高气温同时出现。

（8）电容器的运行电压或电流及电容器温度超过其规定值时，应及时汇报运行值班长。

（9）运行中电容器应定期抄录电流、电压、环境温度，抄录时应注意三相电流是否平衡。雷雨天气时巡视电容器要穿绝缘鞋。

6.1.3.2　电容器送电前检查

（1）绝缘摇测。1kV 以下电容器用 1000V 摇表测试，3～10kV 电容器用 2500V 摇表摇测，并做好记录，摇测后要进行放电。

（2）耐压试验。电容器在送电前要进行交接试验，试验标准参照表 6.1 掌握。

表 6.1　电容器交流耐压试验标准　　　　单位：kV

额定电压	<1	1	3	6	10
试验电压	3	5	18	25	35
交接试验电压	2.2	3.8	14	19	26

（3）电容器外观检查，无破损，无油污。

（4）连线正确可靠。

（5）各种保护装置正确可靠。

（6）放电系统完好。

（7）控制设备完好无损，动作正常，各种仪表校对合格。

6.1.3.3　电容器试运行及验收

（1）冲击合闸试验。对电容器组进行 3 次冲击合闸试验，无异常情况，方可投入运行。

（2）试运行 24h 无异常后方可移交，并按规定办理验收手续。

（3）移交时应提供以下技术资料：

1）设备图纸及设计图纸。

2）如有设计变更，应提供设计变更手续。

3）设备开箱检查记录。

4）设备各类实验记录和报告。

5）安装记录和调试记录。

6.1.3.4 电容器检修

（1）清扫电容器本体及附属设备，应清洁无污垢。

（2）引线套管、支柱瓷瓶应无破损、裂纹。

（3）放电装置应完好，接地应良好。

（4）电容器箱壳应无膨胀变形，无渗油。

（5）更换电容器后，三相电流应平衡，误差不应超过 5%。检修时，必须停电 10min 后，合上接地开关、接好接地线、做好措施后，检修人员方可对电容器进行检修。

6.1.3.5 电容器日常维护

（1）监视电容器的运行温度、电压、电流。电容器室的温度不得超过 40℃，电容器的本体温度不得超过 60℃。对电容电压、电流的要求应满足上述运行条件。

（2）巡视时要检查电容器有无外壳膨胀、瓷套管破碎、漏油等现象，以及熔丝是否熔断、接头是否良好、放电装置是否良好、通风装置是否良好等。

（3）对运行时能进行检查的电容器，每年应停电清扫检查 2 次；对运行时不能进行检查的电容器，每季应进行 1～2 次清扫检查。主要检查各部接点的接触情况（螺栓的松紧）、放电回路的完整性、接地线的完好程度等，清扫外壳、绝缘子以及支架的灰尘。

（4）特殊的巡视检查。当断路器发生跳闸、保险丝熔断时，应立即进行特殊巡视检查。对户外的电容器，遇有雨、雪、风、雷等天气时，也要进行特殊的巡视检查；特殊巡视项目除上述提到的之外，必要时对电容器进行试验。

6.1.4 标准依据

电容器施工及运行必须遵照的相关标准及规范见表 6.2。

表 6.2 电容器施工及运行的标准依据

序号	标 准 名 称	标准编号或计划号
1	并联电容器装置设计规范	GB 50227—2017
2	电气装置安装工程串联电容器补偿装置施工及验收规范	GB 51049—2014
3	高压并联电容器装置定货技术条件	DL/T 604—2009
4	高压并联电容器装置	JB/T 7111—1993
5	高压并联电容器装置使用技术条件	DL/T 840—2016

6.2 SVC 设 备

SVC 是静止无功补偿装置的简称，区别于传统无功补偿方式（通过开关投切电容器或通过分接开关调节电容器端电压），SVC 属于动态无功补偿产品，它具有最快 10ms 的响应速度，是目前技术较为成熟的最快的无功补偿方式。特别适合一些需要快速补偿的工业场合，如电弧炉、轧机、电力机车等，可以显著提高用户的功率因数（最高可接近 1），最大限度地为用户节能降损，同时可降低用户接入电网的公共点的电压波动与闪变，此外，SVC 设备也可用于输电系统或发电场、变电站，对维持系统母线电压稳定，提高线

路输送容量，以及提高输电系统的暂态稳定性都有一定的作用，也是各类新能源发电场必备的设备之一。SVC 设备一般由可调电抗（通过可控硅单元或硅阀调节）、FC 支路以及控制和保护系统组成，SVC 设备实物图如图 6.2 所示。

图 6.2　SVC 设备实物图

6.2.1　类型和技术特性

6.2.1.1　类型

（1）饱和电抗器（saturated reactor，SR）。饱和电抗器可分为自饱和电抗器和可控饱和电抗器两种。自饱和电抗器不需要调节器，依靠电抗器自身固有的能力来稳定电压。它利用铁芯的饱和特性，使感性无功功率随端电压的升降而增减。可控饱和电抗器在利用磁性材料饱和性能的同时增加其可控性，通过改变饱和电抗器控制绕组中的电流来改变电抗器铁芯的工作点磁通密度，进而改变绕组的电感值以及相应补偿的无功功率。和自饱和电抗器相比，可控饱和电抗器能够更好地适应母线电压变化较大的情况，但仍具有振动和噪声大的缺点，同时响应速度也比较慢，在 100ms 左右。

（2）晶闸管控制的电抗器（thyristor controlled reactor，TCR）。是将电抗器和两个反并联的晶闸管串联，在电压的每个正负半周的后 1/4 周中，即从电压峰值到电压过零点的间隔内触发晶闸管，此时承受正向电压的晶闸管将导通，使电抗器进入导通状态。一般用触发延迟 α 来表示晶闸管的触发瞬间，它是从电压过零点到触发时刻的角度，决定了电抗器中电流 i 的有效值大小。TCR 型 SVC 设备正常运行时会产生大量的特征谐波注入电网，因此必须采取措施将这些谐波消除或减弱。

（3）晶闸管投切的电容器（thyristor switched capacitor，TSC）。是利用晶闸管阀体通过相控对投入系统的电容电流值进行控制。由于输电线路和负荷多呈现感性，因此所谓无功功率补偿，就是需向系统输入容性无功功率，所以利用电容进行补偿。

（4）具有 TCR 和 TSC 的混合型静止无功补偿器 TCT。当系统电压低于设定的运行电压时，根据需要补偿容性无功，投入适当组数的电容器组，并略有一点过补偿，此时再用晶闸管相控电抗器的感性无功功率来抵消这部分过补偿的容性无功功率。当系统电压高于设定的运行电压时，则切除所有的电容器组，装置只有 TCR 部分运行。

6.2.1.2　技术特性

1. SVC 设备的主要优点

（1）由于 SVC 设备使用可控硅作为主调节器件，调节时无拉弧、涌流，设备使用寿命长。

（2）无功补偿精细。由于可连续调节，可实现系统需要多少无功就补多少无功。

（3）配合 FC 高压无源滤波，可将系统谐波水平滤除到符合国标要求。

（4）全数字控制系统，响应速度快，调节精度高。

2. SVC 设备的主要缺点

功耗大、占地面积大；晶闸管的冷却系统必须带电运行，水冷运行维护成本高；风冷效率低；自身产生的谐波不可忽视，谐波引起电感、电容发热，导致绝缘老化、电容器参数变化及损坏。

6.2.2 施工安全技术

（1）施工现场场地狭小，搬运就位难度较大，设备吊装就位是安装工程安全注意的关键。

（2）部分电气设备在现场组装、解体检查测试，设备自动化程度高，工艺和工序质量、安装调试标准要求严格，对安装人员技术水平要求较高。

（3）所有高压电气设备、绝缘件、控制、保护整定均需做电气交接试验，试验量大，安装试验调试是施工质量的关键所在。

（4）所有设备到货吊装前，首先会同建设单位、厂家进行开箱检查，并作详细记录，编号确认后利用吊车、平板车，按图纸安装位置，先里后外依次进入，防止搬运事故发生。装车时用绳索绑扎牢固，防止物倒车斜损坏设备，过电缆沟时要用槽钢或工字钢垫置，将设备吊运至安装位置附近，利用三脚架及人力搬抬运至安装位置，安装要严格按设计要求和相关规范标准进行。

（5）设备就位前，先对基础进行复核，基础的中心线与标高符合设计要求，预埋钢板水平度，中心线位置及基础标高偏差，控制柜基础槽钢的直线度、水平度、位置误差等满足设计要求和相关规范标准。

6.2.3 运行安全技术

6.2.3.1 SVC 设备运行

（1）仪表指示。三相电流符合设计要求，三相电流平衡、平稳；三相电压平衡、平稳，在波动范围内；高压开关柜各指示正确。

（2）设备运行。检查开关柜内三相插件有无放电、变色、烧红现象；电容器有无漏油现象；电抗器有无过热现象，三相温度是否平衡；隔离开关各接头有无放电、发热、烧红现象；电缆温度是否正常；各接头有无发热、放电、烧红现象；设备有无特殊声音等。

（3）阀组运行。检查夜间熄灯检查穿墙套管、电流互感器接头、阀组各高压接头有无放电等现象；高电位板有无放电、冒烟等现象；各水管接头处有无漏水、堵塞；水电阻、电容、晶闸管有无放电、打火、烧黑、损坏；室内温度应在 10～30℃。

（4）控制柜运行。检查各电源线、电路板有无损坏、短路冒烟等；各工作电源灯运行是否正常、是否报警；各报警红灯是否亮灯；各运行绿灯是否灯亮；设备是否运行稳定，无异常声音。

（5）冷却水装置运行状态。冷却水压力、温度、水电阻在规定范围内，水泵运行正常、信号正确，冷却装置室内温度在规定范围内。

（6）操作注意事项。

1）在 TCR 控制柜不带电或有故障显示时，由于有连锁装置，TCR 断路器都合不上。

2）投运 TCR 要提前打开空调，保证阀组室的空调正常工作。TCR 投运过程中，阀组室内的温度不要超过 42℃，以免可控硅温度过高损伤可控硅。工作人员应经常巡视，保证空调正常运行。

3）断电进入阀组室必须要挂接地线。

4）不得随意改变已经设定好的参数。

5）送电时检查急停按钮是否复位，如果没有复位要复位后再上电。

6）如果 TCR 出现跳闸故障，必须记录下显示屏上显示的故障和保护板及控制板上红色指示灯亮起的位置，然后再停自用电。

7）如果发现面板上有 3 只击穿检测灯熄灭，TCR 还未跳闸，必须立刻按急停按钮，然后检测可控硅是否确实被击穿。如果发现可控硅击穿，必须更换可控硅并做完导通试验后才能送电。

（7）SVC 设备投入。

1）SVC 设备投入运行前必须确保单机性能正常，各单机接线正常。

2）检查设备一次回路、二次回路连线的可靠性，尤其是在设备保养之后；所有绝缘子应干净，设备现场要整洁。

3）确认 SVC 设备主控室内的交流屏、直流屏、继保屏、主控屏电源已接通；各屏内的电源开关已合上。

4）确认 TCR 支路断路器和各 FC 支路断路器已"储能"到位。

5）确认变电站送入 SVC 设备的出线断路器已合闸。确认 SVC 设备总进线隔离开关、TCR 支路隔离开关、各 FC 支路断路器已合闸到位。滤波器区网门、TCR 阀室网门都已经关好，此时具备合闸条件。

6）确认阀体、光纤、高电位板无异常。

7）确认站控液晶显示的主接线画面正常。

8）上述检查工作完成后，由低到高依次合 FC 支路断路器，然后合 TCR 支路断路器，打开主控屏前门，将主控屏前的转换开关置"自检"位置，观察晶闸管阀回报状态正常后，将主控屏前转换开关置"投入"位置，然后静止型动态无功补偿装置（SVC）进入工作状态。

（8）SVC 设备退出。

1）切电容器。由高次到低次依次切掉电容器的高压开关，同时查看数字电流表，如果有异常值出现，立即扭动急停旋钮。

2）停触发脉冲。点击上位机监控界面的停止按钮，停触发脉冲；监控界面的右下角的"停"字后的红灯亮。脉冲柜脉冲指示灯熄灭。

3）切 TCR 高压。在高压开关柜侧停止投运高压，控制柜上高压分指示灯亮。

4）关 SVC 监控软件。

5）按下控制柜工控机下面的红色按钮停止下位机，断开控制柜后面的交流空气断路器，SVC 设备停止投运。

6）如果需要再次投运 SVC 设备，需要间隔 15min，以便电容器放电。□

6.2.3.2 SVC 设备维护

（1）SVC 在运行中严禁切除 SVC 设备控制柜电源。

（2）严禁带载拉开 TCR 设备及滤波器的高压隔离开关。

（3）出现 SVC 设备控制器保护动作后，应先记录 SVC 设备监控软件上的内容，再记录控制插卡箱和击穿插卡箱上的故障指示灯状态，后清除故障。

（4）SVC 设备运行中应随时留意 TCR 控制器的工作状态，出现异常情况应及时记录和处理；空调设备运行应良好，保证功率单元室内温度不超过 40℃，温度过高应及时启动风机。

（5）功率单元装置周围不得有危及安全运行的物体。

（6）检查导线接头，确认无打火、过热现象。

（7）每班每 8h 全面巡检一次，特殊天气 4h 一次。每周进行一次夜间熄灯检查，查看系统中是否有电晕产生及局部放电现象。

6.2.3.3 SVC 设备检修

（1）电容器的检修有以下要求：

1）在断开电容器组前测量不平衡电流。小的偏离可能是由电容器组以外的因素引起的。若电容器组由带有内熔丝的电容器单元组成，有问题的电容器元件将自动断开；若不平衡电流超出报警值，或者跳闸值的 50%，所有的电容器单元应进行电容值的测量；若单元电容改变值超出出厂试验报告值的 10% 时，应予更换；若电容器组由带有外熔丝的电容器单元组成，不平衡电流显示元件出现故障，应对所有电容器单元进行电容量的测量，即使在外熔丝没有烧断的情况下，元件出现故障的电容器单元也应进行更换。

2）检查电容器组污秽度、面漆有无脱落及电容器单元是否漏油膨胀。通常情况下，必须更换漏油的电容器。

3）检查电容器保护装置的保护定值和装置运行情况。若电容器组的不平衡保护装置已跳闸，应对所有单元进行电容量的测量并更换故障单元（当替换时，故障电容器与更换电容器之间电容值的偏差应符合规定。在重新连接后，检查不平衡电流，不平衡电流应不超过保护运行值的 20%）；若电容器组没有配备不平衡保护装置，所有电容器单元的电容值应每年进行测量；带有不平衡保护装置的电容器组，其电容器单元的电容值测量不包括在定期的检查项中，但为保证其正常运行，若保护装置显示有故障或电容器组断开，应测量电容值。建议对所有电容器组里的单元进行电容值定期测量，保证其有效性至关重要，至少每 3 年一次，每年一相。使用电桥测量电容值工作简单易行，不需要打开电容器组连线即可进行测量，若测量值的偏差超过试验报告值的 10%，单元应予更换。

（2）电抗器的检修有以下要求：

1）电抗器表面漆每两年进行一次检查，如有表面漆剥落应及时补刷。

2）电抗器导电接触面应定期检查，以防螺栓松动。若发现接触不良时，需及时进行处理；由于电抗器本身运行过程中有振动，应半年进行一次电抗器本体螺栓紧固。

3）检查电抗器水平、垂直绑扎带有无损伤，出现异常时及时处理或通知厂家修理。

4）检查线圈垂直通风道是否畅通，发现异物及时清除。

5）每年雨季前和冰冻期前，应利用停电检修的机会清扫电抗器表面，确保各个垂直散热气道畅通。

6）产品长期储存时，放在干燥通风的室内或有顶棚的地方。

（3）阀组室的检修有以下要求：

1）阀组室空调运行良好。

2）阀组螺栓有无松动、变色现象。

6.2.4　标准依据

静止无功补偿装置施工及运行必须遵照的相关标准及规范见表 6.3。

表 6.3　静止无功补偿装置施工及运行的标准依据

序号	标　准　名　称	标准编号或计划号
1	静止无功补偿装置（SVC）功能特性	GB/T 20298—2006
2	静止无功补偿装置（SVC）现场试验	GB/T 20297—2006
3	电气装置安装工程高压电器施工及验收规范	GB 50107—2010
4	静止无功补偿装置运行规程	DL/T 1298—2013
5	高压静止无功补偿装置　第 1 部分　系统设计	DL/T 1010.1—2006
6	磁控电抗器型高压静止无功补偿装置	NB/T 42028—2014
7	高压静止无功补偿装置及静止同步补偿装置技术监督导则	Q/GDW 1177—2015

6.3　SVG　设　备

SVG 设备是由链式静止同步补偿器（STATCOM/DSTATCOM，又称为 SVG）和固定电容器共同构成的，按各自容量的不同可组合成各种补偿范围的有源动态无功补偿和谐波补偿装置。电网中的大部分电力负荷如电动机、变压器等均属于感性负荷，在运行过程中需向这些设备提供相应的无功功率。在电网中安装并联电容器等无功补偿设备以后，可以提供感性负载所消耗的无功功率，减少电网电源向感性负荷提供、由线路输送的无功功率。由于减少了无功功率在电网中的流动，因此可以降低线路和变压器因输送无功功率造成的电能损耗，SVG 设备实物图如图 6.3 所示。

图 6.3　SVG 设备实物图

6.3.1 原理、类型和技术特性

6.3.1.1 基本原理

SVG 设备的接线原理图如图 6.4 所示，SVG 设备的基本原理就是将自换相桥式电路通过变压器或者电抗器并联在电网上，适当地调节桥式电路交流侧输出电压的幅值和相位，或者直接控制其交流侧电流就可以使该电路吸收或者发出满足要求的无功电流，实现动态无功补偿。

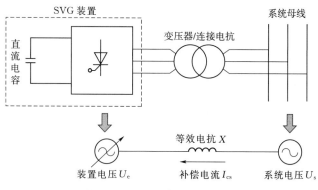

图 6.4 SVG 设备接线原理图

以 6M/10kV 装置为例的单台装置结构如图 6.5 所示。装置由 4 个功率柜、1 个控制柜、1 个启动柜和连接变压器组成。

6.3.1.2 类型

（1）调压式动态无功补偿装置。调压式动态补偿装置原理是：在普通的电容器组前面增加一台电压调节器，利用电压调节器来改变电容器端部输出电压。根据 $Q=2\pi fCU^2$，改变电容器端电压来调节无功输出，从而改变无功输出容量，进而调节系统功率因数。目前生产的装置大多可分九级输出，但分级补偿方式容易产生过补、欠补。

（2）磁控式（MCR 型）动态无功补偿装置。

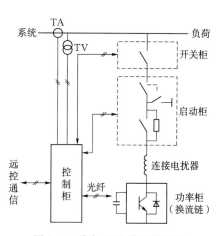

图 6.5 单台 SVG 装置结构图

磁控式动态无功补偿装置原理是：在普通的电容器组上并联一套磁控电抗器。磁控电抗器采用直流助磁原理，利用附加直流励磁磁化铁芯，改变铁芯磁导率，实现电抗值的连续可调，从而调节电抗器的输出容量，利用电抗器的容量和电容器的容量相互抵消，可实现无功功率的柔性补偿。磁控式动态无功补偿装置能够实现快速平滑调节，响应时间为 $100\sim300\mathrm{ms}$，补偿效果满足风电场工况要求。磁控电抗器采用低压晶闸管控制，其端电压仅为系统电压的 $1\%\sim2\%$，无需串、并联，不容易被击穿，安全可靠。

（3）相控式动态无功补偿装置（TCR）。相控式动态无功补偿装置（TCR）原理是：

在普通的电容器组上并联一套相控电抗器（相控电抗器一般由可控硅、平衡电抗器、控制设备及相应的辅助设备组成）。通过对可控硅导通时间进行控制，控制角（相位角）为 α，电流基波分量随控制角 α 的增大而减小，控制角 α 可在 $0°\sim90°$ 范围内变化。控制角 α 的变化，会导致流过相控电抗器的电流发生变化，从而改变电抗器输出的感性无功的容量。普通的电容器组提供固定的容性无功，感性无功和容性无功相抵消，从而实现总的输出无功的连续可调。

（4）智能新型动态无功补偿装置（SVG）。SVG 设备是当今无功补偿装置领域最新技术的代表。SVG 设备并联于电网中，相当于一个可变的无功电流源，其无功电流可以快速地跟随负荷无功电流的变化而变化，自动补偿系统所需的无功功率。其可直接发感性或容性无功，补偿效果最好。由于 SVG 设备响应速度极快，所以又称为静止同步补偿器，其响应时间为 5ms。

6.3.1.3　技术特性

1．SVG 设备的主要优点

（1）占地面积极小，免维护，一般年损耗在 0.3% 以下，可布置在户内。

（2）节能效果明显，节能率达到 10%～40%。

（3）实时跟踪负载变化，对其进行实时精确补偿。

（4）不存在过补偿和欠补偿，平衡内网各相电流差。

（5）有效降低内网电能损耗，提高功率因数达 0.95 以上。

（6）不会产生电网污染，不会产生高次谐波，不会造成浪涌。

（7）电容寿命长，性能稳定。柜体分体式设计，移动方便，不受运输、场地限制。

（8）按键操作，可显示多个参数。

2．SVG 设备的主要缺点

（1）价格最贵，目前仅在大容量区域变电所使用。

（2）受环境因素影响较大，最湿月平均最大相对湿度不得超过 75%，否则会导致功率模块电器元器件损坏，风沙多发季节应及时清扫防尘网，工作环境温度保持在 $-25\sim+70℃$，否则会停运。

6.3.2　施工安全技术

（1）SVG 成套装置应该安装在阻燃物上，如金属支架、水泥地面上。

（2）SVG 成套装置的柜体内和附近不要放置易燃物品，包括设备图纸、说明书等。

（3）移动、运输和放置设备时，设备放置位置要水平、平整。

（4）起吊设备时，要保证起吊设备的力量足够，起落过程要平缓，起重工作区域内无关人员不得停留或通过。

（5）不要将线头、纸片、金属屑、工具等异物掉（留）在成套装置内。

（6）SVG 成套装置的组件受损时，请勿投入安装和运行。

（7）必须在必要位置安装防护栏（标有"高压危险"标识），设备运行中不得将其移走。

（8）安装过程中，要防止设备受到撞击和振动，所有柜体不得倒置，倾斜角度不得超

过 $30°$。安装完毕后，柜体排列应整齐，相邻两柜间接缝应小于 15mm，水平度小于 1.5mm/m，不直度小于 1.5mm/m。安装后的功率单元推拉应灵活，无卡阻、碰撞现象，各固定螺栓需连接紧固。

（9）接线前，确认导线截面积、电压等级是否符合要求。变压器和输入、输出高压电缆还必须进行耐压测试，测试时注意不要将功率单元接入。

（10）安装过程中，要一直保持高压静止无功发生器柜体可靠连接室内大地，保证人身安全。

（11）输入和输出电缆必须分别配线，防止混线，防止绝缘损坏造成危险。

6.3.3 运行安全技术

6.3.3.1 SVG 设备运行

（1）SVG 设备投运前的检查有以下步骤：

1）所有与本次送电有关的电缆等均敷设完毕。

2）设备静态调试已完毕且合格，具备送电条件。

3）设备各项试验均已进行完毕且试验合格，并有试验报告。

4）操作用安全工器具已齐备，且试验合格。

5）装置各盘柜接线及电缆压接完毕，并按照设计图复核，接线正确。

6）有根据现场实际指定的设备异常处置方案和预防性措施。

7）操作人员具备操作能力和应急处置能力，必要时由设备厂家进行示范操作。

（2）设备投运后有以下要求：

1）检查各项测量和参数是否正确合适。

2）逐步调整容量至额定容量，无异常后调整至合适的范围。

3）装置的处理方式和控制方式按现场实际和调度规定执行，应避免过补、欠补和反补的情况出现。

4）各种电气的测量量应保证远程和就地一致，不一致时及时查明原因。

（3）SVG 设备投运有以下操作步骤：

1）检查对应的 SVG 设备的一次侧断路器在分位、接地开关在分位。

2）SVG 本体启动开关在分位，各功率单元门已锁好。

3）确认一次开关具备合闸条件。

4）确认 SVG 设备本体无告警和异常，具备投运条件。

5）先给二次控制系统上电，控制系统根据检测到的各种状态量判断系统状态，若装置正常，则复位后"就绪"指示灯点亮。在装置就绪的情况下才能上电运行。

6）停运操作步骤与上述相反。

（4）安全注意事项如下：

1）动态补偿装置操作使用时必须严格遵守操作规程，任何错误的操作方法都可能导致人员伤害和设备损害。动态补偿装置的操作维护人员必须经过专门培训，取得电气设备操作许可证，同时应熟悉设备厂家的维护手册。

2）启动柜、功率柜均属高压危险区域，在高压通电情况下绝对不能打开柜门进行作业。

3）控制柜与其他柜体采用光纤隔离技术，不存在 6kV 或 10kV 的高电压，但存在 380V 交流电，因此也必须是经过培训的授权人员才能进行操作。

6.3.3.2 SVG 设备检修

（1）人员必接受培训并熟悉装置的结构，掌握实际运行知识及注意事项。

（2）只有通过培训的人员才允许运行和维修设备。

（3）只有在动态补偿装置不带电（高压电和控制电）并且不存在高温时才能接触内部件。

（4）在检修时，要确保启动柜的上隔离开关断开，接地开关合上。

（5）维护时必须遵守高压操作规程，如戴绝缘手套、穿绝缘鞋。

（6）工作时必须有其他监护人员在场。

（7）必须安装安全防护栏（标有"高压危险"），使用中不要将其移走。

（8）禁止把易燃材料（包括设备图纸和操作手册）放在动态补偿装置上。

（9）在处理或测量动态补偿装置内部件时要十分小心，注意不要让仪表引线相互短接或接触其他端子。

（10）安全起见，禁止动态补偿装置在柜门打开的情况下运行。

（11）禁止在主电路有电时断开风扇和散热系统电源，导致过热损坏装置。

（12）在搬运动态补偿装置时，装车必须对称、平整，在卸货时确认用于放置的水泥地面水平。

（13）任何不正确的操作都可能导致人员伤害或动态补偿装置损坏。

6.3.3.3 SVG 设备维护

（1）运行期间的维护工作。

1）运行中应每天巡视装置状态，如果装置内发出异常声响，排风口处没有出风或风量比平时小，则应立即停机更换风扇，当装置出现异味（特别是臭氧味）时，应立即处理。

2）室内应保持清洁，避免灰尘积累。

3）每季度对装置的所有防尘网的积灰做一次清理工作。

4）室内需做防鼠害处理，避免小型动物进入装置。

5）注意保持室内温度，当室内温度高于 40℃应尽快做降温处理，如加强室内外通风，开启空调等。

（2）停机后的维护工作。

1）重新检查所有电气连接的紧固性，用修补漆修补生锈或外露的地方。

2）用吸尘器彻底清洁柜内外，保证柜内无尘。

3）目视检查框体框架等绝缘件，如果在清洁之后仍然发乌、发黑，应立即通知厂家处理。

4）检查所有冷却风机的转动情况，如果出现偏转、转动不稳等现象应更换风机。

5）在停电状态下，建议用 2500V 摇表测量每一个功率单元对地的绝缘电阻，应不小于 100MΩ。

6.3.4 标准依据

无功补偿装置施工及运行必须遵照的相关标准及规范见表6.4。

表6.4 无功补偿装置施工及运行的标准依据

序号	标 准 名 称	标准编号或计划号
1	交流电气装置的过电压保护和绝缘配合	GB/ 50064—2014
2	电能质量供电电压允许偏差	GB/T 12325—2008
3	电能质量公用电网谐波	GB/T 4549—2004
4	电能质量电压波动和闪变	GB 12326—2008
5	电能质量三相电压允许不平衡度	GB/T 15543—2008
6	链式静止同步补偿器 第1部分：功能规范导则	DL/T 1215.1—2013
7	高压并联电容器用串联电抗器	JB 5346—2014

第7章 继电保护及自动化设备
施工及运行安全技术

继电保护装置和电力自动化系统是电力系统中的重要设备，负责对风电场的一次设备进行保护、控制、调节和测量。本章主要从继电保护装置、测控装置和自动装置3部分介绍施工和运行维护的相关内容。

7.1 继 电 保 护 装 置

当电力系统中的电力元件（如发电机、线路等）或电力系统本身发生了故障，危及电力系统安全运行时，能够向运行值班人员及时发出警告信号，或者直接向所控制的断路器发出跳闸命令，以终止这些事件发展的自动化措施的成套硬件设备，一般称为继电保护装置。

电力系统继电保护装置的功能是在合理的电网结构下，保证电力系统和电力设备的安全运行。保护装置一般放置在继电保护室内，如图 7.1 所示。

图 7.1 继电保护装置实物图

7.1.1 分类和性能要求

7.1.1.1 分类

电力系统中的电力设备和线路，应装设短路故障和异常运行的保护装置。电力设备和线路短路故障的保护有主保护和后备保护，必要时可增设辅助保护。

（1）主保护。主保护是满足系统稳定和设备安全要求，能以最快速度有选择地切除保护设备和线路故障的保护。

（2）后备保护。后备保护是主保护或断路器拒动时，用以切除故障的保护。后备保护可分为远后备和近后备两种方式。

　1）远后备是当主保护或断路器拒动时，由相邻电力设备或线路的保护实现后备。

　2）近后备是当主保护拒动时，由该电力设备或线路的另一套保护实现后备的保护。如当断路器拒动时，由断路器失灵保护来实现其近后备保护。

（3）辅助保护。辅助保护是为补充主保护和后备保护的性能或当主保护和后备保护退出运行而增设的简单保护。

（4）异常运行保护。异常运行保护是反映被保护电力设备或线路异常运行状态的保护。

7.1.1.2 性能要求

继电保护装置应满足可靠性、选择性、灵敏性和速动性的要求。

1. 可靠性

可靠性是指保护该动作时应动作，不该动作时不动作。为保证可靠性，宜选用性能满足要求、原理尽可能简单的保护方案，采用由可靠的硬件和软件构成的装置，并应具有必要的自动检测、闭锁、告警等措施，以及便于整定、调试和运行维护。

2. 选择性

选择性是指首先由故障设备或线路本身的保护切除故障，当故障设备或线路本身的保护或断路器拒动时，才允许由相邻设备、线路的保护或断路器失灵保护切除故障。

为保证选择性，对相邻设备和线路有配合要求的保护和同一保护内有配合要求的两元件（如启动与跳闸元件、闭锁与动作元件），其灵敏系数及动作时间应相互配合。

当重合于本线路故障，或在非全相运行期间健全相又发生故障时，相邻元件的保护应保证选择性。在重合闸后加速的时间内以及单相重合闸过程中发生区外故障时，允许被加速的线路保护无选择性。

在某些条件下必须加速切除短路时，可使保护无选择动作，但必须采取补救措施，例如采用自动重合闸或备用电源自动投入来补救。

发电机、变压器保护与系统保护有配合要求时，也应满足选择性要求。

3. 灵敏性

灵敏性是指在设备或线路的被保护范围内发生故障时，保护装置具有的正确动作能力的裕度，一般以灵敏系数来描述。灵敏系数应根据不正常（含正常检修）运行方式和故障类型（仅考虑金属性短路和接地故障）计算。

4. 速动性

速动性是指保护装置应能尽快地切除短路故障，其目的是提高系统稳定性，减轻故障设备和线路的损坏程度，缩小故障波及范围，提高自动重合闸和备用电源或备用设备自动投入的效果等。

7.1.2 施工安全技术

7.1.2.1 继电保护装置施工前准备

（1）作业前施工条件。施工作业前，施工人员应了解施工任务量、施工内容，并熟悉施工图纸，检查施工图纸是否存在错误，以免在施工时才发现错误影响施工进度，确保施工图纸已通过相应的审核；施工内容相应的设备和材料（含主、辅材料）已到场，施工方案已报批，办理涉及进入施工场所的手续、证件、资质和人员分工情况，以便能够做到心中有数。

（2）熟悉、掌握施工规范和图纸。施工前，施工人员必须掌握与施工内容有关的规程、技术规范、反措要求，以便能够在施工时保证施工质量，达到相应的技术要求；确认上一道工序检查合格，机柜要安装的槽钢与主接地网连接牢固且两端有明显的接地；对施工设备状态、作业内容、作业范围、进度要求、作业标准、组织措施、技术措施、安全措施以及施工方案进行学习，了解施工人员分工，签署安全技术交底。

（3）熟悉施工现场情况。熟悉现场的同时应注意检查施工现场有没有妨碍施工和不安全的因素，应根据现场的实际情况对施工方案和安全措施做出相应的调整。

7.1.2.2　继电保护装置屏、柜安装

1．检查预留屏、柜基础

检查预埋基础槽钢的水平度和垂直度，按规范要求应少于 1mm/m，全长不大于 5mm。清除槽钢面上的灰砂，完成基础槽钢的接地工作。

2．开箱检查

（1）屏、柜开箱前应提早报请监理单位审核同意，同意后方可开箱。开箱时需有监理单位人员现场见证。

（2）开箱时应首先检查设备包装的完好情况，是否有严重碰撞的痕迹及可能使箱内设备受损的现象；根据装箱清单，检查设备及其备品等是否齐全；对照设计图纸，核对设备的规格、型号、回路布置等是否符合要求。厂家资料及备品备件应交专人负责保管并做好登记。

（3）开箱时应使用起钉器，先起钉子，后撬开箱板；如使用撬棍，不得以盘面为支点，并严禁将撬棍深入木箱内乱撬；开箱时应小心仔细，避免有较大振动。

3．屏、柜安装

（1）屏、柜就位时应小心谨慎，以防损坏屏、柜面上的电气元件及漆层，进入主控室应根据安装位置逐一移到基础型钢上并做好临时固定，防止倾倒。

（2）对屏、柜必须进行精密的调整，为其找平、找正；调整工作可以首先按图纸布置位置由第一列从第一面屏、柜调整好，再以第一块为标准调整以后各块；一般用增加铁垫片的厚度进行调整，但铁垫片不能超过 3 块；两相邻屏间无明显的空隙，使该屏、柜成一列，做到横平竖直，屏面整齐。

（3）屏、柜单独或成列安装时，其垂直度、水平偏差以及屏、柜面偏差和屏、柜间接缝的允许偏差应符合表 7.1 中的规定。

表 7.1　允 许 偏 差 值

项　　目		允许偏差/mm
垂直度（每米）		＜1.5
水平偏差	相邻两屏（柜）顶部	＜2
	成列屏（柜）顶部	＜5
屏（柜）间偏差	相邻两屏（柜）边	＜1
	成列屏（柜）面	＜5
屏（柜）间接缝		＜2

4．屏、柜内元器件安装

（1）元器件的安装（如连接片、端子、转换开关等）应牢固、可靠，且应标出醒目的代（符）号，该代（符）号应与其原理接线图中的代（符）号一致。

（2）元器件的安装与接线产生的相互作用（如发热、振动、电磁骚扰等），不应使继电保护柜的正常功能受到损害或产生误动作。

（3）在强电系统中使用的弱电元器件应采用双重绝缘保护措施；若元器件的底座不能绝缘时，应将元器件固定在绝缘板上，然后再安装。

（4）元器件的布局尽可能做到同类元器件按照功能区布置，并以相同的方向排列。

（5）在继电保护柜内面板上的切换开关、复归按钮等元器件宜与对应的装置就近布置，并在同一工程中保持一致。

（6）继电保护柜内的端子排布置，宜根据装置引出线的功能，参照相应标准分区、分段设置。

继电保护柜内不同回路两带电导体之间以及带电导体与不带电裸露导体之间的最小距离，均应符合表7.2关于最小电气间隙和爬电距离的规定。

表7.2 最小电气间隙与爬电距离

额定绝缘电压或工作电压/V	电气间隙/mm	爬电距离/mm
50	0.15	0.85
100	0.50	1.00
150	1.50	1.50
300	3.00	3.00
600	5.50	5.50
1000	8.00	8.00

5. 屏内配线的校线

（1）继电保护柜内部导线相序颜色或导线颜色标识应符合《人机界面标志标识的基本和安全规则 导体颜色或字母数字标识》（GB/T 7947—2010）相关规定，即A、B、C三相分别对应符号为U、V、W，接地线应为黄绿双色导线或在接地导体两端设黄绿双色的套管。

（2）所选绝缘导线的参数，应同柜内相应电路的额定参数及设计要求一致。

（3）除特殊情况外，继电保护柜内选用的连接导线的绝缘性能应符合规定。导线的要求为：信号回路采用多股铜质软导线，截面积不小于$0.5mm^2$；电压回路采用多股铜质软导线，截面积不小于$1mm^2$，电流回路采用多股铜质软导线，截面积不小于$1.5mm^2$。

（4）导线的排列应布置合理，整齐美观。推荐采用行线槽的配线方式；采用行线槽配线时，行线槽的配置应布局合理，固定可靠，线槽盖启闭性好。

（5）线束捆扎应结实可靠，不应损伤导线的外绝缘层。对于导线标称截面积大于$1.5mm^2$的线束，导线数量一般不宜超过30根；柜、屏内应安装于固定线束的支架或线夹。

（6）可运动部位的布线，例如跨越柜门或翻板的连接导线，应采用多股铜芯绝缘导线，应留有一定长度的活动裕量，并采用缠绕带等予以保护，以免产生绝缘损伤，同时还应有固定线束的措施。

（7）所有导线的中间不允许有接头。每一个端子的一个连接点上不允许连接超过两根的导线；连接两根导线，应将两根导线压接在一个端头后，再接入端子；对于电流、电压和跳闸回路，一个端子的连接点只能连接一根导线，以确保连接可靠。

（8）导线束不允许直接紧贴金属结构件敷设。当导线穿越金属构件时，应有保护导线绝缘不受损伤的措施。

6. 控制电缆的敷设

（1）控制电缆敷设应具备的条件。

1）与所敷电缆有关的电缆沟、隧道、竖井及人孔等处的土建工作应全部结束，并移交安装的签证。

2）电缆层、电缆沟道清理干净，施工道路畅通，盖板齐全完好。

3）电缆桥架、支架及电缆保护管应安装敷设完毕，并经验收签证。

4）需要敷设的电缆应准备齐全，并运抵施工地点。

5）施工图纸经专业及综合会审，所敷电缆的规格、型号、电压等级、长度及敷设路径、首尾两端位置等经核对准确无误。

6）所敷电缆两端的设备均已就位。

7）电缆标识牌准备齐全，并整理分类。

8）电缆敷设所需的工具、材料准备齐全。如电缆放线架、断线钳、锯弓、各种规格的塑料扎带等。

9）电缆敷设的工艺、质量要求及相关的安全措施已对所有参加电缆敷设的人员（含临时工）进行培训和交底。

（2）控制电缆敷设要求。

1）敷设电缆时，电缆放线架必须放置稳固，钢轴的强度和长度应与电缆盘重量和宽度相配合；电缆应从电缆盘的上端引出，且电缆盘不得与地面摩擦，应保持 $100\sim150\mathrm{mm}$ 的距离；电缆敷设过程中，不得有铠装压扁、电缆拧绞以及外护层损伤等现象；电缆弯曲时，其弯曲半径不得小于 $10D$（D 为电缆外径）。

2）人工敷设电缆时，需要的施工人员较多，因此人员必须合理布局，并由专人统一指挥；电缆敷设行进的带头人，必须对现场特别清楚，以防出错返工。

3）敷设电缆时，应认真测估每盘电缆的长度和每根电缆实际需要的长度，本着先长后短的敷设原则，合理安排每盘电缆，尽量减少中间接头。

4）电缆敷设过程中，应尽量避免交叉，排列整齐有序；每敷完一根，定点人员就绑扎固定一根，并及时装挂标识牌。

5）标识牌的装设应在电缆两端、电缆接头、拐弯处、电缆竖井处、隧道两端等；若无设计编号时，应详细标明电缆规格、型号及起止地点。并联使用的电缆应有顺序号；标识牌应统一、防腐，装挂牢靠。

6）电缆的固定。垂直敷设或超过 45°倾斜敷设的电缆在每个支架上要加以固定，桥架上每隔 2m 处要加以固定；水平敷设的电缆，在电缆首末两端、拐弯处及电缆接头两端都要加以固定；当对电缆间距有要求时，每隔 $5\sim10\mathrm{m}$ 处要加以固定。为了保证电缆的敷设工艺与质量，最好每隔 5m 加以绑扎固定。

7）电缆与热力管道、热力设备之间的净距，平行时不应小于 1m，交叉时不应小于 0.5m，当受条件限制时，应采取隔热保护措施。电缆不宜平行敷设于热力管道上部。

8）电缆要穿管时，应检查管内有无积水、杂物；穿管过程中，不得损伤电缆外护层，必要时，可以借助于无腐蚀性的润滑剂（粉）配合穿管。注意：交流单芯电缆不得单独穿入钢管内。

9）敷设在支架上的电缆，要按电压等级排列。高压电缆在上面，低压电缆在下面，控制电缆与通信电缆在最下面。

10）每敷设一根电缆，必须在绑扎固定之后，并且在电缆始末两端与电缆接头附近都留有适当的备用长度的同时，才能剪断。

11）在整个电缆敷设过程中，要有强烈的成品保护意识，以免损坏电缆沟道防水层及已敷设好的电缆等，并做好施工记录（施工记录包括电缆敷设原始清单、敷设路径及经过的节点、敷设时间、电缆代用等）。

控制电缆敷设如图 7.2 所示。

图 7.2　控制电缆敷设实物图

（3）二次电缆敷设完毕后的检查项目。

1）检查每一根电缆是否都按照设计的要求敷设，有没有放错的，其起始位置到终止位置是否正确。

2）检查有没有漏放、多放电缆。

3）检查被拆除的防火墙、有关封堵是否恢复。检查电缆封堵是否严密、可靠。

（4）控制电缆头的制作包括终端头和中间接头两种，实际工作中应尽量避免使用中间接头，这里只介绍终端头的制作。

1）剥头高度的选择。剥头高度可根据盘内情况确定，但是要注意同一盘柜、同一类型的盘柜应一致，应特别注意剥头的高度不宜过低，要考虑防火施工后盘柜内部防火堵料的厚度。

2）电缆在剥线时应小心用力，不得剥伤线芯。屏蔽电缆的屏蔽层用 0.25mm² 黄绿接地软线焊接后从电缆头的下部引出。在电缆剥头处用黄色绝缘带做 10mm 的填充。

3）控制电缆及信号电缆采用冷缩缆头，缆头必须在盘柜内部，标高一致，排列整齐，不得相互叠压。

4）盘内装置接地宜单独固定在一个螺丝上。盘门等地线必须全部恢复。

5）电缆头处排列绑扎应统一高度、统一方式、电缆头排列整齐。

7. 屏内的配线、校线及接线

（1）按原理图逐台检查柜（屏、台）上的全部电器元件是否相符，其额定电压和控制操作电源电压必须一致。

（2）按图敷设柜与柜之间的控制电缆连接线，对简单、明显错误可立即改正，对较大错误应与设计、厂家沟通后再变更，电缆敷设要按电缆敷设工艺进行。

（3）控制电缆的对芯方法有很多，一般采用干电池校线灯或万用表对地的方法。要保证对芯的正确性，对芯也是检验电缆芯是否完好的过程，不允许采用看电缆芯的编号方法来确定。

（4）当对好一根线芯后随即套好芯线号牌。号牌可采用异型塑料管打印，号牌信息应符合要求，并做到字迹清晰、工整且不宜褪色，电缆芯号牌套好后要进行复核，以防把号牌套错。

（5）对芯完毕后即可进行接线工作。将控制缆头以上线芯完全散开、拉直，注意勿伤及线芯。在控制缆头上部 10mm 处用尼龙绑扎带进行第一道绑扎，以后按线芯所对应的接线端子位置，按照横平竖直、整齐美观的原则分线，多根电缆的线芯汇总，每隔 100mm 左右绑扎一次，当分出的线芯距绑扎位置间隔较大时，线芯引出位置单独进行绑扎。

（6）屏、柜内的电缆及电缆线芯应尽可能利用线槽布线，线槽数量不足时，应加装线槽。盘、柜内的电缆芯线，应按垂直或水平有规律地配置，不得任意歪斜交叉连接。

（7）进入端子排线芯的直线段长度宜为 50～70mm，回弯半径取 15mm，端子排外部裸露的线芯严格控制在 1mm。

（8）硬线需要煨圈连接时，煨圈方向与紧固螺丝旋向一致（顺时针方向）；软多股线芯不得与接线端子直接连接，应统一使用"U"形（螺接式端子）或针形（插接式端子）带绝缘接线鼻子过渡，使用专用压线钳压接牢固，不准有断股，不留毛刺。

屏、柜内配线工艺如图 7.3 所示。

图 7.3　屏、柜内配线工艺图

8．现场接线时的注意事项

要以施工图为依据，不能凭记忆或习惯，要保证接线的绝对正确；要采取隔离措施，防止对运行设备误碰。

9．二次回路接线检查

二次接线全部完成后应进行一次全面的二次接线正确性、可靠性的检查。

（1）二次接线正确性检查。

1）进行全回路按图查线工作，检查二次接线的正确性，杜绝错线、缺线、多线、接触不良、标识错误，二次回路应符合设计和运行要求。

2）接线端子、电缆芯和导线的标号及设备压板标识应清晰、正确。检查电缆终端的电缆标牌是否正确完整，并应与设计相符。

3）在检验工作中，应加强对保护本身不易检测到的二次回路的检验检查，如压力闭锁、通信接口、变压器风冷全停等非电量保护及与其他保护连接的二次回路等，以提高继电保护及相关二次回路的整体可靠性、安全性。

（2）二次接线连接可靠性检查。应对所有二次接线端子进行可靠性检查，保证接线紧固，不会因接触不良导致起火发热或发出错误信号。

7.1.2.3 继电保护装置安装

（1）互感器二次回路连接的负荷，不应超过继电保护和安全自动装置工作准确等级所规定的负荷范围。

（2）按机械强度要求，继电保护装置屏柜控制电缆或绝缘导线的芯线最小截面，强电控制回路，不应小于 $1.5mm^2$，屏、柜内导线的芯线截面应不小于 $1.0mm^2$；弱电控制回路，不应小于 $0.5mm^2$。

（3）电缆芯线截面的选择还应符合下列要求：

1）电流回路。应使电流互感器的工作准确等级符合继电保护和安全自动装置的要求。无可靠依据时，可按断路器的断流容量确定最大短路电流。

2）电压回路。当全部继电保护和安全自动装置动作时（考虑到电网发展，电压互感器的负荷最大时），电压互感器到继电保护和安全自动装置屏的电缆压降不应超过额定电压的 3%。

3）操作回路。在最大负荷下，电源引出端到断路器分、合闸线圈的电压降，不应超过额定电压的 10%。

（4）安装在干燥房间里的保护装置屏柜的二次回路，可采用无护层的绝缘导线，在表面经防腐处理的金属屏上直敷布线。

（5）继电保护装置的直流电源、交流电流、电压及信号引入回路应采用屏蔽电缆。

（6）发电厂和变电所中重要设备和线路的继电保护和自动装置，应有经常监视操作电源的装置。各断路器的跳闸回路，重要设备和线路的断路器合闸回路，以及装有自动重合装置的断路器合闸回路，应装设回路完整性的监视装置。

（7）微机继电保护屏（柜）安装时应有良好可靠的接地，接地电阻应符合设计规定。使用交流电源的电子仪器（如示波器、频率计等）测量电路参数时，电子仪器测量端子与电源侧应绝缘良好，仪器外壳应与保护屏（柜）在同一点接地。

（8）微机继电保护屏（柜）应设专用接地铜排，屏（柜）上的微机继电保护装置的接地端子应接到屏（柜）上的接地铜排，然后再与控制室接地线可靠连接接地。

屏（柜）上的微机继电保护装置的接地端子接线如图 7.4 所示。

7.1.2.4 继电保护装置调试

（1）继电保护装置调试主要分为逻辑部分、测量部分和执行部分调试。

1）逻辑部分。主要按照电力系统的运

图 7.4　屏（柜）上的微机继电保护装置的
接地端子接线实物图

行规律对微机综合保护设备的工作状态进行判断，进而作出合理的判定。

2）测量部分。主要是通过微机综合保护设备对电力系统一次设备工作状态的数据进行记录。

3）执行部分。主要是作出判定后作决策命令。在继电保护调试过程中，要求相关工作人员必须熟悉全站二次部分的设计，制定出合理、完善的调试方案。

（2）调试主要包括以下内容：

1）检查电站系统中所有反事故措施条款的执行情况是否达到相关要求和标准；记录调试的继电保护装置的屏号、型号，确认与本次调试任务相符；对保护屏体和保护装置的外观进行检查，主要观察有无破损、有无污损。

2）在二次安装之前，先要进行绝缘检查。接线前，要依次用 500V 摇表和 1000V 摇表分别对装置绝缘和外回路绝缘进行测量，用兆欧表摇测交流电流、电压回路对地绝缘电阻，直流回路对地绝缘电阻，交直流回路之间绝缘电阻，保护接点之间及对地绝缘电阻。如果不带二次回路，各绝缘电阻应大于 10Ω，如果带二次回路，各绝缘电阻应大于 $1M\Omega$。

3）对逆变电源的自启动装置、拉合空气断路器以及装置弱电开入电源输出进行检验，检查方法为逐项检查。

4）对微机保护装置本身进行检查，如自检功能是否正常，运行灯是否亮，定值整定、空气断路器设置是否正确，固化以及切换是否无误等。检查确定回路有无异常现象；寄生回路有无寄生窜电现象；对零漂、采样、内部开入以及外部开入进行检查，要依次检测零漂、采样、内部开入以及外部开入是否准确无误，是否达到相关规定和标准，在开入量的对应端子上模拟开入信号的通断（可以使用直接短接和按钮开关的方式进行），然后在保护装置的开入量观测菜单里面查询相应的开入量是否动作，相同的指示灯是否点亮；在保护装置的开出传动菜单里对各个开出量依次进行传动，同时在各个出口测量是否有输出（可以使用万用表欧姆挡测量通断），相应指示灯是否点亮，以及信号接点的类型（瞬动或保持）是否满足要求。

5）保护装置的逻辑功能调试主要参照保护装置说明书，按照调试说明逐个保护模块一一进行。

a. 参照保护功能逻辑图，对保护装置的动作条件有所了解，对定值、软压板（控制字）和硬压板的情况有所了解。

b. 投入要调试的保护功能，设置好相同的定值、软压板（控制字）、硬压板。

c. 通过继电保护测试仪加量，逐一测试动作条件和闭锁条件是否有效，并测量记录各个动作条件和闭锁条件的临界值。

d. 通过将临界动作值与保护定值进行比对，分析保护动作情况是否符合要求。

e. 将保护装置的保护功能按照定值清单设定，检查定值是否已按正式定值整定、控制字已按要求投退、硬压板已按要求投退。

f. 检查装置上的接点和二次接线，重点检查有无错接、漏接和虚接。

g. 检查装置电源开关、各个二次回路开关、送电把手等是否均按要求处于正确的位置上。

h. 用万用表施加工频电压 1000V，历时 1min，观察耐压情况。

i. 给装置通电，记录调试装置的软件版本号以及校验码，应与厂家提供的软件版本和校验码一致；检查液晶显示屏显示是否正常，有无花屏、黑屏等现象；各个键盘按键应灵活可控，各按键功能应与装置说明书一致。各菜单目录结构应与装置说明书一致，同时对菜单功能进行熟悉。

j. 将各交流回路开路，且不连接测试仪器的情况下，记录各个模拟量通道的数值，并且与装置的额定电流 I_n、额定电压 U_n 进行比对，一般要求电流量零漂数值不大于 $1\%I_n$，电压量零漂数值不大于 $5\%U_n$。装置说明书对零漂数值有特定要求的参照说明书进行检查；继电保护装置的模拟量通道一般测量准确无误，如果通道测量出现偏差，将会对保护功能产生影响，因此对模拟量通道进行检查和校正非常必要。可以将继电保护测试仪作为标准电源输出进行通道校正，校正精度可以参照装置说明书的具体调试要求，而且必须包含幅值和相角两个方面。

6) 对保护装置的功能逻辑进行检查，以对跳闸、重合闸等动作逻辑的检查为重点，要着重检查定值是否正确，灵敏性、可靠性是否达到要求。

7) 利用继电保护校验仪器对开关的跳闸、重合闸，三跳、重合等进行试验，以确保传动可以按要求、逻辑顺利进行，要注意观察微机后台监控系统信号的状态，以及信号发出的时间顺序是否正确等，从而保证和提高系统运行的可靠性。

8) 要对直流电源和电流互感器、电压互感器回路的安全性和稳定性进行校验，分 3 次依次执行。第一是两次试验；第二是通流试验；第三为二次升压试验。在通流试验过程中先用大电流发生器给电流互感器通电，判断电流互感器的变化是否合理。在二次升压试验中，先要将端子箱内的二次电压回路全部连接好，在 1 个电压回路中加上额定电压，然后利用万用表检查回路中各处电压值是否合理。调试完成以后，还需完成调试报告，调试报告作为调试记录和调试结论应该能如实反映整个调试工作的基本情况，必要时可以添加图表说明。

7.1.2.5 安全技术措施

1. 防止人身触电

(1) 误入带电间隔。控制措施：工作前应熟悉工作地点、带电部位。检查现场安全围栏、安全警示牌和接地线等安全措施。

(2) 接、拆低压电源。控制措施：必须使用装有漏电保护器的电源盘。螺丝刀等工具金属裸露部分除刀口外包绝缘。接拆电源时至少有两人执行，必须在电源开关拉开的情况下进行。临时电源必须使用专用电源，禁止从运行设备上取得电源。

(3) 保护调试及整组试验。控制措施：工作人员之间应相互配合，确保一次、二次回路上无人工作。传动试验必须得到值班员许可并配合。

2. 防止机械伤害

防止机械伤害主要指坠落物打击。控制措施：工作人员进入工作现场必须戴安全帽。

3. 防止高空坠落

主要指在断路器或电流互感器上工作。控制措施：正确使用安全带，鞋子应防滑。必须系安全带，上、下断路器或电流互感器本体由专人监护。

4. 防"三误"事故

(1) 现场工作前必须做好充分准备，内容包括：

1）了解工作地点一次、二次设备运行情况，本工作与运行设备有无直接联系。

2）工作人员明确分工并熟悉图纸与检验规程等有关资料。

3）应具备与实际状况一致的图纸、上次检验记录、最新整定通知单、检验规程、合格的仪器仪表、备品备件、工具和连接导线。

4）工作前认真填写安全措施票，并经技术负责人认真审批。

5）工作开工后先执行安全措施票，由工作负责人负责做的每一项措施要在"执行"栏做标记；校验工作结束后，要持此票恢复所做的安全措施，以保证完全恢复。

6）不允许在未停用的保护装置上进行试验和其他测试工作；也不允许在保护未停用的情况下，用装置的试验按钮做试验。

7）只能用整组试验的方法，即由电流及电压端子通入与故障情况相符的模拟故障量，检查保护回路及整定值的正确性。不允许用卡继电器触点、短路触点等人为手段做保护装置的整组试验。

8）在校验继电保护及二次回路时，凡与其他运行设备二次回路相连的压板和接线应有明显标记，并按安全措施票仔细地将有关回路断开或短路，做好记录。

9）在清扫运行中设备和二次回路时，应认真仔细，并使用绝缘工具（毛刷、吹风机等），特别注意防止振动，防止误碰。

10）严格执行风险分析卡和继电保护作业指导书。

（2）现场工作应按图纸进行，严禁凭记忆作为工作的依据。如发现图纸与实际接线不符时，应查线核对。需要改动时，必须履行如下程序：

1）先在原图上做好修改，经主管继电保护部门批准。

2）拆动接线前先要与原图核对，接线修改后要与新图核对，并及时修改底图，修改运行人员及有关各级继电保护人员的图纸。

3）改动回路后，严防寄生回路存在，没用的线应拆除。

4）在变动二次回路后，应进行相应的逻辑回路整组试验，确认回路极性及整定值完全正确。

（3）保护装置调试的定值，必须根据最新整定值通知单规定，先核对通知单与实际设备是否相符（包括保护装置型号、被保护设备名称、互感器接线、变比等）。定值整定完毕要认真核对，确保正确。

5．其他危险点及控制措施

（1）保护室内使用无线通信设备，易造成其他正在运行的保护设备不正确动作。控制措施：不在保护室内使用无线通信设备，尤其是对讲机。

（2）为防止一次设备试验影响二次设备，试验前应断开保护屏电流端子连接片，并对外侧端子进行绝缘处理。

（3）电压小母线带电，易发生电压反送事故或引起人员触电。控制措施：断开交流二次电压引入回路，并用绝缘胶布对所拆线头实施绝缘包扎，带电的回路应尽量留在端子上防止误碰。

（4）二次通电时，电流可能通入母差保护，可能误跳运行断路器。控制措施：在开关端子箱将相应端子用绝缘胶布实施封闭。

（5）带电插拔插件，易造成集成块损坏。频繁插拔插件，易造成插件插头松动。控制措施：插件插拔前关闭电源。

（6）需要对一次设备进行试验时，如开关传动、TA 极性试验等，应提前与一次设备检修人员进行沟通，避免发生人身伤害和设备损坏事故。

（7）部分带电回路可能引起工作中的短路或接地，或导致运行设备受到影响，这些回路应该在试验前断开或进行可靠隔离。

7.1.2.6 继电保护装置检验

（1）投入运行的微机继电保护装置，应按电力工业部颁布的《继电保护及系统安全自动装置检验条例》和有关微机继电保护装置检验规程进行定期检验和其他各种检验工作，检验工作应尽量与被保护的一次设备同时进行。

（2）新安装的保护装置 1 年内进行 1 次全部检验，以后每 6 年进行 1 次全部检验（220kV 及以上电力系统微机线路保护装置全部检验时间一般为 2～4 天）；每 1～2 年进行 1 次部分检验（220kV 及以上电力系统微机线路保护装置部分检验时间一般为 1～2 天）。

（3）微机继电保护装置现场安装后的检验应做以下内容：

1）测量绝缘。

2）检验逆变电源（拉合直流电流，直流电源缓慢上升、缓慢下降时逆变电源和微机继电保护装置应能正常工作）。

3）检验固化的程序是否正确。

4）检验数据采集系统的精度和平衡度。

5）检验开关量输入和输出回路。

6）检验定值单。

7）整组检验。

8）用一次电流及工作电压检验。

（4）新设备投入运行前，基建单位应按《电气装置安装工程盘、柜及二次回路施工验收规范》（GB 50171—2012）等的有关规定，与运行单位进行图样资料、仪器仪表、调试专用工具、备品备件和试验报告等移交工作。

7.1.2.7 继电保护装置其他注意事项

（1）凡第一次采用国外微机继电保护装置，必须经部质检中心进行动模试验（按部颁试验大纲），确认其性能、指标等完全满足我国电网对微机继电保护装置的要求后方可选用。

（2）对新安装的微机继电保护装置进行验收时，应以订货合同、技术协议、设计图样和技术说明书等有关规定为依据，按有关规程和规定进行调试，并按定值通知单进行整定。检验整定完毕，并经验收合格后方允许投入运行。

（3）新建、扩建、改建工程使用的微机继电保护装置，发现质量不合格的，应由制造厂负责处理。

7.1.3 运行安全技术

7.1.3.1 继电保护装置运行

（1）现场运行人员应定期对微机继电保护装置进行采样值检查和时钟校对，检查周期不得超过 1 个月。

（2）微机继电保护装置在运行中需要改变已固化好的成套定值时，由现场运行人员按规定的方法改变定值，此时不必停用微机继电保护装置，但应立即打印（显示）出新定值清单，并与主管调度核对定值。

（3）微机继电保护装置动作（跳闸或重合闸）后，现场运行人员应按要求做好记录和复归信号，并将动作情况和测距结果立即向主管调度汇报，然后复制总报告和分报告。

（4）现场运行人员应保证打印报告的连续性，严禁乱撕、乱放打印纸，妥善保管打印报告，并及时移交继电保护人员。无打印操作时，应将打印机防尘盖盖好，并推入盘内。现场运行人员应定期检查打印纸是否充足、字迹是否清晰。

（5）微机继电保护装置出现异常时，当值运行人员应根据该装置的现场运行规程进行处理，并立即向主管调度汇报，继电保护人员应立即到现场进行处理。

（6）运行中的微机继电保护装置直流电源恢复后，时钟不能保证准确时，应校对时钟。

（7）运行资料（如微机继电保护装置的缺陷记录、装置动作及异常时的打印报告、检验报告和所列的技术文件等）应由专人管理，并保持齐全、准确。

（8）运行中的装置作改进时，应有书面改进方案，按管辖范围经继电保护主管机构批准后方允许进行。改进后应做相应的试验，并及时修改图样资料和做好记录。

（9）投入运行的微机继电保护装置应设有专责维护人员，建立完善的岗位责任制。

7.1.3.2 继电保护装置检修

（1）微机继电保护装置插件出现异常时，继电保护人员应用备用插件更换异常插件，更换备用插件后应对整套保护装置进行必要的检验，异常插件送维修中心（或制造厂）修理。

（2）在下列情况下应停用整套微机继电保护装置：

1）微机继电保护装置使用的交流电压、交流电流、开关量输入、开关量输出回路作业。

2）装置内部作业。

3）继电保护人员输入定值。

（3）远方更改微机继电保护装置定值或操作微机继电保护装置时，应根据现场有关运行规定，并有保密和监控手段，以防止误整定和误操作。

（4）对于复用载波机接口装置的维护和调试工作应视安装地点而异。若安装在通信机房，则由通信人员负责；若安装在继电保护室，则由继电保护人员负责。

（5）现场微机继电保护装置定值的变更，应按定值通知单的要求执行，并依照规定日期完成。如根据一次系统运行方式的变化，需要变更运行中保护装置的整定值时，应在定值通知单上说明。

（6）所有的独立保护装置都必须设有直流电源断电的自动告警回路。

（7）跳闸出口继电器的启动电压不宜低于直流额定电压的 50%，以防止继电器线圈正电源侧接地时因直流回路过大的电容放电引起误动作；但也不应过高，以保证直流电源降低时的可靠动作和正常情况下的快速动作。对于动作功率较大的中间继电器（例如 5W 以上），如为快速动作的需要，则允许动作电压略低于额定电压的 50%，此时必须保证继电器线圈的接线端子有足够的绝缘强度。如果适当提高了启动电压还不能满足防止误动作的要求，可以考虑在线圈回路上并联适当电阻以作补充。

（8）弱信号线不得和有强干扰（如中间继电器线圈回路）的导线相邻。

（9）为了保证静态保护装置本体的正常运行，最高的周围环境温度不超过＋40℃，安装装置的室内温度不得超过＋30℃，如不满足要求应装设空调设施。

7.1.4 标准依据

继电保护装置施工及运行必须遵照的相关标准及规范见表 7.3。

表 7.3 继电保护装置施工及运行的标准依据

序号	标 准 名 称	标准编号或计划号
1	继电保护技术规程	GB/T 14285—2016
2	电气装置安装工程盘、柜及二次回路施工验收规范	GB 50171—2012
3	继电保护及电网安全自动装置检验规程	DL/T 995—2016
4	风力发电场安全规程	DL/T 796—2012
5	继电保护安全自动装置装置运行管理规程	DL/T 587—2016
6	电气装置安装工程质量检验及评定规程	DL/T 5161.8—2002

7.2 测 控 装 置

测控装置又称为信息采集和命令执行子系统（远动终端 RTU），用于采集各发电厂、配电所中各种表征电力系统运行状态的实时信息，并根据运行需要将有关信息通过信息传输通道传送到调度中心，同时也接受调度端传来的控制命令，并执行相应的操作。可以实现"四遥"功能：遥测（YC）、遥信（YX）、遥控（YK）和遥调（YT）。测控装置如图 7.5 所示。

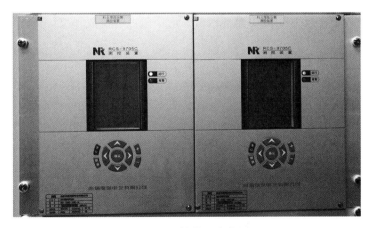

图 7.5 测控装置实物图

7.2.1　功能、类型和技术特性

7.2.1.1　功能

测控装置包括测量和控制调节两大功能。

（1）测量。保证有足够的精度和对变化量的实时反映，测量量包含模拟量、开关量、数字量、脉冲量等。

（2）控制调节。接收远方或就地的命令进行调节控制，也可根据装置设定的逻辑编程进行调节控制，规定保证控制的有效性和可靠性。控制调节内容包含开关的控制、可控硅导通的控制（PWM）、DA控制等。

7.2.1.2　类型

测控装置以功能来划分，可分为集中式测控装置和独立综合式测控装置。

（1）集中式测控装置可实现数据采集或控制的某一个单一功能，例如遥测单元、遥控单元。

（2）独立综合式测控装置能实现各类信号的测量、控制功能。

7.2.1.3　技术特性

（1）测量精度高，不会因为环境改变和长期运行而引起误差增大。

（2）功能模块化，结构精巧，便于安装、配线和调试。

（3）完善的自检能力，发现装置异常能自动报警；具有自我保护功能，能够防止接线错误，或非正常运行造成装置的损坏。

（4）安全性好、可靠性高，采用多种隔离及抗干扰措施，能够可靠地在高干扰电力系统环境中运行。

（5）易于数据查看及操作。

7.2.2　施工安全技术

7.2.2.1　测控装置安装

测控装置安装可参照7.1.2.1节和7.1.2.2节。安装及验收要求如下：

（1）设备到货验收时，要核实设备型号、出厂质量合格证、出厂测试记录，并按要求格式做书面记录。

（2）严格按照施工图设计、施工组织设计方案和相关技术要求进行施工。

（3）自动化系统及其设备的配置满足变电站自动化系统技术规范要求。

（4）严格按设备标识规范进行标识工作。

（5）严格按变电站自动化系统相关技术标准和验收标准，并通过规约联调、"四遥"试验、失压试验、雪崩处理能力验证、对时精度测试等检查项目验证变电站综合自动化系统功能的正确性。

（6）施工过程中发现设备存在质量问题应马上停止施工，填写设备缺陷通知单，及时报告各有关单位共同解决，并按要求格式形成书面记录并存档。

7.2.2.2　测控装置调试

测控装置调试可参照7.1.2.4节和7.1.2.5节。具体调试内容如下：

（1）资料检查。包括出厂试验报告、合格证、图纸资料、技术说明书、装箱记录、开箱记录等检查。

（2）外观检查。检查测控装置把手的标识以及接线端子紧固性；检查机箱接地端子；检查键盘和液晶显示屏；检查装置背板配线；检查插件；检查装置复位按钮；检查运行版本号；检查液晶屏及工况指示灯显示；检查状态监视图和控制图图形、编号正确。

（3）测控回路绝缘检测。检测各回路对地绝缘电阻和各回路相互间的绝缘电阻。

（4）工作电源检查。检查测控装置主备工作电源工作状态。

（5）装置抗干扰措施的检查。包括测控装置抗干扰措施、装置遥测精度测试、装置遥信测试、装置遥控测试、装置遥调测试。

（6）装置精确度检查。包括装置对时测试、SOE 分辨率、装置检修状态测试。

（7）装置地址检查。

（8）测控装置双网切换检查。

（9）密码检查。包括各逻辑回路（手合、同期）功能检查，间隔层具有闭锁功能的变电站自动化系统的测控装置闭锁功能检查：手合、同期功能测试。

（10）测控装置出口压板一致性检查。

（11）遥控回路正确性检查。

（12）其他功能测试。包括检查测控装置接点防抖动时间，检查模拟量越死区上报功能，检查 BCD 解码功能，检查模拟量的谐波分析功能，检查每一个控制对象是否具备独立的闭锁接点。

7.2.2.3 调试注意事项

（1）二次接线拆除与恢复，需由工作班成员按二次回路安全技术措施单按步执行，工作负责人负责检查核对，拆除状态的接线端子线必须用绝缘胶布妥善包扎。

（2）拔插装置插件时，必须佩戴防静电手套或放电护腕。

（3）工作过程中须使用绝缘工具，同时防止电压回路短路以及电流回路开路。

（4）工作中测量的试验仪精度须在 0.2 级及以上。

（5）试验用仪器必须接地良好。

（6）工作中使用的安全工器具、仪器仪表、工具等必须经检定（试验）合格。

（7）工作结束前工作班成员须按二次回路安全技术措施单一步一步恢复二次接线，且工作负责人负责检查核对。

（8）工作结束后必须清理现场，保证无杂物，同时检查工作区域内测控装置及其他设备是否存在异常，测控装置定值是否被误更改等。

（9）工作负责人与值班人员共同检查验收后方可办理工作结束手续。

7.2.3 运行安全技术

7.2.3.1 测控装置运行

（1）继保室室内最大相对湿度不应超过 75%，室内环境温度应为 5～30℃，应防止灰尘和不良气体侵入。

（2）定期检查设备运行情况和装置安全措施。

（3）进入工作现场，必须正确穿戴和使用劳动保护用品。

（4）工作人员在继保室工作时，不准使用手机，防止无线频率电磁干扰引起保护设备误动。

（5）工作人员活动范围与带电设备之间的距离要满足 GB 26860—2011 规定的安全距离要求。

（6）严禁带电插拔测控装置插件，严禁带电更改测控装置背板的接线。

（7）装置的电源及运行指示灯应正常。

（8）前后柜门应关好，无妨碍运行的杂物。

（9）装置应设置密码并定期修改。

7.2.3.2　测控装置检修

（1）人员要求。

1）现场工作人员应身体健康，精神状态良好。

2）全体人员必须熟悉 GB 26860—2011 的相关知识，并经考试合格。

3）工作人员必须具备必要的电气知识，掌握调度自动化厂站测控装置运行维护作业技能；工作负责人必须通过资格考试并经批准上岗。

4）现场工作应配置足够的工作人员，其中工作负责人 1 名，工作班成员 1 名及以上。

5）工作负责人必须具备 2 年及以上自动化工作经验，并取得工作负责人资格；工作班成员必须具备 1 年及以上自动化工作经验；500kV 变电站测控装置定检工作负责人必须由本单位安监部文件规定的工作负责人担当。

（2）检修注意事项。

1）开展测控装置定检工作必须认真检查测控装置的各项功能，全面测试该测控装置是否满足正常运行的各项要求。

2）测控装置定检后如发现存在遥测、遥信、遥控、遥调、同期、对时功能等问题，必须处理后再投入运行，不能处理的故障必须提出整改方案以及防范措施，确保测控装置投运后不影响对一次设备的运行监视与控制。

7.2.3.3　测控装置校验

随着变电站自动化技术的发展，综合自动化变电站越来越多，交流采样测量装置的校验，已成为电网测量数据采集准确性的关键。国家电网公司为使校验更加标准化和专业化，先后推出了针对测控装置校验和变电站计算机监控系统校验的规程。规定了用于电力系统交流采样测量装置的运行检验管理，包括出厂前验收、投运前检验、运行中周期检验和临时检验，检验方法，技术指标，运行检验管理职责，运行管理等。在检验方法里规定了基本误差校验和交流工频输入量的影响量校验和响应时间、同期功能等测试方法，规定了用于变电站计算机监控系统工厂验收和现场验收管理的内容，规定了监控系统功能和性能测试。

（1）基本误差校验。包括电流、电压、有功、无功、频率、功率因数基本误差校验。

（2）影响量校验。包括输入量的频率变化、波形畸变、功率因数变化、不平衡电流、三相功率测量元件相互作用引起的改变量校验等。

（3）监控系统功能和性能测试。包括遥信、遥控、遥测、遥调响应时间测试，遥信变位，SOE 分辨率，遥调准确度，同期功能，电能累计量的采集与显示等测试。

7.2.4 标准依据

测控装置施工及运行必须遵照的相关标准及规范见表 7.4。

表 7.4 测控装置施工及运行的标准依据

序号	标 准 名 称	标准编号或计划号
1	继电保护技术规程	GB/T 14285—2016
2	电气装置安装工程盘、柜及二次回路施工及验收规范	GB 50171—2012
3	电力系统继电保护及安全自动装置运行评价规程	DL/T 623—2010
4	继电保护及电网安全自动装置检验规程	DL/T 995—2016
5	电力系统微机继电保护技术导则	DL/T 769—2001
6	交流采样测量装置运行检验管理规程	Q/GDW 140—2006
7	变电站计算机监控系统工厂验收管理规程	Q/GDW 1213—2014

7.3 自 动 装 置

自动化设备是在无人干预的情况下，根据已经设定的指令或者程序，自动完成工作流程的任务。如故障录波装置、AGC/AVC 系统、有功系统、风功率预测装置、电能质量在线监测装置、PMU、保护信息子站、时钟对时系统、关口计量设备等。发电厂、变电所电气设备运行的控制与操作自动装置，是直接为电力系统安全、经济服务和保证电能质量的基础自动化设备。

7.3.1 类型和技术特性

7.3.1.1 类型

电力系统自动装置有自动调节装置和自动操作装置两种类型。电力系统自动装置包括机械本体、动力单元、执行机构、检测传感及信号变送单元、信息处理单元和输入输出及接口单元等硬件。

7.3.1.2 技术特性

1. 自动装置设备的主要优点

（1）微机型低频低压安全自动装置体积小、智能化程度高。

（2）硬件设置标准化。

（3）便于运行维护，便于软件升级。

（4）人机界面良好，定值的改变和整定以菜单形式输入即可，灵活方便。

（5）打印报表清楚。

2. 自动装置设备的主要缺点

日常维护、检修成本较高。

3．对自动装置的要求

（1）高速、准确地切除故障元件的继电保护装置和反映被保护设备运行异常的保护装置。

（2）保护电网安全运行的安全自动装置。

（3）失步解列与频率、电压控制装置。

7.3.2 施工安全技术

7.3.2.1 自动装置安装

自动装置安装可参照 7.1.2.1 节和 7.1.2.2 节。安装要求如下：

（1）自动装置安装工艺严格按照国标、厂标进行，两者不一致时按较高标准执行，各项工作必须服从制造厂技术人员的指导。

（2）进入施工现场时，工作人员应穿戴干净的工作服及鞋帽，工器具必须登记，严防将异物遗留在设备内部。

（3）制造厂已装配好的元件在现场组装时，不要解体检查，如有缺陷必须在现场解体时，要经制造厂同意，并在厂方人员指导下进行。

（4）柜体可靠连接于主接地网，装置外壳和安全接地应可靠连接于等电位接地网；屏柜、室外端子箱的交流供电电源的中性线不应接入等电位接地网。

（5）工艺美观，线芯排列整齐，留有裕度。

（6）所有电缆及网线应悬挂标识牌，注明电缆及网线编号、走向、规格等；线芯表示齐全、正确清楚，应包括回路编号、电缆、断路器编号等；屏内配线标识齐全、正确清晰。

7.3.2.2 自动装置调试

自动装置调试可参照 7.1.2.4 节和 7.1.2.5 节。具体调试内容如下：

（1）资料检查。包括出厂试验报告、合格证、图纸资料、技术说明书、装箱记录、开箱记录等检查。

（2）外观检查。包括检查测控装置把手的标识以及接线端子紧固性；检查机箱接地端子。检查键盘和液晶显示屏，检查装置背板配线，检查插件，检查装置复位按钮，检查运行版本号，检查液晶屏及工况指示灯显示，检查状态监视图和控制图图形、编号正确。

（3）测控回路绝缘检测。包括检测各回路对地绝缘电阻和各回路相互间的绝缘电阻。

（4）工作电源检查。检查测控装置主备工作电源工作状态。

（5）装置抗干扰措施的检查。测控装置抗干扰措施；装置遥测精度测试；装置遥信测试；装置遥控测试；装置遥调测试。

（6）装置精确度检查：装置对时测试；SOE 分辨率；装置检修状态测试。

（7）装置地址检查。

（8）测控装置双网切换检查。

（9）密码检查，各逻辑回路（手合、同期）功能检查，对于间隔层具有闭锁功能的变电站自动化系统，检查其测控装置闭锁功能：手合、同期功能测试。

（10）测控装置出口压板一致性检查。

（11）遥控回路正确性检查。

（12）其他功能测试。包括检查测控装置接点防抖动时间，检查模拟量越死区上报功能，检查 BCD 解码功能，检查模拟量的谐波分析功能，检查每一个控制对象是否具备独立的闭锁接点。

7.3.2.3 自动装置施工

（1）二次接线拆除与恢复，需由工作班成员按二次回路安全技术措施单按步执行，工作负责人负责检查核对，拆除状态的接线端子线必须用绝缘胶布妥善包扎。

（2）拔插装置插件时，必须佩戴防静电手套或放电护腕。

（3）工作过程中须使用绝缘工具，同时防止电压回路短路以及电流回路开路。

（4）工作中测量的试验仪精度须在 0.2 级及以上。

（5）试验用仪器必须接地良好。

（6）工作中使用的安全工器具、仪器仪表、工具等必须经检定（试验）合格。

（7）工作结束前工作班成员须按二次回路安全技术措施单一步一步恢复二次接线，且工作负责人负责检查核对。

（8）工作结束后必须清理现场，保证无杂物，同时检查工作区域内测控装置及其他设备是否存在异常，测控装置定值是否被误更改等。

（9）工作负责人与值班人员共同检查验收后方可办理工作结束手续。

7.3.3 运行安全技术

7.3.3.1 自动装置运行

（1）使用计算机监控及自动化系统对风电场所属设备进行监视、控制，是运行人员对设备进行监控的首选方式，现场监控作为辅助方式。

（2）两套升压站监控系统并列运行，两套监控机不允许同时退出运行，若一套确有必要退出运行时，应经运行负责人批准。

（3）运行值班人员应使用规定的账户及密码在指定工作站进行登录。

（4）值班人员不允许修改监控系统参数和限值，不得无故投、退各种测点。若确认某测点数据损坏，在不影响系统正常运行时可退出该测点，并做好记录，通知维护人员处理好后及时恢复。

（5）监控系统两路交流 UPS 电源不允许同时停电，当任一交流 UPS 电源消失时，应尽快恢复送电。

（6）设备或系统发生事故后，当班人员应及时调用、打印出相关设备的事故、故障、状变、越复限一览表，事故追忆表等记录，供处理和分析事故使用。

（7）值班长要及时安排运行人员现场检查，每个班组接班前应对 AGC/AVC 系统进行状态检查。

（8）AGC/AVC 装置监控页面显示异常时，现场排查无问题后，运行人员要及时通知调度，不得任意更改出力方式及出力大小。

（9）每日 8:00，接班人员应查看风功率预测系统上报的监控数据和上报状态是否正常。

（10）风功率预测系统监控页面及预测数据异常时，应及时汇报当值值长并联系厂家处理。

（11）RCS－9785 GPS时钟同步装置可与远动设备共同构成一主一备双时钟同步源。当设置RCS－9785的工作方式为主时钟同步源时，不论系统中是否有其他时钟源，每隔1min，RCS－9785通过以太网向间隔层送出对时信息。当RCS－9785的工作方式设置为备用时钟同步源时，该装置不会立刻向间隔层送出对时信息，而是持续监控以太网上是否有对时信息，若在4min内以太网上没有出现任何对时信息，RCS－9785将以固定周期通过以太网向间隔层送出对时信息，周期仍为1min。该装置一旦监视到以太网上有其他时钟源送出的对时信息，就将停止向间隔层送出对时信息。

（12）RCS－9785的工作方式通过调试串口，由超级终端进行设置。

（13）每个班组接班前应检查故障录波装置的运行状态和告警信息等。

（14）当故障发生时，应及时查看故障录波报文及波形文件，并保存相关文件。

（15）电能质量监测装置必须始终投入运行。

（16）对运行菜单内容进行查看的操作应正确无误。

（17）及时掌握变电站电能质量在线监测装置的运行情况。

（18）故障灯亮时应及时处理并做好记录。

（19）严格执行通信及自动化设备运行规定。

（20）通信及自动化设备必须始终投入运行。

（21）投入运行的设备应明确专责维护人。

（22）自动化设备的运行应符合设备环境条件要求。

（23）发现故障或接到设备故障通知后，应立即进行处理，事后应详细记录故障现象、原因及处理过程。

（24）严格执行频率电压紧急控制装置运行规定。

（25）装置的硬件回路和软件工作条件始终在系统的监视下，一旦有任何异常情况发生，将显示相应的报警信息。

（26）如果装置在运行期间被闭锁，同时发出告警信息，应当通过查阅自检报告找出故障原因。不能简单地按复归按钮或重启装置。如果现场不能查明故障原因，应立即通知厂家。

7.3.3.2 自动装置检修

（1）技术人员必须做好电力系统自动装置的可靠性保护工作，首先要针对自动装置的设定值、初始状态等进行全面了解。技术人员将自动装置设定值和初始状态作为首要评价标准，能够进一步保证自动装置的可靠性。此外，技术人员还需要做好对自动装置运行情况的全面统计和分析，找出自动装置的运行规律，以确保自动装置长时间运行过程出现的故障问题能够及时排除，提高装置的安全性和可靠性。同时技术人员还需要做好自耦动画装置的技术更新，确保在电力系统更新较快的环境下，自动装置依然能够满足电力系统的要求和标准，即技术人员可以通过选择不同厂家制造。生产原理和工作原理不相同的继电保护装置和自动装置进行电力系统保护，继而降低故障发生率。

（2）对于二次回路中的相关工作，现场设备必须和图纸相一致，且必须严格按照相关规定进行操作。

（3）智能设备检修硬压板投入后，设备进入检修状态，其发出的数据流将绑定"TEST 置 1"的检修品质位，其收到数据流必须有相同的检修品质位，才可实现对应功能，否则设备判别采样或开入量"状态不一致"，屏蔽对应功能。智能数字化保护装置将"状态不一致"的电流、电压、开入量排除在外，不参与保护逻辑运算，且闭锁保护相关功能。涉及多个电流采样的保护，如变压器或母线差动保护，若有任意一组采样电流置检修位，将闭锁差动保护。智能终端收到"状态不一致"的跳合闸指令或控制信号后，将不会动作于断路器和隔离开关。

（4）软压板分为发送软压板和接收软压板，用于从逻辑上隔离信号输入、输出。装置输入信号由保护输入信号和接收压板数据对象共同决定，装置输出信号由保护输出信号和发送压板数据对象共同决定，通过改变软压板数据对象的状态便可以实现某一路信号的通断。

（5）断开装置间的光纤能够保证检修装置（新上装置）与运行装置的可靠隔离。

7.3.4 标准依据

自动装置施工及运行必须遵照的相关标准及规范见表 7.5。

表 7.5 自动装置施工及运行的标准依据

序号	标 准 名 称	标准编号或计划号
1	继电保护技术规程	GB/T 14285—2016
2	电气装置安装工程盘、柜及二次回路施工及验收规范	GB 50171—2012
3	继电保护及电网安全自动装置检验规程	DL/T 995—2016
4	继电保护和安全自动装置运行管理规程	DL/T 587—2016
5	电力系统继电保护及安全自动装置运行评价规程	DL/T 623—2010

第8章 直流系统设备施工及运行安全技术

风电场直流系统主要由蓄电池组、充电装置、直流馈线屏、直流配电柜、直流电源监测装置、直流分支馈线等部分组成，并由此形成一个庞大、遍布直流电源的供电网络，为继电保护装置、断路器跳合闸、信号系统、直流充电机、UPS、通信等子系统提供安全、可靠的工作电源。本章主要从站用直流系统和通信直流系统两部分介绍施工及运行维护的相关内容。

8.1 站用直流系统

站用直流系统为各类发电厂、变电站提供直流不间断供电设备。它包括供给断路器分合闸、仪器仪表、综合自动化、应急照明等各类直流用电设备。直流电源系统主要由交流自动化切换单元、整流单元、监控单元、直流馈电单元、蓄电池组等组成。直流系统设备如图8.1所示。

直流系统是一个独立的电源，在外部交流电中断的情况下，由后备电源—蓄电池提供直流电源，保障系统设备正常运行。直流系统的用电负荷极为重要、对供电的可靠性要求较高。直流系统的可靠性是保障变电站安全运行的决定性条件之一。

8.1.1 类型和技术特性

8.1.1.1 类型

（1）标准一体屏直流系统。其充电部分和馈电部分合并在一个机柜中，由整流模块单元、监控模块单元及直流馈电单元组成。整流模块单元最多可配置5个整流模块；直流馈电单元由直流降压装置、绝缘监测装置、闪光装置（可选）及直流馈电装置组成。

图8.1 直流系统设备实物图

（2）小型一体屏直流系统。其充电部分、馈电部分及蓄电池合并在一个机柜中，最多可配置3个整流模块，蓄电池容量最大为40Ah，主要用于35kV及以下变电站和各类小型用户。

（3）分屏组合直流系统。其充电部分和馈电部分分屏安装，一个充电屏里最多可配置15个整流模块。可通过多个充电屏和多个馈电屏并联组成大型直流电源系统，主要用于电力系统的中小型发电厂、水电站及各主要变电站。

8.1.1.2 技术特性

1. 标准一体屏直流系统的技术特性

（1）一体化设计，充电部分和馈电部分合并在一个机柜中；最多可配置5个整流模块。

（2）有两路交流输入，可完成两路交流输入的主、备自动切换和互锁。

（3）设置绝缘监测功能，对母线及馈线支路的绝缘状况进行监测。

（4）具备完善的监控功能，由监控模块对整流模块、蓄电池、交流配电单元、直流配电单元等实施监测、控制及管理，并能与本地或远程监控接口。

2. 小型一体屏直流系统的技术特性

（1）一体化设计，充电部分和馈电部分、蓄电池合并在一个机柜中。

（2）有两路交流输入，可完成两路交流输入的主、备自动切换和互锁。

（3）设置绝缘监测功能，对母线及馈线支路的绝缘状况进行监测。

（4）具备完善的监控功能，由监控模块对整流模块、蓄电池、交流配电单元、直流配电单元等实施监测、控制及管理，并能与本地或远程监控接口。

3. 分屏组合直流系统的技术特性

（1）分屏设计，充电部分和馈电部分不在同一个屏内。

（2）有两路交流输入，可完成两路交流输入的主、备自动切换和互锁。

（3）有一路电池或二路电池输入、6路合闸输出、16路控制输出（具体数量可调整）。

（4）设置绝缘监测功能，对母线及馈线支路的绝缘状况进行监测。

（5）具备完善的监控功能，由监控模块对整流模块、蓄电池、交流配电单元、直流配电单元等实施监测、控制及管理，并能与本地或远程监控接口。

8.1.2 施工安全技术

（1）站用直流系统工艺严格按照国标、厂标进行，两者不一时按较高标准执行，各项工作必须服从制造厂技术人员的指导。

（2）进入施工现场时，工作人员应穿戴干净的工作服及鞋帽，工器具必须登记，严防将异物遗留在设备内部。

（3）对于雷电高发区，交流配电设备应有防雷措施。

（4）连机母线应采用整段的线料，中间不得有接头。

（5）电池一般由电池厂家负责指导安装，在系统选用电池容量较大时，电池应分层安装。电池组安装工具要经过绝缘处理，安装过程中不要碰伤电池塑料外壳和输出头，多层安装电池应先分层连接，再作层间连接，充放电电缆暂不连接。

（6）交流电缆母线与直流电缆母线分开布放，电源线、信号线及用户电缆尽可能分开布放，以免互相干扰，电池线、母线正、负极应有明显的区分。

（7）接地线不能使用单股电缆芯线，尽量粗、短、直，采用整段电缆，不允许中间有断头。

(8) 按工艺规范制作接地线电缆接线端子，将各个机柜的接地螺栓连接在一起，然后从机柜内接地汇流排上引一根地线，接至用户地线排上。

8.1.3 运行安全技术

8.1.3.1 站用直流系统设备运行

(1) 上电运行前必须检查所有紧固件是否有脱落和松动，防雷模块是否可靠合上，系统内断路器是否全部断开，各断路器输入、输出端是否有短路现象。

(2) 上电后用万用表检查输入端交流电是否正常，是否具有市电优先功能，并能够互锁。

(3) 用万用表测量各整流模块交流输入电源是否正常。

(4) 设备运行过程中严禁将控制母线联络断路器和合闸母线联络断路器同时投入合闸位置。

(5) 设备运行工作环境温度范围为−10～40℃，环境最大相对湿度不超过 90%（环境温度 25℃），运行地点无导电尘埃，无腐蚀金属和绝缘破坏的气体或蒸汽。

(6) 蓄电池充放电过程中，试验人员应密切监视直流母线电压及单节蓄电池电压，且蓄电池室内严禁有明火，通风设备应齐全，并能可靠投入运行。

8.1.3.2 站用直流系统设备检修

(1) 直流系统设备检修应以"加强运行维护、定期检查检测为主，以故障处理、设备更换为辅"的原则，加强对直流系统的检修、监督、管理工作。

(2) 直流设备检修应纳入季度或月度检修计划，落实责任，限期完成。

(3) 要加强检修前的设备和回路检查以及检修过程中工艺和质量的控制，要特别防止因检修工作造成的运行设备直流电源消失，直流电压值等指标超出允许范围，直流回路短路、接地等故障发生而影响安全运行。

(4) 蓄电池组的核对性充放电周期应执行规程的规定，阀控蓄电池核对性放电周期，新安装或大修后的阀控蓄电池组，必须进行全核对性放电试验；以后运行第 1 年以及每隔 2～3 年进行一次核对性试验，运行 6 年以后的阀控蓄电池，应每年做一次核对性放电试验。

(5) 直流系统有两组蓄电池时，一组运行，另一组退出运行，进行全核对性放电。

(6) 直流系统只有一组蓄电池时，运行单位应配置便携式充放电装置，以便日常维护。

(7) 直流屏主要元器件故障频繁，空气断路器、熔断器级差无法配合且无法修复时应更换。

8.1.4 标准依据

站用直流系统施工及运行必须遵照的相关标准及规范见表 8.1。

表 8.1 站用直流系统施工及运行的标准依据

序号	标 准 名 称	标准编号或计划号
1	电力安全工作规程 发电厂和变电站电气部分	GB 26860—2011
2	电气装置安装工程电气设备交接试验标准	GB 50150—2016

序号	标　准　名　称	标准编号或计划号
3	电力工程直流系统设计技术规程	DL/T 5044—2014
4	电力设备预防性试验规程	DL/T 596—2015

8.2　通信直流系统

通信直流系统是由整流设备、直流配电设备、蓄电池组、直流变换器相关的配电线路组成的，为通信系统提供直流电源的系统。变电站应装设可靠的通信直流系统，以确保通信设备的不间断供电，尤其要保证变电所发生事故时的不间断通信供电。通信直流系统设备实物图如图8.2所示。

图 8.2　通信直流系统设备实物图

8.2.1　组成和技术特征

8.2.1.1　组成

风电场通信直流系统包括交流部分、整流部分、直流部分、蓄电池组和监控模块等。

（1）交流部分。交流部分主要为系统提供交流电源，其输入端一般为两路380V的三相四线交流电；但当电源自身容量较小时，则输入端为两路220V的单相交流电，从而保证电源供电可靠。

（2）整流部分。整流器是通信直流系统最重要的组成部分，AC/DC变换后以并联均流方式为通信设备供电，同时对蓄电池组进行恒流限压充电和监控模块供电。

（3）直流部分。直流部分主要分配整流器输出的直流电压，其中一路对蓄电池组充电，其他路为通信设备供电。

（4）蓄电池组。蓄电池组是通信直流系统不可缺少的组成部分。蓄电池组一旦发生故障，在市电输入停电时，将造成所有使用该蓄电池组做后备电源的通信设备全部停止工作，造成通信中断。

（5）监控模块。监控模块是通信直流系统的智能控制中心，主要功能是监测，包括监测交流输入电压、电流，整流器模块并联输出电压和每个整流器模块的输出电流、负载电流、蓄电池组充放电电流和电压等，另外，还可以控制电源系统的开关机，控制直流输出电压、输出电流极限值的设定，并能对电源运行过程中的某些参数超限进行告警。

8.2.1.2　技术特性

（1）交流电压通过整流器变换后，直接输出直流电压。

（2）蓄电池组在输出端可直接给负载供电，也可与整流模块并联一起给负载供电。

（3）设备控制简单，不易发生故障，维护简便。

（4）系统简单、可靠性高，便于进行维护。

（5）投资成本较 UPS 系统低。

（6）系统并机运行简单，只需要电源极性和电压相同即可并机运行。

（7）单点故障点较 UPS 系统少。

8.2.2　施工安全技术

8.2.2.1　通信直流系统安装

（1）设备应安装在水平硬质地面。如果是防静电活动地板，则需考虑地板的承重能力，应根据设备重量来设计与制造钢质托架；设备安装应满足相关规范的减震要求。

（2）系统直流柜宜采用加强型结构，防护等级不宜低于 IP20。布置在交流配电间内的直流柜防护等级应与交流开关柜一致。直流母线绝缘电阻应不小于 $10M\Omega$。

（3）通信直流系统机房设备接地线严禁与接闪器、铁塔、防雷引下线直接连接。

（4）通信直流系统的电源系统应采取适当、有效的雷电过电压分级保护措施。

（5）通信直流系统防雷接地与交流工作接地、直流工作接地、安全保护接地共用一组接地装置时，接地装置的接地电阻值应按接入设备中要求的最小值确定。通信直流系统防雷接地电阻不宜大于 10Ω。

（6）蓄电池放置的基架及间距应符合设计要求；蓄电池放置在基架后，基架不应有变形，基架宜接地。抗震设防烈度大于或等于 7 度的地区，蓄电池组应有抗震加固措施。

（7）蓄电池室的照明应使用防爆灯，并至少有一个接在事故照明母线上，开关、插座、熔断器应安装在蓄电池室外。室内照明线路应采用耐酸绝缘导线。

（8）系统室窗户应安装遮光玻璃或者涂有带色油漆的玻璃，以免阳光直射在蓄电池上。

（9）通信系统的蓄电池在安装过程中不能触动极柱和安全排气阀。

（10）蓄电池出口回路、充电装置直流侧出口回路、直流馈线回路和蓄电池试验放电回路等应装设保护电器。

（11）安装蓄电池时要戴绝缘手套、使用绝缘工具。当使用扳手时，除板头外其余金属部分要包上绝缘带，杜绝扳手与蓄电池的正、负极同时相碰，形成正、负极短路故障。

（12）系统屏柜安装时，两带电刀体之间、带电导体与裸露的不带电导体之间的电气间隙和爬电距离均应符合表 8.2 的规定。小母线、汇流排或不同极的裸露带电导体之间，以及裸露的带电导体与未经绝缘的不带电导体之间的电气间隙不小于 12mm，爬电距离不小于 20mm。

表 8.2　电气间隙和爬电距离

额定绝缘电压 U_i/V	电气间隙/mm	爬电距离/mm
$U_i \leqslant 63$	3.0	3.0
$63 < U_i \leqslant 300$	5.0	6.0
$300 < U_i \leqslant 500$	8.0	10.0

注　1. 当主电路与控制电路或辅助电路的额定绝缘电压不一致时，其电气间隙和爬电距离可分别按其额定值选取。

　　2. 具有不同额定值的主电路或控制电路导电部分之间的电气间隙与爬电距离，按最高额定绝缘电压选取。

8.2.2.2 安全技术要求

（1）连接蓄电池连接条时应使用绝缘工具，并应佩戴绝缘手套。连接条的接线应正确。为了防止人体不小心触及带电部分，要求接线端子处应有绝缘防护罩。

（2）直流系统小母线、汇流排或不同极的裸露带电导体之间，以及裸露的带电导体与未经绝缘的不带电导体之间的电气间隙不小于12mm，爬电距离不小于20mm。

（3）直流系统各独立电路与地（即金属框架）之间的绝缘电阻值不得小于10MΩ；无电气联系的各电路之间的绝缘电阻值不小于10MΩ。

（4）直流系统屏（柜、台）结构应考虑安全接地措施并确保保护电路的连续性，接地连接处应有防锈、防污染的措施，接地处应有明显的标记。

（5）通信直流系统内会产生直接触电的屏柜应从结构上考虑防护措施，例如加隔离挡板、防护门、加绝缘防护等。对会产生间接触电的部位应采用保护电路进行防护，且要保证各裸露的非带电导电部件之间以及它们与保护电路之间的电连续性，屏（柜、台）内任何应该接地的点至总接地点之间的电阻应不大于0.1Ω。

8.2.3 运行安全技术

8.2.3.1 通信直流系统运行

（1）运行中的直流设备各盘柜标识要清晰，接线要完整，室内要清洁、无杂物，照明充足，系统室门要严闭，不得进雨，水滴、水泥片等杂物不得落到蓄电池上。

（2）系统室内消防器材配备要齐全，不能堆放任何易燃易爆物品，室内严禁携带、使用烟火，系统室内不允许接装电炉、插座、熔断器等可能产生电火花的器具。

（3）加强通信直流系统进出电缆的运行监测，保障电缆无超温或带病运行，防止线路着火而引起火灾事故。

（4）在日常运行中要注意室内温度和湿度不能超过蓄电池厂家的规定要求，保持系统室内干净、干燥，通风良好，避免由于设备受潮影响系统正常运行。

（5）巡视过程中要特别注意巡视蓄电池绝缘监测装置，看是否能够正常实时监测和显示直流系统母线电压、母线对地电压和母线对地绝缘电阻，以及正常实时监测和显示接地故障，避免未及时发现线路绝缘水平不够而造成人员受伤或设备受损。

（6）当系统室内有异味或者异响时，要及时检查蓄电池、充电装置、熔断器等设备。避免未及时查找出故障而导致事故进一步扩大，导致火灾事故。

（7）巡视时要注意对蓄电池出口回路、充电装置直流侧出口回路、直流馈线回路和蓄电池试验放电回路等应装设的保护装置进行检查，避免因未及时发现保护装置损坏而造成设备漏电或系统停运。

（8）在巡视中应检查蓄电池的单体电压值，连接片有无松动和腐蚀现象，壳体有无渗漏和变形，极柱与安全阀周围是否有酸雾溢出，绝缘电阻是否下降，蓄电池温度是否过高等。

（9）当充电模块发出模块过温告警时，现场人员要检查环境温度是否过高、散热孔是否堵塞、模块散热风扇是否转动等，并及时清扫散热孔或防尘网等，避免温度过高而造成火灾事故。

8.2.3.2　通信直流系统检修

（1）配电屏、蓄电池组的维护通道应铺设绝缘胶垫，蓄电池的维护要由专业或者经过培训的人员进行，要避免高压触电。

（2）检修人员必须穿好绝缘鞋、拿好绝缘手提、戴好安全帽，做好防护措施，确保人身安全。

（3）要保持检修现场干净，严防液体或其他外来物体进入蓄电池充电电源箱体内。

（4）检修时不能将蓄电池盒体打开，电解液会对皮肤和眼睛造成伤害；如果不小心接触到电解液，应立即用大量清水进行清洗并去医院检查。

（5）当系统蓄电池需要更换时，必须由专业技术人员进行更换，更换出来的电池必须送交特别的循环再造机构处理。

（6）开展蓄电池充放电试验时，试验仪器周围应设置警示线禁止人员通过并悬挂相关安全标识牌，蓄电池充放电相关工具要齐全，并通过有关部门检测合格。

（7）蓄电池充放电试验人员要配备齐全，所有参与人员要经安全技术交底，在开始试验前要仔细阅读蓄电池厂家的资料，熟悉安全注意事项。

（8）在处理直流系统异常情况时可能会带电作业，一定要采取安全措施，并且在不影响系统运行的情况下，尽量进行必要的局部隔离。如检查更换充电模块单元时，要断开相应交流空气断路器；检查电池是可分开电池回路，断开电池熔断器（空气断路器）等；另外在更换元器件时拆下的线头要进行捆扎处理，不能人为扩大故障范围。

8.2.4　标准依据

通信直流系统施工及运行必须遵照的相关标准及规范见表 8.3。

表 8.3　通信直流系统施工及运行的标准依据

序号	标　准　名　称	标准编号或计划号
1	电力安全工作规程　发电厂和变电站电气部分	GB 26860—2011
2	通信电源设备安装工程设计规范	GB 51194—2016
3	电力工程直流电源设备通用技术条件及安全要求	GB/T 19826—2014
4	电力系统用蓄电池直流电源装置运行与维护技术规程	DL/T 724—2000
5	电力工程直流系统设计技术规程	DL/T 5044—2014
6	电气装置安装工程质量检验及评定规程 第 9 部分　蓄电池施工质量检验	DL/T 5161.9—2002
7	电力通信系统防雷技术规程	CECS 341—2013
8	电力系统二次电路用控制及继电保护屏（柜、台）通用技术条件	JB/T 5777.2—2002

第9章 调度通信系统设备施工及运行安全技术

电力调度通信系统就是要有效地将实时语音、数据进行无缝整合，在有效提高系统信息安全性的前提下，可充分满足人员通信和调度指挥业务，实现具体到每个服务小组和工作人员的多级调度数据流转，实时采集现场工作数据，实现语音、图像、消息、指令的实时发布及传送，实现部门间信息的高效流转。本章主要从调度通信系统设备中的网络交换机、纵向加密认证装置、防火墙装置、光端机、电端机5部分介绍施工及运行维护的相关内容。

9.1 网 络 交 换 机

网络交换机是一个扩大网络的器材，能为子网络提供更多的连接端口，以便连接更多的计算机。随着通信业的发展以及国民经济信息化的推进，网络交换机市场呈稳步上升态势。它具有性价比高、高度灵活、相对简单、易于实现等特点。所以，以太网技术已成为当今最重要的一种局域网组网技术，网络交换机也成为最普及的交换机，如图9.1所示。

图9.1 网络交换机实物图

9.1.1 类型和技术特性

9.1.1.1 类型

随着网络技术的发展，交换机的作用越来越显著。为了满足各应用领域的需求，市场上出现了各种类型的交换机，主要分类如下：

1. **按照网络覆盖范围不同分类**

（1）局域网交换机是最常用的一种，用于连接终端设备。

（2）广域网交换机主要用于网络的核心层，提供数据的高速分组转发，为电信、互联网领域的承载网提供通信平台。

2. **按照传输介质和速度不同分类**

交换机可以分为以太网交换机、FDDI交换机、Token交换机、ATM交换机等。目前，以太网交换机凭借其独占媒介带宽、灵活接入、性价比高等特点在局域网中得到广泛的应用。

3. 按照网络分级设计模型不同分类

（1）核心层交换机主要提供高速的数据转发，一般在大型网络的骨干链路中使用。

（2）汇聚层交换机位于核心层和接入层之间，主要是为限制进入核心层的数据包提供边界的定义，一般具有路由更新寻址、汇总、VLAN 等功能。

（3）接入层交换机通常与终端设备相连，提供网络的入口，用户可以通过此交换机来访问外网。

4. 按照交换机工作协议不同分类

（1）二层交换机。目前使用最为普遍的是二层交换机，它可以在不同的端口之间完成目的 MAC 地址的寻址，具有很强的包处理能力，主要用于小型局域网中数据包的快速转发。

（2）三层交换机。随着网络技术的发展，出现了带有部分路由功能的交换机，即三层交换机，它能够根据数据包的目的 IP 地址路由寻址，实现对数据包的可靠转发，主要用于大型局域网中 VLAN 之间的数据路由和交换。

（3）四层交换机可以基于传输层数据包的交换过程，根据 TCP/UDP 端口号来区分数据包的应用类型，实现应用层的访问控制和服务质量的保证，且能够支持 TCP/UDP 第四层以上的协议，如 HTTP、FTP、Telnet、SSL 等，主要用于大型网络互联数据中心。

9.1.1.2　技术特性

交换机在传输数据包时会产生延迟（数据帧从一个端口进入到另一个端口发出的时间），而这种延迟由其工作模式决定。交换机的工作模式决定了其转发数据帧的速率，对大型网络来说，交换机的转发速度越快，其延时就越小，但数据的可靠性就越难保证。因此，应视网络情况选择不同工作模式的交换机。交换机的工作模式主要分为以下 3 类。

（1）直通交换。直通交换方式是指输入端口一旦接收到数据帧，就立即根据目的地址启动内部的动态查找表，在交换机的输入和输出交叉处接通，迅速把数据帧转发到相应端口，实现交换功能。该工作模式由于不对数据帧进行缓存和校验，所以延迟非常小、速率快。但因其没有进行帧校验，所以不能提供错误校验功能，即可能将错误的数据帧转发，导致网络资源的浪费，并且由于不同速率的数据帧在输入（输出）端口不易直接接通，因此数据包容易被丢弃。

（2）碎片隔离。在碎片隔离的交换方式下，交换机通过对无效碎片帧的过滤来减少错误帧的转发，通常在转发前先检查数据包的前 64 位。如果有小于 64 位的数据包则将其丢弃；反之则转发该数据包。此方式由于经过碎片帧的检验，所以数据处理速率比直通交换慢。

（3）存储转发。存储转发是网络交换机最为广泛的工作模式。相对于直通交换，交换机中增加了高速缓冲存储器，将输入、输出分组存储直到一个完整的数据帧，再进行CRC 校验（循环冗余码校验），确认数据帧无误后，转发到相应端口。此方式可靠性较高，能减少帧错误率，但由于数据帧的校验会产生延迟，所以数据处理速度较慢。此方式可以支持异种网络的互联，如 Ethernet - Token、Ethernet - FDDI 等，且很容易在不同速率的输入、输出端口之间转换，保持不同速率端口之间的协同工作。

9.1.2 施工安全技术

（1）安装位置应符合设计要求。

（2）确认机柜及工作台足够牢固，能够支撑交换机及其安装附件的重量。交换机的安装应牢固、可靠、不晃动，确保垂直、水平，排列整齐。

（3）安装时请不要将交换机放在水边或潮湿的地方，并防止水或潮湿的空气进入交换机机壳。不要放在不稳的箱子或桌子上，避免跌落对交换机造成严重损害。

（4）安装处应保持通风良好，并确保交换机的入风口及通风口处留有空间，以利于交换机机箱散热。

（5）安装地点应满足交换机对环境的温度和湿度要求。

（6）交换机安装地点应远离强功率无线电发射台、雷达发射台、高频大电流设备。必要时采取电磁屏蔽的方法，如接口电缆采用屏蔽电缆。

（7）交换机接口电缆要求在室内走线，禁止户外走线，以防止因雷电产生的过电压、过电流将设备信号口损坏。

（8）交流供电系统为 TN 系统，交流电源插座应采用有保护地线（PE）的单相三线电源插座，使设备上的滤波电路能有效滤除电网干扰。

（9）安装时应确保相关网络配线布置完善。配置电缆、电源输入电缆连接正确；选用的电源与交换机标识的电源应保持一致。

（10）线缆要布置整齐，未使用的端口要进行软件密存及物理封堵。

（11）设备上电前，必须确认交换机保护接地线已连接。

9.1.3 运行安全技术

9.1.3.1 网络交换机运行

（1）交换机要在正确的电压下才能正常运行，运行时请确保工作电压与交换机标示电压相匹配。

（2）为避免电击危险，交换机运行时不要打开外壳，即使在不带电的情况下，也不要随意打开交换机机壳。

（3）应确保交换机在符合要求的温度和湿度环境下运行。

（4）交换机机身上禁止放置任何重物。

9.1.3.2 网络交换机维护

（1）运行人员每日应按时对交换机运行情况进行巡视，检查交换机是否正常运行，运行环境是否满足要求，散热系统是否正常。

（2）在清洁交换机前，应先将交换机电源插头拔出。不可用湿润的布料擦拭交换机，不可用液体清洗交换机。

（3）电源接头与其他设备连接要牢固可靠，并经常检查线路的牢固性。

（4）在更换接口板时一定要使用防静电手腕带，防止静电损坏单板。

（5）交换机的可选光口板若处于工作状态，请不要直视这些光接口，因为光纤发出的光束具有很高的能量，可能会伤害视网膜。

9.1.4　标准依据

网络交换机施工及运行必须遵照的相关标准及规范见表9.1。

表9.1　网络交换机施工及运行的标准依据

序号	标　准　名　称	标准编号或计划号
1	工业以太网交换机技术规范	GB/T 30094—2013
2	信息安全技术 网络交换机安全技术要求（评估保证级3）	GB/T 21050—2007
3	电力系统调度通信交换网设计技术规范	DL/T 5157—2002
4	以太网交换机的技术要求	YD/T 1099—2013
5	以太网交换机测试方法	YD/T 1141—2007
6	信息安全技术交换机安全评估准则	GA/T 685—2007

9.2　纵向加密认证装置

纵向加密认证装置是电力监控系统安全防护体系中保密通信的专用密码设备，属于行业专用产品，是电力监控系统安全防护体系的核心设备。纵向加密认证装置主要用于控制生产大区的广域网边界防护，为广域网通信提供认证和加密功能，实现数据传输的机密性保护、完整性保护，同时具有类似防火墙的安全过滤功能。主要部署在各级电力调度数据网络中，为上下级调度控制中心间、调度控制中心与变电站间、调度控制中心与发电厂间的网络提供边界隔离与传输安全保障，是保护国家电力调度通信信息基础的重要数据加密设备，如图9.2所示。

图9.2　纵向加密认证装置实物图

9.2.1　技术特性

纵向加密认证装置的加密功能通过密钥实现。现代密码学所有的密码算法必须公开，只有密钥是保密的。因此密钥的机密性决定了算法的保密性。根据加密和解密所需的密钥是否相同，加密算法可分为对称密钥算法和非对称密钥算法（即公开密钥算法、双密钥算法）。

（1）对称密钥算法。数据的加密与解密都是用同一个密钥；在算法公开的前提下所有的秘密都隐藏在密钥中。为保证密钥的机密性，密钥本身需要通过秘密通道传输，如图9.3所示。

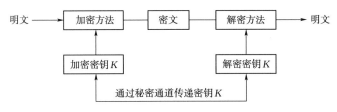

图9.3　对称密钥算法模型

（2）非对称密钥算法。数据的加密和解密算法有两个密钥，一个公开密钥（公钥）、一个私密密钥（私钥）。公钥和私钥是一一对应关系，同属于一个用户；这一对密钥可以反向使用，即私钥用于加密、公钥用于解密；不需要建立秘密通道传输密钥。由于公钥算法不需要密钥传输，因此得到了广泛应用；但由于公钥密码系统计算复杂，并未完全取代对称密钥密码系统，如图9.4所示。

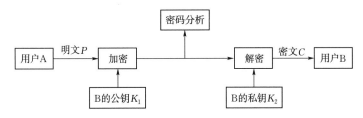

图9.4　非对称密钥算法模型

认证功能主要用于确认对方身份，只有先确保对方身份是合法的，通信才能进行。传统身份认证方法基于口令认证，安全性较差，口令容易被泄漏、猜测、窃取和攻击等。现代身份认证更多采用数字签名技术，主要是通过算法的形式体现在被传送的电子文档中，具有不易伪造、安全性高的特点。

9.2.2　施工安全技术

（1）纵向加密认证装置须具备数据加密模块，对传输的数据进行加密和解密，最好使用硬件加密方式，将算法和密钥都封装在硬件中，攻击者无法获取密钥，可提高数据的安全性。

（2）纵向加密认证装置须具备密钥协商模块，对纵向加密认证装置之间的认证和通信进行会话密钥的协商，具备身份认证和会话密钥传输功能。

（3）纵向加密认证装置须具备IP报文过滤模块，主要通过设置数据包过滤规则，分析数据包的报头，根据事先设置的规则确定数据包是允许通过还是被拒绝。

（4）纵向加密认证装置须具备安全管理模块，实现本地管理和远程管理功能。

（5）纵向加密认证装置须具备双机热备模块，主要是指配置两台服务器，互为备份，当其中一台故障时，可以切换到另一台运行。

（6）纵向加密认证装置须具备设备监控模块，主要负责监视装置内部的运行情况和加密卡的工作状态，如发现异常、立刻示警。

（7）纵向加密认证装置须取得国家指定部门的检测认证，不得使用存在漏洞和风险的设备，禁止选用具有无线通信功能的加密认证装置。

（8）纵向加密认证装置投运前应该完成调度部门的技术监督检查，完成投运前的验收工作。

9.2.3　运行安全技术

（1）纵向加密认证装置运行中应设置专人管理，制定电力监控系统安全防护管理规定。

（2）纵向加密认证装置登录密码要分级管理，相应的管理人员应该签订对应的保密协议，不得允许无关人员随意登陆纵向加密认证装置、查看和修改内部数据。

（3）纵向加密认证装置空闲的网口、接口应该封闭，维护和运行查看用的计算机应该专用，防止使用外联非专用的计算机或其他移动存储介质而感染病毒或受到攻击。

（4）对纵向加密认证装置的维护工作，必须报调度部门同意，经批准后方可开展相关工作，维护作业时应该履行工作票手续。

（5）电力监控防护系统应该建立安全风险评估制度，分阶段对系统进行全面风险评估，始终确保电力监控防护系统的信息安全。

（6）加强对纵向加密认证装置的运行巡检，查看设备电源、显示、报警指示等是否正常，查看装置所处的环境防火、防震、防静电、防雷等设施是否满足要求。

（7）安装纵向加密认证装置的房间应设门禁系统和视频监控系统，严格执行管理规定，禁止无关人员操作设备。

（8）制定包括纵向加密认证装置在内的电力监控防护系统应急预案，且运行中每年不少于两次应急演练。

9.2.4　标准依据

纵向加密认证装置施工及运行必须遵照的相关标准及规范见表 9.2。

表 9.2　纵向加密认证装置施工及运行的标准依据

序号	标 准 名 称	标准编号或计划号
1	信息系统安全等级保护实施指南	GB/T 25058—2010
2	电力监控系统安全防护总体方案等安全防护方案和评估规范	国能安全〔2015〕36 号
3	电力行业网络与信息安全管理办法	国能安全〔2014〕317 号
4	电力行业信息安全等级保护管理办法	国能安全〔2014〕318 号

9.3　防 火 墙 装 置

防火墙是一种保护计算机网络安全的技术性措施，它通过在网络边界上建立相应的网络通信监控系统来隔离内部和外部网络，以阻挡来自外部的网络入侵，如图 9.5 所示。

图 9.5 防火墙装置实物图

9.3.1 类型和技术特性

9.3.1.1 类型

（1）包过滤防火墙。包过滤防火墙是最早采用的技术。包过滤防火墙工作在 ISO/OSI 七层网络模型的传输层以下，对经过防火墙的数据包的头部字段进行检查过滤。在 TCP/IP 体系结构下，数据被分割成一定大小的数据包在网络上传输，每一数据包的头部都会包含一些特定的信息，包括数据包的源 IP 地址、目的 IP 地址、封装协议（TCP、IP、ICMP 等）、TCP/UDP 源端口号和目的端口号等。

（2）代理防火墙。代理防火墙的工作原理与包过滤防火墙的工作原理截然不同。代理防火墙工作在 ISO/OSI 七层网络模型的应用层，采用代理技术实现网络连接。防火墙为经过它的每种应用建立一个代理，内部网络和外部网络之间没有直接的服务连接，它们之间的数据都是经过防火墙代理传输的。数据经过代理防火墙后，网络间的数据包如同均是源于防火墙上的网络接口，从而实现内部网络和外部网络的相互隐藏。

（3）状态检测防火墙。状态检测防火墙在传统的包过滤技术上进行了扩展，采用状态检测包过滤技术，解决了传统包过滤防火墙数据吞吐量低和无法提供全局安全信息的问题。

9.3.1.2 技术特性

1. 包过滤防火墙

（1）主要优点。

1）使用比较简单，不需要专门培训用户或者使用专用的客户端和服务器程序。

2）能够快速处理数据包，易匹配大多数网络层和传输层的数据包信息，能在实施安全策略时提供较好的灵活性。

（2）主要缺点。

1）过滤规则可能比较复杂，不易配置。

2）由于包过滤是无状态的，不能阻止应用层的攻击。因此包过滤防火墙不能阻止所有类型的攻击。

3）包过滤防火墙的处理能力有限，只对某些类型的 TCP/IP 攻击比较敏感。

4）不支持用户的连接认证。

5）日志功能有限，当系统被入侵或者被攻击时，很难得到大量的有用信息。

2. 代理防火墙

（1）主要优点。

1）支持可靠的用户认证并提供详细的用户身份信息。

2）能够监控连接上的所有数据，及时检测到攻击。

3）能够监控和过滤应用数据，用于应用层的过滤规则相对于包过滤防火墙的过滤规则来说更容易配置和测试。

4）能够提供详细的日志记录和安全审计功能，帮助管理员发现包过滤功能难以发现的攻击行为。当网络被攻击时，日志和审计能够监控和跟踪攻击者的行为。

（2）主要缺点。

1）代理防火墙用软件处理数据包容易造成性能瓶颈。

2）只支持有限的应用，不能支持所有的应用。不能为 RPC、talk 和其他一些基于通用协议的服务提供代理，不能监控所有流量数据。

3．状态检测防火墙

（1）主要优点。

1）具有检查 IP 包的每个字段的能力，并遵从基于包中信息的过滤规则。

2）识别带有欺骗性源 IP 地址包的能力。

3）具有基于应用程序信息验证一个包的状态的能力，允许一个先前认证过的连接继续与被授予的服务通信。

4）具有记录通过的每个包的详细信息的能力。

（2）主要缺点。所有记录、测试和分析工作可能会造成网络连接的迟滞。

9.3.2　施工安全技术

9.3.2.1　防火墙安装

（1）安装位置应符合设计要求（工作环境温度建议为 15～25℃，工作环境湿度为 9%～90%、灰尘粒子直径不小于 5μm）。

（2）防火墙安装时要确保防火墙入风口及通风口处留有足够空间（建议大于 10cm），以利于防火墙机箱的通风散热。

（3）防火墙安装时要确保防火墙及机柜良好接地，且满足接地电阻要求（不大于 1Ω）。

（4）防火墙安装要达到更好的抗干扰效果，应做到对供电系统采取有效的防电网干扰措施。

（5）防火墙部署位置要满足网络安全防护要求，安全策略配置完整。

（6）线缆要布置整齐，未使用的端口要进行软件密存及物理封堵。

9.3.2.2　防火墙安装问题处理

（1）电源故障处理。检查电源线是否插牢、所用电源线是否损坏、外置供电系统是否正常。

（2）终端无显示故障处理。检查实际选择的网口与终端设置的网口是否相符、配置终端参数设置是否正确。

（3）接口模块故障处理。检查接口模块选配电缆是否正确、接口模块选配电缆是否连接正确、配置中命令显示接口模块的接口是否配置并正常工作。

9.3.3　运行安全技术

（1）设备运行环境检查。检查机房温度是否在 15～25℃、机房相对湿度是否在 5%～

90％、机房空气中的灰尘含量是否满足要求。

（2）设备运行状态检查。检查电源指示灯是否显示正常、系统指示灯是否显示正常，防火墙是否告警、线缆连接是否安全可靠、接地线连接是否安全可靠。

（3）设备运行配置检查。检查系统登录时间是否设定正常，运行状态信息是否显示正常，系统各功能项配置是否正常、是否符合网络安全规划设计要求，检查日志中有无异常告警记录、对日志进行分析。

9.3.4 标准依据

防火墙施工及运行必须遵照的相关标准及规范见表9.3。

表 9.3 防火墙施工及运行的标准依据

序号	标 准 名 称	标准编号或计划号
1	信息安全技术 防火墙技术要求和测试评价方法	GB/T 20281—2015
2	信息安全技术 web 应用防火墙安全技术要求	GA/T 1140—2014
3	信息安全技术 防火墙安全技术要求	GA/T 683—2007
4	防火墙产品的安全功能检测	GA 372—2001
5	防火墙设备测试方法	YD/T 1707—2007

9.4　光　端　机

SDH 光传输设备，是一种将复接、线路传输及交换功能融为一体，并由统一网管系统操作的综合信息传送网络。SDH 光传输设备可实现网络有效管理、实时业务监控、动态网络维护、不同厂商设备间的互通等多项功能，能大大提高网络资源利用率、降低管理及维护费用、实现灵活可靠和高效的网络运行与维护，因此是当今世界信息领域在传输技术方面的发展和应用热点，受到广泛重视，如图 9.6 所示。

图 9.6　光端机实物图

9.4.1　技术特性

（1）SDH 传输系统在国际上有统一的帧结构、数字传输标准速率和标准的光路接口，使网管系统互通，因此有很好的横向兼容性，它能与现有的准同步数字系列（Plesiochronous Digital Hierarchy，PDH）完全兼容，并容纳各种新的业务信号，形成了全球统一的数字传输体制标准，提高了网络的可靠性。

（2）SDH 接入系统的不同等级的码流在帧结构净负荷区内的排列非常有规律，而净负荷与网络是同步的，它利用软件能将高速信号一次直接分插出低速支路信号，具有一次复用的特性，克服了 PDH 准同步复用方式对全部高速信号进行逐级分解然后再生复用的过程。其大大简化了数字交叉连接设备（Digital Cross Connect，DXC），减少了背靠背的接口复用设备，改善了网络的业务传送透明性。

（3）由于采用了较先进的分插复用器（ADM）、数字交叉连接（DXC），网络的自愈功能和重组功能非常强大，具有较强的生存率。因 SDH 帧结构中安排了信号的 5% 开销比特，它的网管功能显得特别强大，并能统一形成网络管理系统，对网络自动化、智能化、信道的利用率以及降低网络的维管费和生存能力起到了积极作用。

（4）由于 SDH 有多种网络拓扑结构，它所组成的网络非常灵活，它能增强网络监察，运行管理和自动配置功能，优化了网络性能，同时也使网络运行灵活、安全、可靠，使网络的功能非常齐全和多样化。

（5）SDH 有传输和交换的性能，它的系列设备的构成能通过功能块的自由组合，实现了不同层次和各种拓扑结构的网络，十分灵活。

（6）SDH 并不专属于某种传输介质，它可用于双绞线、同轴电缆，但 SDH 用于传输高数据率则需用光纤。这一特点表明，SDH 既适合用作干线通道，也可作支线通道。例如，我国的国家与省级有线电视干线网就是采用 SDH，而且它也便于与光纤电缆混合网（HFC）相兼容。

（7）从 OSI 模型的观点来看，SDH 属于其最底层的物理层，并未对其高层有严格的限制，便于在 SDH 上采用各种网络技术，支持 ATM 或 IP 传输。

（8）SDH 是严格同步的，从而保证了整个网络稳定可靠，误码少，且便于复用和调整。

（9）标准的开放型光接口可以在基本光缆段上实现横向兼容，降低了联网成本。

9.4.2　施工安全技术

9.4.2.1　SDH 光传输设备机械要求

（1）机柜应满足相应的机械强度和刚度，安装固定方式具有抗震性，应保证设备经过常规的运输、储存盒安装后不产生破损变形。

（2）机柜采用封闭式结构，设前、后门，前门应设置玻璃门，可观察机柜内各设备的运行状况。门应开闭灵活，且不影响机柜内设备正常运行；开启角不小于 90°，门锁可靠。机柜底部应有安装固定孔。

（3）线缆的引入端应在机架的底部（或顶部）。线缆在机架内排放的位置应设计合理，不妨碍或影响日常维护、测试工作的进行。

（4）设备在机柜内采用嵌入式安装方式。

（5）为便于运行维护，应利用标准化元件和组件。紧固连接应牢固、可靠，所有紧固件均具有防腐镀层或涂层，紧固连接应有放松措施。

（6）机柜高压防护地与机柜绝缘，绝缘电阻大于 1000MΩ/500V DC；机柜防护地与机柜间耐压大于 3000V DC/min，不击穿，无飞弧。电源和有高压的地方应有合适的保护联锁装置。

9.4.2.2　SDH 光传输设备安装

（1）柜体应设有保护接地，接地处应有防锈措施和明显标志。每面机柜应装有不小于

120mm² 截面的铜接地母线,该接地母线应连接到机柜主框架的前面、侧面和后面,接地母线末端应预装可靠的压接式端子,以备接到通信机房的环形接地体上。所有机柜的接地线与接地母线的接线应至少用两个螺栓。

(2)设备总体机械结构充分考虑安装、维护和扩展容量灵活性。设备各种插件或模块应是嵌入式的,不装插件、模块的槽位应提供装饰性盖板。

(3)所有设备的工厂预安装深度要求达到机架,以减少现场安装工作量。

9.4.3 运行安全技术

(1)设备在加电运行期间,插入或拔出机盘时,任何元件不应受到损坏和缩短使用寿命。设备接插件必须接触可靠、结构坚固、易于插拔。接插件应有定位和锁定装置。

(2)设备内所有元器件应是全部经过老化处理并经过严格筛选的优良元器件,组装过程应有严格的质量控制,确保长期使用的高可靠性。设备和印刷电路板应平整、无飞线并有防霉喷涂层。

(3)设备电路插板应在明显位置标出名称和代号,安装在电路插板上的器件应有明显的标志。同一品种的电路插板应有完全的互换性,不同品牌的电路插板应有错插保护及防错插功能。

(4)设备电路插板、模块状态显示正常,指示灯无告警或异常。

(5)定期检查设备表面涂料,应满足防腐要求,所有支架、子架、单元及器件的表面应光滑平整、色泽一致,不允许有划痕、裂纹和斑等破损现象。

(6)设备的电磁兼容性和抗电干扰应满足 IEC-801-2、IEC-801-3、IEC-801-4 的要求,定期按照厂家所给的测试方法对数据进行测试。

(7)每日巡视过程中应检查设备冷却系统运行是否正常,散热是否良好。

(8)每日巡视过程中,查看 SDH 光传输设备的环境温度和环境湿度,环境温度应满足 -5～55℃,环境湿度应满足日平均相对湿度不大于 95%,月平均相对湿度不大于 90%。

(9)保证装置电源供电可靠性。

(10)各支路板应全面兼容,不得随意混插。

9.4.4 标准依据

光端机施工及运行必须遵照的相关标准及规范见表9.4。

表 9.4 光端机施工及运行的标准依据

序号	标 准 名 称	标准编号或计划号
1	基于 SDH 的多业务传送节点技术要求	YD/T 1238—2002
2	同步数字体系(SDH)上传送以太网帧的技术规范	YD/T 1179—2002
3	SDH 光发送/光接收模块技术要求——2.488320GB/s 光接收模块	YD/T 1111.1—2001
4	SDH 光发送/光接收模块技术要求	YD/T 1111.2—2001
5	SDH 上传 IP 的 LAPS 测试规范	YD/T 1100—2001
6	同步数字体系(SDH)上传 IP 的 LAPS 技术要求	YD/T 1061—2003

9.5 电 端 机

电端机即脉冲编码调制（pulse code modulation，PCM）设备，是把一个时间连续、取值连续的模拟信号变换成时间离散、取值离散的数字信号在信道中传输。脉冲编码调制是由对模拟信号进行抽样、量化和编码3个过程完成的。通俗的解释PCM就是：使用AD模数转换器以一定的频率（采样率，如8kHz）和一定的采样位深度（位深，如8位、12位、24位等）对原始信号进行采集和模数转换，得到的数据即为相应的数字信号，其所用的设备就叫脉冲编码调制设备，如图9.7所示。

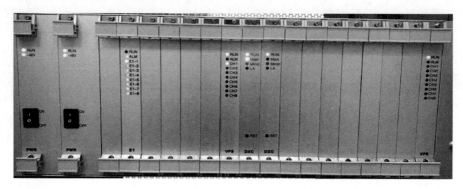

图9.7 电端机实物图

9.5.1 技术特性

1. 主要优点

（1）抗干扰能力强。

（2）差错可控。

（3）易加密。

（4）易于与现代化技术相结合。

（5）线路使用费用相对便宜。

（6）能够提供较大的带宽。

（7）接口丰富，便于用户连接内部网络。

（8）可以承载更多的数据传输业务。

2. 主要缺点

（1）频带要求高。

（2）设备系统结构复杂。

9.5.2 施工安全技术

电端机（PCM）安装要求如下：

（1）根据图纸将机架固定牢固、可靠、不晃动，确保垂直、水平，排列整齐。

（2）安装时要确保PCM及机柜良好接地，且满足接地电阻要求（不大于1Ω）。

（3）敷设 2Mb/s 线缆和音频线缆，要捆扎牢固，避免线缆相互交叉。

9.5.3　运行安全技术

（1）日常运行维护。

1）PCM 设备的中心网站维护。网站维护就是工作人员通过自动监测设备对每个站点的 PCM 设备运行状态中的数据进行监测并形成档案。当数据异常时，则表示 PCM 设备出现故障，工作人员可以通过异常数据出现点，判断故障发生的位置。

2）PCM 设备的分路站网维护。维护人员通过 PCM 设备的指示灯、仪表数据及用户的反馈来判断故障的位置和原因，从而找出解决办法。

（2）例行维护。例行维护就是在每日或每周的固定时间对设备进行全面检查，主要对电源、单板两个部件进行具体检查，然后根据日常维护数据进行复查。电源检查主要是通过电压和电流的监测来实现，然后对 PCM 的安全性进行确认。单板检查则是对指示灯是否为报警状态进行判定。

9.5.4　标准依据

电端机施工及运行必须遵照的相关标准及规范见表 9.5。

表 9.5　电端机施工及运行的标准依据

序号	标　准　名　称	标准编号或计划号
1	60 路 PCM/AADPCM 编码转换设备技术要求	GB/T 13994—92
2	音频脉冲编码调制特性	GB 7610—87
3	脉冲编码调制通信系统网络数字接口参数	GB 7611—87
4	2048kbit/s 30 路脉码调制复用设备技术要求	GB 6879—1995
5	音频记录 PCM 编解码系统	GB/T 15526—1995
6	电力通信管理规程	DL/T 544—2012

第10章 防雷接地设备施工及运行安全技术

防雷接地设备就是利用现代电学以及其他技术防止被雷击中的设备。防雷设备从类型上看大体可以分为电源防雷器、天馈线保护器、信号防雷器、防雷测试工具、测量和控制系统防雷器、地极保护器等。本章主要从风电场避雷针、避雷器、接闪器、接地网4部分介绍施工及运行维护的相关内容。

10.1 避 雷 针

避雷针，又名防雷针，是用来保护建筑物、高大树木等避免雷击的装置。在被保护物顶端安装一根接闪器，用符合规格的导线将其与埋在地下的泄流地网连接起来。当雷云放电接近地面时避雷针使地面电场发生畸变。在避雷针的顶端，形成局部电场集中的空间，以影响雷电先导放电的发展方向，引导雷电向避雷针放电，再通过接地引下线和接地装置将雷电流引入大地，从而使被保护物体免遭雷击，如图10.1所示。

图10.1 避雷针实物图

10.1.1 类型和技术特性

10.1.1.1 类型

（1）富兰克林避雷针。富兰克林避雷针是传统的避雷针。这种避雷针要求安装高度较高，但保护半径较小，适用于小区域的保护。

（2）优化避雷针。优化避雷针是富兰克林避雷针的改进型，这种避雷针对雷电流的陡度有一定的抑制作用。

（3）提前放电避雷针。提前放电避雷针在欧洲普遍采用，已经标准化（NFC17—102）。相对于传统的避雷针，这种避雷针在雷电场强增加到一定的程度前就能够提前放电，保护半径更大，降低了每次接闪时的雷电流脉冲强度，减少了雷电感应引起的二次效应，更为安全。

10.1.1.2 技术特性

（1）避雷针的保护作用具有选择性。雷电类型很多，不仅有直击雷、感应雷，还有沿线路传入的雷电侵入波。避雷针的防雷保护原理决定了避雷针只能选择引导强大的直击雷电流，使周围的被保护物不被击中。也就是说，装设避雷针只能有效防止直击雷事故。

（2）防止变电所避雷针发生反击现象。避雷针对防止变电所遭受直击雷损害发挥了巨大的作用，但同时也会产生避雷针反击过电压等副作用。雷电波击中避雷针时，在冲击电压作用下，避雷针上产生很高的感应电势。当人或其他设备与之接近时，该感应电势向人或其他设备放电，发生反击现象。避雷针设计时应尽可能采取措施，在提高避雷针保护效能的同时，尽量减少这种副作用。如降低接地电阻（接地电阻总值控制在 10Ω 内）、设置独立的避雷针、避雷针和被保护设备之间的相对距离应大于最小安全净距。

10.1.2 施工安全技术

10.1.2.1 避雷针安装

（1）避雷针一般采用圆钢或焊接钢管制成。避雷针主要安装于构架上或独立设立。安装在构架上的避雷针应通过底座与屋顶层连接，并用螺丝固定好。独立安装的避雷针需提前在安装位置浇筑水泥基座，规格尺寸一般为 400mm×400mm×600mm（长×宽×高），并预埋地脚螺栓。

（2）避雷针与被保护设备之间空中距离不小于 5m，地中距离不小于 3m。

（3）避雷针与主变压器应尽量保持 15～20m 的距离，避免对主变压器的逆闪络和逆变换电压。

（4）独立避雷针不应设在人经常通行的地方，避雷针及其接地装置与道路或出入口等的距离不宜小于 3m，否则应采取均压措施或铺设砾石或沥青地面。

（5）主控制室经常有人值班，室内通常不设置绝缘地面，避雷针距主控制室的距离应不小于 10m，以免产生跨步电压。

（6）保证避雷针与各种设备的电气距离符合规程规范要求。

（7）安装时，将避雷针底座固定在预制水泥基座上，用地脚螺栓可靠连接。避雷针的引下线与接地极之间应采用焊接连接。

（8）安装完成后，避雷针各连接处或金属表面涂镀层有损伤处，应做好防锈处理。

10.1.2.2 避雷针接地

（1）装设在构架上的避雷针应与主接地网连接，并应在避雷针附近装设集中接地装置。独立避雷针应设立独立的接地装置，接地电阻不宜超过 10Ω。若无法满足该要求，该接地装置可以与主接地网连接，但要保证总接地电阻不超过 4Ω。

（2）避雷针的接地引下线不宜设置过长。雷电流是高频电流，当接地引下线很长时，由于电感的影响，接地装置的冲击阻抗增大，不但不利于雷电流的流散，还会使接地装置产生较高的感应电压。因此，避雷针的接地引下线应就地引入，且应至少连接一个以上的接地极。当避雷针采用多根引下线时，宜在各引下线距地面 115～118m 处设置断线卡。

10.1.3 运行安全技术

避雷针设备运行要求如下：

（1）避雷针投入使用后应检查避雷针各连接部位的连接是否可靠，不允许松动。

（2）检查避雷针及接地引下线是否有锈蚀，可每年开挖 50cm 深度以上部分检查，并涂漆防腐。

（3）检查各连接处的焊接点是否连接紧密，用小锤敲击检查是否接触不良。

（4）检查避雷针本体是否有裂纹、歪斜等现象。

10.1.4　标准依据

避雷针施工及运行必须遵照的相关标准及规范见表 10.1。

表 10.1　避雷针施工及运行的标准依据

序号	标　准　名　称	标准编号或计划号
1	建筑物防雷工程施工与质量验收规范	GB 50601—2010
2	建筑物防雷设计规范	GB 50057—2010

10.2　避　雷　器

避雷器也称过电压保护器、过电压限制器，用于保护电气设备免受雷击时高瞬态过电压的危害。避雷器通常连接在电网导线与地线之间，有时也连接在电器绕组旁或导线之间，是通信线缆防止雷电损坏时经常采用的一种重要设备，如图 10.2 所示。

10.2.1　类型和技术特性

10.2.1.1　类型

避雷器的主要类型有管型避雷器、阀型避雷器和氧化锌避雷器。每种避雷器的主要工作原理不同，但工作实质相同，都是为了保护电气设备不受损害。

（1）管型避雷器。管型避雷器是一种具有较高熄弧能力的保护间隙，它由两个串联间隙组成，一个间隙在大气中，称为

图 10.2　避雷器实物图

外间隙，用于隔离工作电压，避免产气管被流经管子的工频泄漏电流烧坏；另一个间隙在气管内，称为内间隙或者灭弧间隙。管型避雷器的灭弧能力与工频续流的大小有关，是一种保护间隙型避雷器，大多用在供电线路上作为防雷保护。

（2）阀型避雷器。阀型避雷器由火花间隙及阀片电阻组成。当有雷电过电压时，火花间隙被击穿，阀片电阻的电阻值下降，将雷电流引入大地，从而保护线缆或电气设备免受雷电流的危害。在正常情况下火花间隙不会被击穿，阀片电阻的电阻值较高，不会影响通信线路的正常通信。

（3）氧化锌避雷器。氧化锌避雷器是一种保护性能优越、质量轻、耐污秽、性能稳定的避雷设备。它主要利用氧化锌良好的非线性伏安特性，在正常工作电压时流过避雷器的电流极小（微安或毫安级）；当产生过电压时，电阻急剧下降，泄放过电压的能量，达到保护的效果。这种避雷器和传统避雷器的差异是它没有放电间隙，利用氧化锌的非线性特性起到泄流和开断的作用。

10.2.1.2　技术特性

（1）避雷器的通流能力大，具有限制雷电过电压、工频暂态过电压、操作过电压的能力，保护设备免受过电压的绝缘损坏。

（2）氧化锌避雷器的保护特性优异，氧化锌电阻片是避雷器芯体的核心，具有良好保护性能。因为氧化锌阀片的非线性伏安特性十分优良，使得在正常工作电压下仅有几百微安的电流通过，便于设计成无间隙结构，使其具备保护性能好、重量轻、尺寸小的优点。当过电压侵入时，流过阀片的电流迅速增大，同时限制了过电压的幅值，释放了过电压的能量，此后氧化锌阀片又恢复高阻状态，使电力系统正常工作。

（3）避雷器元件采用优质复合外套材料，耐污性能高、体积小、重量轻，不易破碎，气密性好；采用陶瓷外套作为密封材料，抗老化性能好，抗弯的机械强度高，密封可靠；采用控制密封圈压缩量和增涂密封胶等措施，避雷器的性能稳定。

（4）避雷器具有在一定时间内承受一定工频电压升高的能力。

10.2.2　施工安全技术

10.2.2.1　避雷器安装

（1）避雷器到货后必须检查包装箱是否破损，制造厂家、产品名称及型号是否与所订购产品一致。

（2）检查包装箱是否破损、受潮，制造厂家、产品名称及型号是否与所订购产品一致。

（3）检查随产品提供的包装清单、产品出厂合格证明书、安装使用说明书是否完整。

（4）检查避雷器的例行试验结果是否合格。

（5）对照包装清单检查备品附件是否缺少或损坏。

（6）检查避雷器的外观和铭牌，检查避雷器的压力释放板是否完好无损。

（7）安装过程中，避雷器除需以最短的接地线与配电装置的主接地网连接，还应在其附近装设集中接地装置。验收时应检查接地装置是否符合设计要求。

10.2.2.2　避雷器验收

（1）提交的资料文件应完整，交接试验项目应无漏项，交接试验结果应合格。

（2）现场制作件应符合设计要求，构架式安装的避雷器安装高度、构架及横担的强度应满足要求。

（3）低栏式布置的避雷器与围栏距离、构架式安装的避雷器与其他设备或构架的距离应满足设计要求。

（4）避雷器外部应完整无缺损，封口处密封应良好，硅橡胶复合绝缘外套憎水性应良好，伞裙不应破损或变形。

（5）避雷器安装应牢固，各连接部位应牢固可靠，其垂直度应符合要求。

（6）均压环应水平，安装深度应满足设计要求。

（7）避雷器拉紧绝缘子应紧固可靠，受力应均匀，引流线的截面及弧垂应满足要求。

（8）放电动作计数器密封应良好，动作应正常。

（9）绝缘基座及接地应良好、牢靠，接地引下线的截面应满足热稳定要求；接地装置连通应良好。

（10）油漆应完整，相色应正确。

（11）带有泄漏电流在线监测装置的避雷器，在线监测装置指示应正常。

（12）串联间隙避雷器的间隙应符合设计要求。

（13）低栏式布置的避雷器遮拦防误锁应正常，应悬挂警示牌，栏内应无杂物。

（14）标识牌应齐全，编号应正确。

10.2.3　运行安全技术

10.2.3.1　避雷器设备运行

（1）检查瓷套表面积污程度及是否出现放电现象，瓷套、法兰是否出现裂纹、破损。

（2）检查避雷器内部是否存在异常声响。

（3）检查与避雷器、计数器连接的导线及接地引下线有无烧伤痕迹或断股现象。

（4）检查避雷器放电计数器指示数是否有变化，计数器内部是否有积水。

（5）对带有泄漏电流在线监测装置的避雷器，检查泄漏电流有无明显变化。

（6）检查避雷器均压环是否发生歪斜。

（7）检查带串联间隙的金属氧化物避雷器或串联间隙是否与原来位置发生偏移。

（8）检查低式布置的避雷器，遮拦内有无杂草。

（9）雷雨时，严禁巡视人员接近避雷器设备及其他防雷装置。

10.2.3.2　避雷器停运检查和维护

（1）检查瓷套、基座及法兰是否出现裂纹，瓷套表面是否有放电烧伤痕迹。

（2）检查复合绝缘外套及瓷外套的 RTV 涂层憎水性是否良好。

（3）检查水泥结合缝及其上的油漆是否完好。

（4）检查密封结构金属件是否良好。

（5）检查避雷器、计数器的引线及接地端子上以及密封结构金属件上是否有不正常变色和熔孔。

（6）检查与避雷器连接的导线及接地引下线有无烧伤痕迹或断股现象，避雷器接地端子是否牢固、是否可靠接地，接地引下线是否锈蚀。

（7）检查各连接部位是否有松动现象，金具和螺丝是否锈蚀。

（8）检查动作计数器连接线是否牢固，内部是否有积水现象。

（9）检查充气并带压力表的避雷器的气体压力值是否变化。

（10）检查带串联间隙的金属氧化物避雷器放电间隙是否良好。

10.2.3.3　特殊巡视

特殊巡视的条件。缺陷的处置原则中规定的需经特殊巡视的设备；阴雨天及雨后；大风及沙尘天气；每次雷电活动后或系统发生过电压等异常情况后；运行 15 年及以上的避雷器。

（1）特殊巡视的要求。视缺陷程度增加巡视频次，着重观察异常现象或缺陷的发展变化情况。如缺陷为泄漏电流异常升高时，应缩短无串联间隙金属氧化物避雷器的带电测试周期，对磁吹碳化硅阀式避雷器应进行交流泄漏电流的带电测试，对于安装有泄漏电流在线监测装置的避雷器缩短记录周期，有人值守变电所每天记录 1 次，无人值守变电所每周至少记录 1 次。

（2）阴雨天及雨后的特殊巡视主要应观察避雷器外套是否存在放电现象，对于安装有泄漏电流在线监测装置的避雷器观察泄漏电流的变化情况。

（3）大风及沙尘天气的特殊巡视主要应观察引流线与避雷器间连接是否良好，是否存在放电声音，垂直安装的避雷器是否存在严重晃动。对于悬挂式安装的避雷器还应观察风偏情况。沙尘天气中还应观察避雷器外套是否存在放电现象，对于安装有泄漏电流在线监测装置的避雷器观察泄漏电流的变化情况。

（4）每次雷电活动后或系统发生过电压等异常情况后，应尽快进行特殊巡视工作。观察避雷器放电计数器的动作情况，观察瓷套与计数器外壳是否有裂纹或破损，观察与避雷器连接的导线及接地引下线有无烧伤痕迹，对于安装有泄漏电流在线监测装置的避雷器观察泄漏电流的变化情况等。

（5）对于运行 15 年及以上的避雷器应重点跟踪泄漏电流的变化，停运后应重点检查压力释放板是否有锈蚀或破损。

10.2.4 标准依据

避雷器施工及运行必须遵照的相关标准及规范见表 10.2。

表 10.2 避雷器施工及运行的标准依据

序号	标 准 名 称	标准编号或计划号
1	电工术语 避雷器、低压电涌保护器及元件	GB/T 2900.12—2008
2	交流电力系统金属氧化物避雷器使用导则	DL/T 804—2014

10.3 接 闪 器

接闪器就是专门用来接收直接雷击（雷闪）的金属物体。接闪器的金属杆称为避雷针。接闪器的金属线称为避雷线或架空地线。接闪器的金属带、金属网称为避雷带。所有接闪器都必须经过接地引下线与接地装置相连，如图 10.3 所示。

10.3.1 基本规定和技术特性

10.3.1.1 基本规定

（1）建筑物顶部和外墙上的接闪器必须与建筑物栏杆、旗杆、吊车梁、管道、设备、太阳能热水器、门窗、幕墙支架等外露的金属物进行等电位连接。

（2）位于建筑物顶部的接闪导线可按工程设计文件要求暗敷在混凝土女儿墙或者混凝土屋面内。

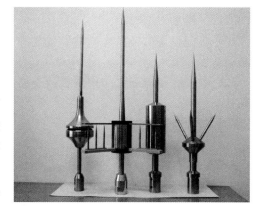

图 10.3 接闪器实物图

10.3.1.2　技术特性

（1）专用接闪杆应能承受 $0.7kN/m^2$ 的基本风压，在经常发生台风和大于 11 级大风的地区，宜增大接闪杆的尺寸。

（2）在雷区，宜在屋面拐角处安装短接闪杆。

10.3.2　施工安全技术

（1）暗敷在建筑物混凝土中的接闪导线，在主筋绑扎或认定主筋进行焊接，做好标识后，应按设计要求施工，并应确认隐蔽工程验收记录后再支撑或浇捣混凝土。

（2）明敷在建筑物上的接闪器应在接地装置和引下线施工完成后再安装，并应与引下线电气连接。

10.3.3　运行安全技术

（1）专用接闪杆位置应正确，焊接固定的焊缝应饱满、无遗漏，焊接部分防腐应完整。

（2）接闪导线应位置正确、平正顺直、无急弯。焊接的焊缝应饱满、无遗漏，用螺栓固定的应有防松动零件。

（3）检查各连接处焊接点是否连接紧密，用小锤敲击检查是否接触不良。

（4）检查本体是否有裂纹、歪斜等现象。

10.3.4　标准依据

避雷针施工及运行必须遵照的相关标准及规范见表 10.1。

10.4　接　地　网

接地网是由水平接地极组成的供发电厂和变电站使用的兼有泄流和均压作用的较大型水平网状接地装置，有时布置垂直接地极与水平接地网相连，如图 10.4 所示。

10.4.1　组成和技术特性

10.4.1.1　组成

（1）电气设备的金属底座、框架及外壳和传动装置。

（2）携带式或移动式用电器具的金属底座和外壳。

（3）箱式变电站的金属箱体。

（4）互感器的二次绕组。

（5）配电、控制、保护用的屏（柜、箱）及操作台的金属框架和底座。

图 10.4　接地网实物图

（6）电力电缆的金属护层、接头盒、终端头和金属保护管及二次电缆的屏蔽层。

（7）电缆桥架、支架和井架。

（8）变电站构、支架。

（9）装有架空地结或电气设备的电力线路杆塔。

（10）配电装置的金属遮栏。

10.4.1.2　技术特性

（1）交流电气设备的接地线可利用建筑物的金属结构，如梁、柱等。

（2）发电厂、变电站等接地装置除应利用自然接地极外，还应敷设以水平人工接地极为主的接地网，并应设置将自然接地极和人工接地极分开的测量井。

（3）除临时接地装置外，接地装置采用钢材时均应热镀锌，水平敷设的应采用热镀锌的圆钢和扁钢，垂直敷设的应采用热镀锌的角钢、钢管或圆钢。

（4）当采用扁铜带、铜绞线、铜棒、铜覆钢（圆线、绞线）、锌覆钢等材料作为接地装置时，其选择应符合设计要求。

（5）不应采用铝导体作为接地极或接地线。

（6）人工接地极导体截面应符合热稳定、均压、机械强度及耐腐蚀的要求，水平接地极的截面不应小于连接至该接地装置接地线截面的 75%，电力线路杆塔的接地极引出线的截面积不应小于 $50mm^2$。

10.4.2　施工安全技术

（1）接地体顶面埋设深度应符合设计规定，当无规定时，不应小于 0.6m。角钢、钢管、铜棒、铜管等接地体应垂直配置。除接地体外，接地体引出线的垂直部分和接地装置连接（焊接）部位外侧 100mm 范围内应做防腐处理；在做防腐处理前，表面必须除锈并去掉焊接处残留的焊药。

（2）垂直接地体的间距不宜小于其长度的 2 倍。水平接地体的间距应符合设计规定，当无设计规定时不宜小于 5m。

（3）接地线应采取防止发生机械损伤和化学腐蚀的措施；在与公路、铁路或管道等交叉及其他可能使接地线遭受损伤处，均应用钢管或角钢等加以保护。接地线在穿过墙壁、楼板及地坪处应加装钢管或其他坚固的保护套。有化学腐蚀的部位还应采取防腐措施。热镀锌钢材焊接时将破坏热镀锌防腐，应在焊痕外 100mm 内做防腐处理。

（4）接地干线应至少有两点与接地网相连接。自然接地体应至少有两点与接地干线或接地网相连接。

（5）每个电气装置的接地应以单独的接地线与接地汇流排或接地干线相连接，严禁在一个接地线中串接几个需要接地的电气装置。重要设备和设备构架应有两根与主接地网不同地点连接的连接引下线，且每根接地引下线均应符合热稳定及机械强度的要求，连接引线应便于定期进行检查测试。

（6）接地体敷设完后的土沟，其回填土内不应夹有石块和建筑垃圾等；外取的土壤不得有较强的腐蚀性；在回填土时应分层夯实。室外接地回填宜有 100～300mm 高度的防沉层。在山区石厚地段或电阻率较高的土质区段应在土沟中至少先回填 100mm 厚的净土垫层，再敷接地极，然后用净土分层夯实回填。

10.4.3　运行安全技术

（1）检查电气设备接地线、接地网的连接有无松动，脱落现象。

（2）检查接地线有无损伤、腐蚀、断股、固定螺栓是否松动。

（3）检查人工接地体周围地面是否堆放或倾倒有易腐蚀性物质。

（4）移动电气设备每次使用前，应检查接地线是否良好。

（5）检查地中埋设件是否被水冲刷、裸露于地面，接地电阻是否超过规定值。

10.4.4　标准依据

接地网施工及运行必须遵照的相关标准及规范见表 10.3。

表 10.3　接地网施工及运行的标准依据

序号	标　准　名　称	标准编号或计划号
1	交流电气装置的接地设计规范	GB 50065—2011
2	电气装置安装工程接地装置施工及验收规范	GB 50169—2016
3	接地系统的土壤电阻率、接地阻抗和地面电位测量导则 第 1 部分：常规测量	GB/T 17949.1—2000
4	交流电气装置的过电压保护和绝缘配合	DL/T 620—1997
5	交流电气装置的接地	DL/T 621—1997
6	接地装置特性参数测量导则	DL/T 475—2006

第11章 安全工器具安全技术

安全工器具通常专指电力安全工器具，是指防止触电、灼伤、坠落、摔跌等事故，保障工作人员人身安全的各种专用工具和器具。

在电力系统中，为了顺利完成任务而又不发生人身事故，操作者必须携带和使用各种安全工器具。如对运行中的电气设备进行巡视、改变运行方式、检修试验时，需要采用电气安全用具；在线路施工中，需要使用登高安全用具；在带电的电气设备上或邻近带电设备的地方工作时，为了防止触电或被电弧灼伤，需使用绝缘安全工器具等。本章主要从电气绝缘工器具和安全防护工器具两个部分介绍使用方法、注意事项等安全技术方面的知识。

11.1 电气绝缘工器具

11.1.1 高压验电器

高压验电器主要是用来检验设备对地电压在 1000V 以上的高压电气设备。一般有发光型、风车型、声光型 3 种类型。高压验电器一般由检测部分（指示器部分或风车）、绝缘部分、握手部分 3 部分组成。绝缘部分是指指示器下部金属衔接螺丝起至罩护环止的部分，握手部分是指罩护环以下的部分。其中绝缘部分、握手部分根据电压等级的不同其长度也不同，如图 11.1 所示。

11.1.1.1 类型和技术特性

1. 验电器类型

（1）发光型高压验电器。发光型高压验电器是检测电器设备是否带电的专用工具，现场操作时具备发光警示，安全可靠。电源用 4 粒 1.5V 纽扣式碱性电池，寿命长。伸缩拉杆绝缘体使用方便。

（2）风车型高压验电器。风车式高压验电器是一种用于检测电气设备上工作电压是否存在的便携式装置，是与被测部件产生电气连接的裸露导电部分。如果要使接触电极延长，可以用有外绝缘层导电极加长。

（3）声光型高压验电器。声光型高压验电器是检测电器设备是否带电的专用工具，现场操作时具备声光警示，安全可靠。电源用 4 粒 1.5V 纽扣式碱性电池，寿命长。伸缩拉杆绝缘体使用方便。

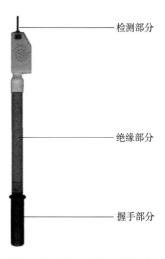

图 11.1 高压验电器实物图

检测部分

绝缘部分

握手部分

2．技术特性

（1）发光型高压验电器的主要特点。

1）验电灵敏性高，不受阳光、噪声影响，白天黑夜、户内户外均可使用。

2）抗干扰性强，内设过压保护、温度自动补偿装置，且具备全电路自检功能。

3）雨、雪、雾天气禁止使用。

（2）风车型高压验电器的主要特点。

1）灵敏度高。

2）不受阳光、噪声影响。

3）待机时间长、温度范围广。

4）具备全电路自检功能、电磁兼容设计和屏蔽保护措施。

5）雨、雪、雾天气禁止使用。

（3）声光型高压验电器的主要特点。

1）验电灵敏性高，具备语音功能，不受阳光、噪声影响，白天黑夜、户内户外均可使用。

2）抗干扰性强，内设过压保护、温度自动补偿装置，且具备全电路自检功能。

3）雨、雪、雾天气禁止使用。

11.1.1.2　使用方法

1．发光型高压验电器

（1）在使用前必须进行自检。自检方法是用手指按动自检按钮，指示灯应有间断闪光，说明该仪器正常。

（2）进行 10kV 以上验电作业时，必须执行 GB 26860—2011，工作人员戴绝缘手套、穿绝缘鞋并保证对带电设备的安全距离。

（3）在使用时，要手握绝缘杆最下边部分，以确保绝缘杆的有效长度，并根据 GB 26860—2011 的规定，先在有电设施上进行检验，验证验电器确实性能完好，方能使用。

2．风车型高压验电器

（1）风车型验电器在使用前应观察回转指示器叶片有无脱轴现象，脱轴则不得使用；轻轻摇晃验电器，其叶片应有稍微晃动。

（2）在使用风车型高压验电器时，应逐渐靠近被测设备，一旦指示叶片开始正常回转，即说明该设备有电，应随即离开被测设备，不要使叶片长期回转，以保证验电器的使用寿命。

（3）风车型高压验电器只适用于户内或户外良好天气时，雨、雪天禁止使用。风车型高压验电器不得强烈振动或受冲击，不得自行调试拆装。

3．声光型高压验电器

（1）在使用前必须进行自检。自检方法是用手指按动自检按钮，指示灯应有间断闪光，并发出间断报警声，说明该仪器正常。

（2）进行 10kV 以上验电作业时，必须执行 GB 26860—2011，工作人员戴绝缘手套、穿绝缘鞋并保证对带电设备的安全距离。

（3）工作人员在使用时，要手握绝缘杆最下边部分，以确保绝缘杆的有效长度，并根据 GB 26860—2011 的规定，先在有电设施上进行检验，验证验电器确实性能完好，方能使用，如图 11.2 所示。

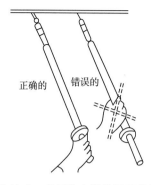

正确的　错误的

图 11.2　高压验电器使用示意图

11.1.1.3　注意事项

（1）在使用高压验电器进行验电时，首先必须认真执行操作监护制，一人操作，一人监护。

（2）操作者在前，监护人在后。使用高压验电器时，必须注意其额定电压要和被测电气设备的电压等级相适应，否则可能会危及操作人员的人身安全或造成错误判断。

（3）验电时，操作人员一定要戴绝缘手套、穿绝缘靴，防止跨步电压或接触电压对人体的伤害。

（4）操作者应手握罩护环以下的握手部分，先在有电设备上进行检验。检验时，应渐渐地移近带电设备至发光或发声，以验证验电器的完好性。然后再在需要进行验电的设备上检测。

（5）同杆架设的多层线路验电时，应先验低压、后验高压，先验下层、后验上层。

（6）高压验电器应定期做绝缘耐压试验。

（7）雨天、雾天不得使用。

（8）验电器应存放在干燥、通风、无腐蚀气体的场所。

11.1.1.4　标准依据

高压验电器施工及运行必须遵照的相关标准及规范见表 11.1。

表 11.1　高压验电器施工及运行的标准依据

序号	标　准　名　称	标准编号或计划号
1	电力安全工作规程	GB 26860—2011
2	电容型验电器	DL/T 740—2014
3	电力安全工器具配置与存放技术要求	DL/T 1475—2015

11.1.2　高压绝缘棒

高压绝缘棒，又称令克棒、绝缘拉杆、操作杆等，由工作头、绝缘杆和握柄 3 部分构成，是一种专用于电力系统内绝缘工具的统称，可以用于带电作业、带电检修以及带电维护作业器具，如图 11.3 所示。

11.1.2.1　技术特性

高压绝缘棒普遍是选用的环氧树脂绝缘棒；主要是用来在 10kV 以上电压等级闭合或拉开高压隔离开关，装拆携带式接地线，以及进行测量和试验时使用。

高压绝缘棒主要由工作头、绝缘杆和握柄三部分组成。主要特点是：

（1）工作头：采用内嵌式结构牢固、安全、可靠。

（2）绝缘杆：由环氧树脂制作，具有重量轻、绝缘杆机械强度高，携带方便等特点。

（3）握柄：是由橡胶护套和橡胶伞裙组成，绝缘性能佳、安全可靠等的点。

11.1.2.2　使用方法

（1）使用前，应检查高压绝缘棒是否超过有效期，检验绝缘棒表面是否完好、各部分连接是否可靠。

（2）操作前，高压绝缘棒表面应用清洁的干布擦拭干净，使棒表面干燥、清洁。

（3）操作前高压绝缘棒的手握部位不得越过握柄。

（4）高压绝缘棒必须适用于操作设备的电压等级，且核对无误后才能使用。

（5）为保证操作时有足够的绝缘安全距离，绝缘操作杆的绝缘部分长度不得小于 0.7m。

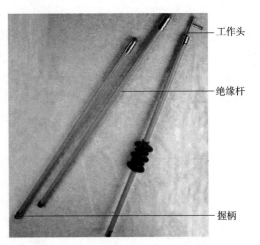

图 11.3　高压绝缘棒实物图

工作头

绝缘杆

握柄

11.1.2.3　注意事项

（1）为防止因绝缘棒受潮而产生较大的泄漏电流，在使用绝缘棒拉合隔离开关和断路器时，必须戴绝缘手套。

（2）操作时在连接绝缘操作杆节与节的丝扣时要离开地面，不可将杆体置于地面上进行，以防杂草、土进入丝扣中或黏缚在杆体的外表上，丝扣要轻轻拧紧，不可将丝扣未拧紧即使用。

（3）带电操作时，要保持与带电部位的安全距离，如表 11.2 中的规定。

表 11.2　设备不停电时操作的安全距离

电压等级/kV	安全距离/m	电压等级/kV	安全距离/m
10	0.7	1000	8.7
20、35	1.0	±50 及以下	1.5
66、110	1.5	±400	5.9
220	3.0	±500	6.0
330	4.0	±660	8.4
500	5.0	±800	9.3
750	7.2		

（4）使用时要尽量减少弯曲杆体，以防损坏杆体。

（5）雨天户外使用高压绝缘棒时，应在高压绝缘棒上安装防雨罩，戴绝缘手套，穿绝缘鞋。

（6）当接地网接地电阻不符合要求时，晴天操作也应穿绝缘靴，以防止接触电压、跨步电压的伤害。

（7）使用后要及时将杆体表面的污迹擦拭干净，并把各节分解后装入一个专用的工具袋内，存放在屋内通风良好、清洁干燥的支架上或悬挂起来，尽量不要靠近墙壁，以防受潮，破坏其绝缘。

（8）绝缘操作杆要有专人保管。

（9）绝缘操作杆半年进行一次交流耐压试验，不合格的要立即报废，不可降低标准使用。

11.1.2.4 标准依据

高压绝缘棒施工及运行必须遵照的相关标准及规范见表11.3。

表 11.3 高压绝缘棒施工及运行的标准依据

序号	标 准 名 称	标准编号或计划号
1	带电作业用空心绝缘管、泡沫填充绝缘管和实心绝缘棒	GB 13398—2008
2	电力安全工作规程 发电厂和变电站电气部分	GB 26860—2011
3	电力安全工器具配置与存放技术要求	DL/T 1475—2015

11.1.3 绝缘鞋（靴）

绝缘靴又称为高压绝缘靴，矿山靴。如图11.4所示。

11.1.3.1 类型和技术特性

1. 绝缘鞋（靴）类型

绝缘鞋（靴）主要应用在1000V工频电压以下，作为辅助安全用具。电压等级一般可以分为6kV绝缘靴、20kV绝缘靴、25kV绝缘靴和35kV绝缘靴，适应不同电压等级的环境下使用。

图 11.4 绝缘鞋（靴）实物图

2. 技术特性

绝缘鞋（靴）主要特点是：

（1）绝缘鞋外底的厚度不含花纹不得小于4mm，花纹无法测量时，厚度不应小于6mm。绝缘鞋的鞋面或鞋底应有标准号、绝缘字样及电压数值。

（2）绝缘皮鞋外底磨痕长度应不大于10mm；电绝缘布面鞋的磨耗减量不大于1.4cm³；15kV及以下电绝缘胶靴的磨耗减量不大于1.0cm³；20kV及以上电绝缘胶靴的磨耗减量不大于1.9cm³。

11.1.3.2 使用方法

（1）使用前，应检查绝缘靴是否完好，是否超过有效试验期。

（2）绝缘靴应该统一编号，现场使用的绝缘靴最少应保持两双。

（3）绝缘靴不得作为雨靴或其他用途，其他非绝缘靴也不能代替绝缘靴使用。

（4）若绝缘靴试验不合格，则不能再穿用。

11.1.3.3 注意事项

（1）应根据作业场所电压高低正确选用绝缘鞋，低压绝缘鞋禁止在高压电气设备上作为安全辅助用具使用，高压绝缘鞋（靴）可以作为高压和低压电气设备上辅助安全用具使用。但不论是穿低压或高压绝缘鞋（靴），均不得直接用手接触电气设备。

（2）布面绝缘鞋只能在干燥环境下使用，避免布面潮湿。

（3）不可使用有破损的绝缘鞋（靴）。

（4）穿用绝缘靴时，应将裤管套入靴筒内。穿用绝缘鞋时，裤管不宜长及鞋底外沿条高度，更不能长及地面，保持布帮干燥。

（5）非耐酸碱油的橡胶底，不可与酸碱油类物物质接触，并应防止尖锐物刺伤。低压绝缘鞋若底花纹磨光，露出内部颜色时则不能作为绝缘鞋使用。

（6）在购买绝缘鞋（靴）时，应查验鞋上是否有绝缘永久标记，如红色闪电符号，鞋底是否有耐电压等级；鞋内是否有合格证、安全鉴定证、生产许可证编号等。

11.1.3.4　标准依据

绝缘鞋（靴）必须遵照的相关标准及规范见表 11.4。

表 11.4　绝缘鞋（靴）的标准依据

序号	标 准 名 称	标准编号或计划号
1	个体防护装备职业鞋	GB 21146—2007
2	个体防护装备防护鞋	GB 21147—2007
3	个体防护装备安全鞋	GB 21148—2007
4	足部防护 鞋（靴）材料安全性选择规范	GB/T 31008—2014
5	足部防护 鞋（靴）安全性要求及测试方法	GB/T 31009—2014

11.1.4　绝缘手套

绝缘手套，又称为高压绝缘手套，是用天然橡胶制成，用绝缘橡胶或乳胶经压片、模压、硫化或浸模成型的五指手套，可用于操作高压隔离开关、高压跌落式熔断器、油断路器等。绝缘手套可使双手与带电物体绝缘，是防止工作人员同时触及不同极性带电体而导致触电的安全用具，如图 11.5 所示。

图 11.5　绝缘手套实物图

11.1.4.1　类型和技术特性

1. 类型

绝缘手套按电压等级分为 12kV 绝缘手套、17kV 绝缘手套、20kV 绝缘手套、30kV 绝缘手套、35kV 绝缘手套、40kV 绝缘手套。

2. 技术特性

（1）绝缘手套是劳保用品，对手或者人体有保护作用，由橡胶、乳胶、塑料等材料制成，具有防电、防水、耐酸碱、防化、防油等特点，适用于电力行业、汽车和机械维修、化工行业、精密安装。不同材料的绝缘手套拥有不同的特点，根据与手套接触的化学品种类不同，每种手套具有专门用途。

（2）带电作业用绝缘手套是个体防护装备中绝缘防护的重要组成部分，随着电力工业的发展、带电作业技术的推广，对带电作业用绝缘手套使用的安全性提出了更加严格的要求。但是当前市场上生产、经销、使用的绝缘手套及带电作业用绝缘手套执行标准比较混乱。

11.1.4.2 使用方法

（1）使用绝缘杆前，戴上绝缘手套，可提高绝缘性能，防止泄漏电流对人体的伤害。

（2）使用绝缘手套前，应检查是否超过有效试验期。

（3）使用前，应进行外部检查，查看橡胶是否完好，查看表面有无损伤、磨损或破漏、划痕等。

（4）使用绝缘手套时，应将外衣袖口放入手套的伸长部分里。

11.1.4.3 注意事项

（1）用户购进手套后，如发现在运输、储存过程中遭雨淋、受潮湿发生霉变，或有其他异常变化，应到法定检测机构进行电性能复核试验。

（2）在使用前必须进行充气检验，发现有任何破损则不能使用。

（3）作业时，应将衣袖口套入筒口内，以防发生意外。

（4）使用后，应将内外污物擦洗干净，待干燥后，撒上滑石粉，放置平整，以防受压受损，且勿放于地上。

（5）应储存在干燥、通风、室温−15～30℃、相对湿度50％～80％的库房中，远离热源，离开地面和墙壁20cm以上。避免受酸、碱、油等腐蚀品物质的影响，不要露天放置，避免阳光直射，勿放于地上。

（6）使用6个月必须进行预防性试验。

11.1.4.4 标准依据

绝缘手套必须遵照的相关标准及规范见表11.5。

表 11.5　绝缘手套的标准依据

序号	标 准 名 称	标准编号或计划号
1	手部防护 通用技术条件及测试方法	GB/T 12624—2009
2	带电作业用绝缘手套	GB/T 17622—2008
3	手部防护 防护手套的选择、使用和维护指南	GB/T 29512—2013

11.1.5 绝缘夹钳

绝缘夹钳主要是安装和拆卸高压熔断器或执行其他类似工作的辅助工具，主要用于35kV及以下电力系统，如图11.6所示。在电力行业中绝缘夹钳普遍选用环氧树脂材料制作，由工作钳头、绝缘杆和握把三部分组成。各部分都用绝缘材料制成，所用材料与绝缘棒相同，只是工作部分是一个坚固的夹钳，并有一个或两个管型的开口，用以夹紧物品。

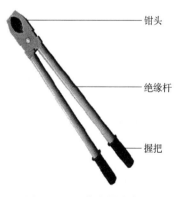

图 11.6　绝缘夹钳实物图

11.1.5.1 技术特性

（1）操作简单、使用方便。

（2）不允许在下雨天使用，如果特殊情况需在下雨天使用，应使用专用的防雨夹钳。

（3）绝缘夹钳主要用于辅助抓取作业，在装拆卸作业环节中起重要作用。

11.1.5.2 使用方法

（1）在使用前必须进行自检，查看绝缘夹钳钳身及握手处绝缘材料有无裂纹、破损。

（2）进行 35kV 以下电压进行作业时，必须执行 GB 26860—2011，工作人员戴绝缘手套、穿绝缘鞋并保证对带电设备的安全距离。

（3）在使用时，要手握绝缘杆最下边部分，以确保绝缘夹钳的有效长度，并根据 GB 26860—2011 的规定进行作业。

（4）在操作时应双手握住绝缘夹钳握手，夹紧物品，进行装拆。

11.1.5.3 注意事项

（1）在使用绝缘夹钳作业时，必须认真执行操作监护制度，一人操作，一人监护。

（2）操作者在前，监护人在后。使用绝缘夹钳时，必须注意其额定电压要和被测电气设备的电压等级相适应，否则可能会危及操作人员的人身安全。

（3）作业时，操作人员一定要戴绝缘手套，穿绝缘靴，防止接触电压对人体的伤害。

（4）使用绝缘夹钳时不允许装接地线。

（5）在潮湿天气只能使用专用的防雨绝缘夹钳。

（6）绝缘夹钳应保存在特制的箱子内，以防受潮。

（7）绝缘夹钳应定期进行试验，试验方法同绝缘棒，试验周期为 1 年，10～35kV 夹钳试验时施加 3 倍线电压，220V 夹钳施加 400V 电压，110V 夹钳施加 260V 电压。

11.1.5.4 标准规范

绝缘夹钳必须遵照的相关标准及规范见表 11.6。

表 11.6　绝缘夹钳的标准依据

序号	标 准 名 称	标准编号或计划号
1	电力安全工作规程	GB 26860—2011
2	电力安全工器具配置与存放技术要求	DL/T 1475—2015

11.1.6　绝缘挡板

绝缘挡板是一种耐高压击穿的安全防护作业隔离设备，现在广泛用于电力检修过程中的个人防护。

绝缘挡板采用胶类绝缘材料制作，上、下表面应不存在有害的不规则性。绝缘垫有害的不规则性是指下列特征之一，即破坏均匀性、损坏表面光滑轮廓的缺陷，如小孔、裂缝、局部隆起、切口、夹杂导电异物、折缝、空隙、凹凸波纹及铸造标志等。无害的不规则性是指生产过程中形成的表面不规则性。

11.1.6.1 类型和技术特性

1．类型

绝缘挡板可分为 3mm、5mm 和 10mm 3 种厚度，其耐压等级为 10kV、35kV、110kV。

2. 技术特性

特点：物理、机械性能良好，具有优良的绝缘性能，可在的 $-35\sim100℃$ 的干燥空气中，介电系数要求高的环境中工作。

11.1.6.2 使用方法

（1）绝缘挡板购买后要查看厂家配备的产品是否齐全，包括检测报告、合格证等证件。

（2）观察绝缘挡板质量是否合格，主要从色泽、亮度、柔韧度、边缘不齐等方面，可以对绝缘挡板进行拉伸，看拉伸是否符合标准。

（3）对绝缘挡板进行耐压检测，按照《电绝缘橡胶板》（HG 2949—1999）的规定进行检测，确认符合规格后才能使用。

（4）当绝缘挡板脏污时，可在不超过 65℃ 水温下用肥皂进行清洗，再用滑石粉干燥。如果绝缘挡板粘上焦油和油漆，应马上用适当溶剂对受污染的地方进行擦拭，避免溶剂使用过量。汽油、石蜡和纯酒精可用来清洗焦油和油漆。

（5）绝缘挡板不适用于密封场所，使用过程中应避免过多地暴露在阳光下，避免变压器油和油脂工业酒精和碱性物体接触，避免尖锐物刺划。

（6）绝缘挡板在室外使用容易老化，所以一般适用于配电室、变电站等室内环境。

（7）绝缘挡板要保持干燥，配电室环境中一般环境较为干燥，但是当不小心把水洒在绝缘板上时应及时清理。

（8）一般绝缘挡板的适用温度为 $25\sim70℃$，而 C 型绝缘板的适用温度为 $40\sim55℃$。

11.1.6.3 注意事项

（1）具有良好的耐电弧和抗漏电痕迹性。由于绝缘挡板工作在室外，直接受大气条件的影响，在混合牵引铁路线上还要受油烟、水汽与煤粉的污染，表面容易黏附尘埃颗粒，导致绝缘漏电。电弧更使绝缘挡板表面碳化，碳痕呈不规则的树枝状，分布在绝缘挡板表面损坏绝缘。因此要求绝缘挡板在制造时必须严格执行工艺要求，确保表面的光洁度，使其不易黏附污垢，具有良好的耐电弧性能。使用绝缘挡板前应对样品进行抗漏电痕迹性和耐电弧性试验，在达到国家 IA2.5 级水平和耐电弧标准要求后方可使用。

（2）不使其在表面放电状态下工作，提高电气使用寿命。绝缘挡板是接触网与地之间的绝缘介质，由于桥下空间小，接触导线可能和绝缘挡板发生接触而产生表面放电。环氧玻璃钢和 SMC 模塑料具有较好的线性关系，而不饱和聚酯玻璃钢则呈折线关系，但都说明绝缘材料处于强电场下（尤其是表面放电条件下），其使用寿命将大大缩短，因此在工程中应尽量不使绝缘挡板处于表面放电状态下。接触网悬挂结构要尽量选用隔离悬挂，使接触线与绝缘挡板之间有一空气间隙，形成二次绝缘。此时接触网的对地电压大部分加在空气间隙上，绝缘挡板上承受的电压较低，仅当电力机车经过桥下时，接触导线才可能与绝缘挡板产生短时接触，因此采用隔离悬挂可有效防止表面放电，使绝缘挡板的电气寿命得到延长。

11.1.6.4 标准依据

绝缘挡板必须遵照的相关标准及规范见表 11.7。

表 11.7 绝缘挡板的标准依据

序号	标 准 名 称	标准编号或计划号
1	电力安全工作规程	GB 26860—2011
2	电绝缘橡胶板	HG 2949—1999

11.1.7 绝缘台

绝缘台广泛应用于变电站、发电厂、配电房、试验室以及室外带电作业等，主要采用胶类绝缘材料和木质材料制作，具有良好的绝缘性，如图 11.7 所示。

11.1.7.1 类型和技术特性

1. 类型

绝缘台可按下列要求分类：

（1）按照电压等级分为 5kV、10kV、20kV、25kV、35kV。

（2）按颜色分为黑色胶垫、红色胶垫、绿色胶垫。

（3）绝缘台常规使用配置。

1）5kV 绝缘台。厚度为 3mm；比重为 $5.8kg/m^2$。

2）10kV 绝缘台。厚度为 5mm；比重为 $9.2kg/m^2$。

图 11.7 绝缘台实物图

3）15kV 绝缘台。厚度为 5mm；比重为 $9.2kg/m^2$。

4）20kV 绝缘台。厚度为 6mm；比重为 $11kg/m^2$。

5）25kV 绝缘台。厚度为 8mm；比重为 $14.8kg/m^2$。

6）30~35kV 绝缘台。厚度为 10mm，12mm；比重为 $18.4kg/m^2$，$22kg/m^2$。

2. 技术特性

（1）绝缘台具有良好的绝缘性。

（2）破坏均匀性、损坏表面光滑轮廓的缺陷，如小孔、裂缝、局部隆起、切口、夹杂导电异物、折缝、空隙、凹凸波纹及铸造标志等。

（3）对储存环境要求高，易受酸碱和油的污染。

（4）可在干燥的—35~100℃空气中，介电系数要求高的环境中工作。

11.1.7.2 使用方法

（1）在装卸高压熔断器时，应戴护目眼镜和绝缘手套，必要时使用绝缘夹钳，并双脚站在绝缘台上。

（2）在转动着的电机上调整、清扫电刷及滑环时，应遵守下列规定：工作时站在绝缘台上，不得同时接触两极或一极与接地部分，也不能两人同时工作。工作时要戴绝缘手套或使用有绝缘把手的工具，穿绝缘靴或站在绝缘垫上。

（3）在继电保护装置、仪表二次回路上工作时，必须有专人监护，使用绝缘工具，并站在绝缘台上。

11.1.7.3 注意事项

（1）作业时，操作人员一定要戴绝缘手套、穿绝缘靴，并双脚站立台面。

（2）在使用前必须进行自检；若有小孔、裂缝、切口、夹杂导电异物等有害的不规则性，不可使用。

（3）高压试验工作人员在全部加压过程中应精力集中，随时警戒异常现象发生。

（4）应储存在干燥通风的环境中，远离热源，离开地面和墙壁 20cm 以上。

（5）避免受酸碱和油的污染，不要露天放置，避免阳光直射。

（6）应定期做绝缘试验。

11.1.7.4 标准依据

绝缘台施工及运行必须遵照的相关标准及规范见表 11.8。

表 11.8 绝缘台施工及运行的标准依据

序号	标 准 名 称	标准编号或计划号
1	带电作业用绝缘垫	DL/T 853—2015
2	电力安全工器具配置与存放技术要求	DL/T 1475—2015

11.1.8 绝缘垫

绝缘垫是具有较大体积电阻率和耐电击穿的胶垫，广泛用于配电等工作场合的台面和铺地绝缘材料，如图 11.8 所示。

图 11.8 绝缘垫实物图

11.1.8.1 类型和技术特性

1. 类型

绝缘垫可按下列要求分类：

按颜色可分为：黑色绝缘垫，红色绝缘垫，绿色绝缘垫，黑绿绝缘垫，电力灰绝缘垫。

按防滑类型：常规绝缘垫；防滑绝缘垫（图片防滑垫、柳叶防滑绝缘垫、凸点绝缘垫）。

2. 技术特性

绝缘垫一般制成厚度为 2mm、3mm、4mm、5mm、6mm、8mm、10mm、12mm，宽度 1m、1.2m、1.5m。其物理机械性能良好，具有优良的绝缘性能，可在干燥的 $-35\sim$ $+100℃$ 空气中介电系数要求高的环境中工作。

11.1.8.2 使用方法

绝缘垫本身有一定重量，有较好的抓地性，可以直接平铺在地面上，一般无需胶水固定；接缝处可用壁纸刀切成斜度 45°的切口，对齐拼接后可保证无明显缝隙，不影响美观及绝缘垫正常使用。

11.1.8.3 注意事项

（1）铺设地点应光滑平整无凹凸现象。

（2）绝缘垫选用应符合国家标准具有良好的机械性能和绝缘性能。

（3）使用前测试。每次使用前都要对绝缘垫的上下表面进行外观检查。如果发现绝缘垫存在可能影响安全性能的缺陷，如出现割裂、破损、厚度减薄等不足以保证绝缘性能情况时，应禁止使用，及时更换。

（4）储存地点应干燥通风，远离热源。

（5）避免受酸碱和油污染，不能露天以防阳光直射。

11.1.8.4 标准依据

绝缘垫施工及运行必须遵照的相关标准及规范见表 11.8。

11.2 安全防护工器具

安全防护工器具（一般防护用具）是指防止工作人员发生事故的工器具。常用的安全防护工器具主要包括防护眼镜、安全帽、安全带、安全衣、防坠器、双钩、限位绳、腰绳、绝缘布、耐酸工作服、耐酸手套、耐酸靴、防毒面具、防护面罩、临时遮栏、遮栏绳（网）、登高用梯子、脚扣（铁鞋）、站脚板、防静电服（静电感应防护服）、防电弧服、导电鞋（防静电鞋）、安全自锁器、速差自控器、过滤式防毒面具、正压式消防空气呼吸器、SF$_6$ 气体检漏仪、氧量测试仪等，如图 11.9 所示。

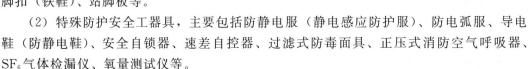

图 11.9 安全防护工器具实物图

11.2.1 类型和技术特性

11.2.1.1 类型

（1）一般安全防护工器具，主要包括护目眼镜、安全帽、安全带、安全衣、防坠器、双钩、限位绳、腰绳、绝缘布、耐酸工作服、耐酸手套、耐酸靴、防毒面具、防护面罩、临时遮栏、遮栏绳（网）、登高用梯子、脚扣（铁鞋）、站脚板等。

（2）特殊防护安全工器具，主要包括防静电服（静电感应防护服）、防电弧服、导电鞋（防静电鞋）、安全自锁器、速差自控器、过滤式防毒面具、正压式消防空气呼吸器、SF$_6$ 气体检漏仪、氧量测试仪等。

11.2.1.2 技术特性

1. 一般安全防护工器具

（1）护目眼镜是在维护电气设备和进行检修工作时，保护工作人员不受电弧灼伤以及防止异物落入眼内的防护用具。

（2）安全帽是一种用来保护工作人员头部，使头部免受外力冲击伤害的帽子。

（3）高压近电报警安全帽是一种带有高压近电报警功能的安全帽，一般由普通安全帽和高压近电报警器组合而成。

（4）安全带是预防高处作业人员坠落伤亡的个人防护用品，由腰带、围杆带、金属配件等组成。安全绳是安全带上面的保护人体不坠落的系绳。

（5）梯子由木料、竹料、绝缘材料、铝合金等材料制作的登高作业工具。

（6）脚扣是用钢或合金材料制作的攀登电杆的工具。

2. 特殊安全防护工器具

（1）防静电服是用于在有静电的场所降低人体电位、避免服装上带高电位引起其他危害的特种服装。

（2）防电弧服是一种用绝缘和防护隔层制成的保护穿着者身体的防护服装，用于减轻或避免电弧发生时散发出的大量热能辐射和飞溅融化物的伤害。

（3）导电鞋是由特种性能橡胶制成的，在 $220\sim500kV$ 带电杆塔上及 $330\sim500kV$ 带电设备区非带电作业时为防止静电感应电压所穿用的鞋子。

（4）速差自控器是一种装有一定长度绳索的器件，作业时可不受限制地拉出绳索，坠落时，根据速度的变化可将拉出绳索的长度锁定。

（5）过滤式防毒面具是用于有氧环境中使用的呼吸器。

（6）正压式消防空气呼吸器是用于无氧环境中的呼吸器。

（7）SF_6 气体检漏仪是用于绝缘电器的制造以及现场维护、测量 SF_6 气体含量的专用仪器。

11.2.2 使用注意事项

11.2.2.1 护目眼镜

以护目眼镜为例，如图 11.10 所示。护目眼镜的佩戴要符合标准，使用要符合规定。如果佩戴和使用不正确，就起不到充分的防护作用。一般应注意下列事项：

（1）护目眼镜要选用经产品检验机构检验合格的产品。

（2）护目眼镜的宽窄和大小要适合使用者的脸型。

（3）镜片磨损粗糙、镜架损坏会影响操作人员的视力，应及时调换。

（4）护目眼镜要专人使用，防止传染眼病。

（5）焊接护目眼镜的滤光片和保护片要按规定作业需要选用和更换。

（6）防止重摔重压，防止坚硬的物体摩擦镜片和面罩。

11.2.2.2 防坠器

以防坠器为例，如图 11.11 所示。防坠器的佩戴要符合标准，使用要符合规定。如果佩戴和使用不正确，就起不到充分的防护作用。一般应注意下列事项：

图 11.10 护目眼镜实物图

图 11.11 防坠器实物图

（1）防坠器必须高挂低用，使用时应悬挂在使用者上方坚固钝边的结构物上。

（2）使用防坠器前应对安全绳、外观进行检查，并试锁 2～3 次（试锁方法：将安全绳以正常速度拉出，应发出"嗒""嗒"声；用力猛拉安全绳，应能锁止。松手时安全绳应能自动回收到防坠器内，如安全绳未能完全回收，只需稍拉出一些安全绳即可）。如有异常即停止使用。

（3）使用防坠器进行倾斜作业时，原则上倾斜度不超过 30°，30°以上必须考虑能否撞击到周围物体。

（4）防坠器关键零部件已做耐磨、耐腐蚀等特种处理，并经严密调试，使用时不需加润滑剂。

（5）防坠器严禁安全绳扭结使用，严禁拆卸改装，并应放在干燥少尘的地方。

11.2.2.3　安全带

安全带和所用保护绳是用绵纶、维尼纶等高强度材料制作，是电工围杆带可用优质黄牛皮制作，金属配件是用碳素钢或铝合金制作，安全带的破断强度必须达到国家规定的安全带破断拉力标准，如图 11.12 所示。

图 11.12　安全带实物图

安全带的使用和保管注意事项如下：

（1）安全带使用前，作一次外观全面检查，如发现破损，伤痕，金属配件变形、裂纹时，不准再次使用，平时每一个月进行外观检查。

（2）安全带应高挂低用或水平拴挂。高挂低用就是将安全带的保护绳挂在高处，人在下面工作。水平挂就是使用单腰带时，将安全带系在腰部，保护绳挂钩和带在同一水平的位置，人和挂钩的距离约等于绳长，禁止低挂高用，并应将活梁卡子系好。

（3）安全带上的各种附件不得任意拆除或不用，更换新保护绳时要有加强套，安全带的正常使用期限为 3～5 年，发现损伤应提前报废换新。

（4）安全带使用和保存时，应避免接触高温、明火和酸等腐蚀性物质，避免与坚硬、锐利的物体混放。

（5）安全带可放入温度较低的温水中，用肥皂、洗衣粉水轻轻擦洗，再用清水漂洗干净，然后晾干，不允许浸入高温热水中，以及在阳光下曝晒或用火烤。

（6）安全带试验周期为半年，试验标准按国家有关规定执行。

11.2.2.4　安全绳

安全绳是高空作业时必备的人身安全保护用品，通常与护腰式安全带配合使用，常用的安全绳长度有 2m、3m、5m，如图 11.13 所示。

安全绳使用的注意事项如下：

（1）每次使用前必须进行外观检查，凡连接铁件有裂纹、变形、销扣失灵、安全绳断股的不得使用。

（2）安全绳必须按规程进行定期静荷试验，并有合格标志。

（3）安全绳应高挂低用。

（4）绑扎安全绳的有效长度，应根据工作性质和离地面高度而定，一般为 3～4m，绑扎安全绳的有效长度必须小于对地高度，以便起到人身保护作用；作业高度过高时，安全绳可以接长使用。

（5）安全绳切忌接触高温、明火和酸类物质，以及有锐利尖角的物质。

（6）安全绳的试验周期为半年，试验静拉力为 2205N 保持 5min。

11.2.2.5 安全帽

安全帽是用于保护使用者头部或减缓外来物体冲击伤害的个人防护用品，在工作现场佩戴安全帽（图 11.14），可预防或减缓高空坠落物体对人员头部的伤害，因此，无论高空作业人员或配合人员都应戴安全帽。

图 11.13 安全绳实物图

图 11.14 安全帽实物图

使用安全帽的注意事项如下：

（1）使用完好无损的安全帽，在试验周期内试验，并在使用期内使用。

（2）系紧下颏带，防止工作过程中或外来物体打击时脱落。

（3）帽衬完好。

（4）所用的安全帽应符合国家有关技术规定。

（5）有问题的安全帽应及时更换，玻璃钢及塑料安全帽的正常使用周期为 2～4 年，超过使用周期的停止使用。

11.2.3 标准依据

安全防护工器具必须遵照的相关标准及规范见表 11.9。

表 11.9 安全防护工器具的标准依据

序号	标 准 名 称	标准编号或计划号
1	起重机械安全规程	GB/T 6067.1—2010
2	用电安全导则	GB/T 13869—2008
3	风力发电机组安全要求	GB 18451.1—2001
4	固定式钢梯及平台安全要求	GB 4053—2009
5	职业健康安全管理体系要求	GB/T 28001—2001

续表

序号	标　准　名　称	标准编号或计划号
6	电力安全工器具配置与存放技术要求	DL/T 1475—2015
7	电力安全工器具预防性试验规程	DL/T 1476—2015
8	安全工器具柜技术条件	DL/T 1692—2017
9	风力发电场安全规范	DL/T 796—2012
10	风力发电机组　第 1 部分：安全要求	IEC 61400－1

第12章 异 常 处 理

本章通过对风电场风力发电机组及电气设备在运行过程中常见的异常问题进行分析处理，提出处理要点，快速处理异常问题，提高设备的可利用率。

12.1 风电机组异常处理

12.1.1 异常处理要点

(1) 当标志机组有异常情况的报警信号时，运行人员要根据报警信号所提供的故障信息及故障发生时计算机记录的相关运行状态参数，分析查找故障的原因，并且根据当时的气象条件，采取正确的方法及时进行处理，并在《风电场运行日志》上做好故障处理记录。

(2) 当电网发生系统故障造成风力发电机组停运时，应先检查故障原因，待系统恢复正常后根据调度指令才能重新启动风力发电机组。

(3) 当液压系统油位及齿轮箱油位偏低时，应检查液压系统及齿轮箱有无泄漏现象发生。若有，则根据实际情况采取适当措施防止泄漏，并补加油液，恢复到正常油位，在必要时应检查油位传感器的工作是否正常。

(4) 当风力发电机组液压控制系统因压力异常而自动停机时，运行人员应检查油泵工作是否正常。如油压异常，应检查液压泵电动机、液压管路、液压缸及有关阀体和压力开关，必要时应进一步检查液压泵本体工作是否正常，待故障排除后再恢复机组运行。

(5) 当风速仪、风向标发生故障，即风力发电机组显示的输出功率与对应风速有偏差时，应检查风速仪、风向标转动是否灵活。如无异常现象，则进一步检查传感器及信号检测回路有无故障，如有故障予以排除。

(6) 当风力发电机组在运行中发现有异常声响时，应查明声响部位。若为传动系统故障，应检查相关部位的温度及振动情况，分析具体原因，找出故障隐患，并做出相应处理。

(7) 当风力发电机组在运行中发生设备和部件超过设定温度而自动停机时，即风力发电机组在运行中发电机温度、晶闸管温度、控制箱温度、齿轮箱温度、机械卡钳式制动器刹车片温度等超过规定值而造成了自动保护停机，运行人员应结合风力发电机组当时的工况，通过检查冷却系统、刹车片间隙、润滑油脂质量、相关信号检测回路等，查明温度上升的原因。待故障排除后，才能启动风力发电机组。

(8) 当风力发电机组因偏航系统故障而造成自动停机时，运行人员应首先检查偏航系统电气回路、偏航电动机、偏航减速器以及偏航计数器和扭缆传感器的工作是否正常。必要时应检查偏航减速器润滑油油色及油位是否正常，借以判断减速器内部有无损坏。对于偏航齿圈传动的机型还应考虑检查传动齿轮的啮合间隙及齿面的润滑状况。此外，因扭缆传感器故障致使风电机组不能自动解缆的也应予以检查处理。待所有故障排除后再恢复启动风电机组。

（9）当风电机组转速超过限定值或振动超过允许振幅而自动停机时，即风电机组运行中，由于叶尖制动系统或变桨系统失灵，瞬时强阵风以及电网频率波动造成风电机组超速；由于传动系统故障、叶片状态异常等导致的机械不平衡、恶劣电气故障导致的风电机组振动超过极限值。以上情况的发生均会使风电机组故障停机。此时，运行人员应检查超速、振动的原因，经检查处理并确认无误后，才允许重新启动风电机组。

（10）当风电机组桨距调节机构发生故障时，对于不同的桨距调节形式，应根据故障信息检查确定故障原因，需要进入轮毂时应可靠锁定叶轮。在更换或调整桨距调节机构后应检查机构动作是否正确可靠，必要时应按照维护手册要求进行机构连接尺寸测量和功能测试。经检查确认无误后，才允许重新启动风电机组。

（11）当风电机组安全链回路动作而自动停机时，运行人员应借助就地监控机提供的故障信息及有关信号指示灯的状态，查找导致安全链回路动作的故障环节，经检查处理并确认无误后，才允许重新启动风电机组。

（12）当风电机组运行中发生主空气断路器动作时，运行人员应当目测检查主回路元器件外观及电缆接头处有无异常，在拉开箱变侧断路器后应当测量发电机、主回路绝缘以及晶闸管是否正常。若无异常可重新试送电，借助就地监控机提供的有关故障信息进一步检查主空气断路器动作的原因。若有必要应考虑检查就地监控机跳闸信号回路及空气断路器自动跳闸机构是否正常，经检查处理并确认无误后，才允许重新启动风电机组。

（13）当风电机组运行中发生与电网有关的故障时，运行人员应当检查场区输变电设施是否正常。若无异常，风电机组在检测电网电压及频率正常后，可自动恢复运行。对于故障机组，必要时可在断开风电机组主空气断路器后，检查有关电量检测组件及回路是否正常，熔断器及过电压保护装置是否正常。若有必要，应考虑进一步检查电容补偿装置和主接触器工作状态是否正常，经检查处理并确认无误后，才允许重新启动机组。

（14）由气象原因导致的风电机组过负荷或电机、齿轮箱过热停机，叶片振动，过风速保护停机或低温保护停机等故障，如果风电机组自启动次数过于频繁，值班长可根据现场实际情况决定风电机组是否继续投入运行。

（15）若风电机组运行中发生系统断电或线路开关跳闸，即当电网发生系统故障造成断电或线路故障导致线路断路器跳闸时，运行人员应检查线路断电或跳闸原因（若逢夜间应首先恢复主控室用电），待系统恢复正常，则重新启动机组并通过计算机并网。

（16）当发电机组发生过速、叶片损坏、结霜等可能发生高空坠物的情况时，禁止就地操作，应在中控室进行远方停机，并设立安全防护区域，禁止人员进入风电机组周边区域。

（17）风电机组因其他异常情况需要立即进行停机操作时，在中控室进行远方停机，并监视风电机组安全链动作情况，同时应派值班人员到现场进行处理；安全链失效时不得接近故障风电机组并应设置安全警戒区域。

12.1.2　发生下列情况之一者，风电机组应立即做停机处理

（1）叶片处于不正常位置，发生叶片断裂、开裂。

（2）风电机组主要保护装置拒动或失效。

（3）风电机组受到雷击并致设备损坏时。

（4）风电机组发生轴承损坏等严重机械故障。

（5）制动系统失效。

（6）发现风电机组过速，运行人员应通过中控系统将该台机组停机。

（7）当风电机组发生起火时，运行人员应立即停机，同时报警。

12.1.3　风电机组因异常需要立即进行停机操作的顺序

（1）利用主控室计算机遥控停机。

（2）遥控停机无效时，则就地按正常停机按钮停机。

（3）当正常停机无效时，使用紧急停机按钮停机。

（4）上述操作仍无效时，拉开风电机组主断路器或连接此台机组的线路断路器，之后疏散现场人员，做好必要的安全措施，避免事故范围扩大。

12.1.4　典型异常处理

12.1.4.1　风电机组设备或部件温度异常处理

（1）根据故障代码确定风电机组温度异常的部位。

（2）运行维护人员检查设备或部件的温度传感器及温度检测回路是否正常；或检查相关冷却系统工作是否正常。

（3）待故障排除后，才能再启动风电机组。

12.1.4.2　风电机组液压控制系统油压过低处理

（1）检查液压系统是否有缺油或漏油现象，应及时加油恢复正常油面。

（2）检查油泵工作是否正常，油路是否存在堵塞。

（3）待故障排除后，再恢复风电机组自启动。

12.1.4.3　风电机组转速超过极限或振动超过允许振幅的处理

风电机组运行中，由于变桨系统失灵和系统故障造成风电机组超速；机械不平衡，导致风电机组振动超过极限值；以上情况发生均应使风电机组安全停机。运行检修人员应检查超速、振动原因，如超速模块或振动传感器以及其接线回路是否正常等，故障排除后，才允许重新启动。

12.1.4.4　风电机组变桨失效、变桨控制通信故障处理

（1）检查机舱内电气滑环内的油污及灰尘情况，并进行清洗。

（2）检查信号回路接线是否存在磨损短接或接触不良等情况。

12.1.4.5 风电机组偏航故障处理

（1）检查偏航电气回路、偏航电动机与偏航计数器是否正常，电动机损坏应予以更换。

（2）因缠绕传感器故障致使电缆不能松线的应予以处理。

（3）待故障排除后，再恢复风电机组自启动。

12.2 线 路 异 常 处 理

线路异常包括线路局部过热或过负荷、线路潮流越限、线路断线、绝缘子沿面放电和电晕放电等。

线路局部过热处理如下：

（1）检查线路连接点连接是否牢固，致使该点电阻增大，引起发热。

（2）检查线路负荷是否超过线路承载能力，引起某些薄弱环节故障。

12.3 电力变压器异常处理

电力变压器是风电场的主要设备，一旦发生事故，会造成电力供应中断，修复所用时间较长，造成严重的经济损失。一般变压器的异常故障发生在绕组、铁芯、套管、分接开关、油箱、冷却装置等部位。及时发现并处理变压器的异常对电力系统的稳定性至关重要。

12.3.1 内部声音异常处理

（1）检查变压器套管有无裂纹、破损和闪络放电痕迹。

（2）检查变压器套管上接线头有无接触不良、发热、烧红变色情况。

（3）仔细倾听，判断发出异常声音的部位，可用听筒贴近变压器仔细听变压器内部发出的声音。

（4）检查变压器运行电压、负荷电流、温度、油位和有色有无变化。

（5）根据以上检查，分情况进行处理。

1）声音有以下异常时，应加强监视、汇报调度并增加特巡次数。

a. 变压器声响比平常增大而均匀。

b. 变压器外部发出机械撞击声或摩擦声。

2）当变压器发出以下异常声音时，应汇报调度，将变压器退出运行，报检修人员处理。

a. 声音较大而嘈杂。

b. 变压器音响明显增大，内部有爆裂声。

c. 变压器器身或套管发生表面局部放电，音响夹有放电的"吱吱"声。

d. 变压器内部局部放电或接触不良而发出"吱吱"或"噼啪"声。

e. 声响中夹有水的沸腾声。

f. 声响中夹有爆裂声，既大又不均匀。

g. 内部发出的响声中夹有连续的、有规律的撞击或摩擦声。

12.3.2　变压器油温异常升高处理

变压器顶层油温异常升高，超过制造厂规定或大于 75℃ 时，应按以下步骤处理：

（1）检查变压器的负载和冷却介质的温度，并与在同一负载和冷却介质温度下正常的温度核对。

（2）核对温度测量装置。若远方测温装置发出温度告警信号，且指示温度值很高，而现场温度表指示并不高，变压器又没有其他故障现象，可能是远方测温回路故障误告警，这类故障应报缺陷消除。

（3）检查变压器冷却装置和变压器室的通风情况。

（4）若温度升高的原因是冷却系统的故障，且在运行中无法修理，应将变压器停运修理；若不能立即停运修理，则应将变压器的负载调整至规程规定的允许运行温度下的相应容量。在正常负载和冷却条件下，变压器温度不正常并不断上升，且经检查证明温度指示正确，则认为变压器已发生内部故障，应立即将变压器停运。

（5）若由于变压器过负荷运行引起，应汇报调度减负荷。变压器在各种超额定电流方式下运行，若油温持续上升应立即向调度部门汇报，一般顶层油温应不超过 105℃。

12.3.3　变压器油位异常（越高限、越低限）处理

（1）油面缓慢下降时，应查明油面下降原因，全面检查是否漏油或气温低使油面下降，尽快制止，并做维修处理。

（2）因漏油所致，使油面急速下降，禁止将重瓦斯保护停用，应立即设法制止漏油；当油面降至低限仍不能制止漏油时，应立即汇报调度将变压器停运。

（3）变压器油位因温度上升有可能高出油位指示极限，经查明不是假油位所致时，则应放油，使油位降至与当时油温相对应的高度，以免溢油。

（4）油位因温度上升超过高限时，应停电处理。

12.3.4　外观异常处理

（1）变压器渗漏油的处理。

1）油泵负压区密封不良容易造成变压器进水、进气、受潮和轻瓦斯发信。应立即停用该油泵，并进行处理。

2）主变外壳渗油应加强监视，报检修处理。

3）高压套管处渗油，应检查套管油位，尽快将变压器停运处理。

（2）压力释放阀冒油的处理。

1）检查压力释放阀的密封是否完好。

2）检查变压器本体与储油柜连接阀是否开启、呼吸器是否畅通、储油柜内气体是否排净，防止由假油位引起压力释放阀动作。

3）压力释放阀冒油而变压器的气体继电器和差动保护等电气量保护未动作时，应立

即报检修人员取变压器本体油样进行色谱分析。

（3）防爆管、防爆膜破裂，应查明原因，报检修人员处理。

（4）发现套管闪络放电，应立即将变压器退出运行。

12.3.5 有载分接开关异常处理

（1）有载分接开关拒动处理。

1）有两个方向均拒动，检查后，如电源故障能处理的应立即处理，不能处理的报检修人员处理。

a. 有无操作电源，空气断路器是否跳闸或转换开关未合上。

b. 三相电源是否缺相。

c. 操作电源电压是否过低。

d. 控制回路是否有熔丝熔断、导线断头、零件拆除等情况。

2）一个方向可以转动，另一个方向拒动，应报检修人员处理。

（2）开关操作时发生连动。出现这种情况，分接开关可能会一直调到"终点"位置，直到操作机构实现机械闭锁限位为止。此时应立即按下"急停"按钮或断开调压电动机电源（时间应选在刚好一个挡位调整的动作完成时，或在"终点"挡位），然后断开操作电源，使用操作手柄，手动调整到适当的挡位，通知检修人员处理。同时，应仔细倾听调压装置内部有无异音，若有异常，应投入备用变压器或备用电源，变压器停电检修。

（3）分接开关操作中停止。此时应检查分接开关是否停在过渡位置，如停在过渡位置应立即断开操作电源，手动调整到分接位置，并报缺陷停电检修。

（4）分接开关慢动。如果分接开关慢动，将有可能烧坏过渡电阻，导致分接开关顶盖冒烟，分接开关的气体继电器动作；分接开关慢动时，从电流指示上可发现电流向下降的方向大幅度摆动，若发现分接开关慢动，应停止下一次调挡，并将变压器停运进行检修。

（5）调压指示灯亮，变压器输出电压不变化，分接开关挡位也不变化。应检查有载调压机构，多为传动杆销子脱落的原因。如两台以上主变压器运行，应调整其他主变压器分接开关与故障主变压器位置一致，然后报检修人员处理。

（6）分接开关实际位置与指示位置不一致，应报检修人员处理。

12.3.6 压力释放阀异常处理

（1）压力释放阀冒油而变压器的气体继电器和差动保护等电气保护未动作时，应立即取变压器本体油样进行色谱分析，如果色谱正常，则怀疑压力释放阀动作是其他原因引起。

（2）压力释放阀冒油，且瓦斯保护动作跳闸时，在未查明原因、故障未消除前不得将变压器投入运行。

12.3.7 变压器铁芯运行异常处理

（1）变压器铁芯绝缘电阻与历史数据相比较低时，首先应区别是否由受潮引起。

（2）如果变压器铁芯绝缘电阻低的问题一时难以处理，不论铁芯接地点是否存在电流，均应串入电阻，防止环流损伤铁芯。有电流时，宜将电流限制在 100mA 以下。

（3）变压器铁芯多点接地，并采取了限流措施，仍应加强对变压器本体油的色谱跟踪，缩短色谱监测周期，监视变压器的运行情况。

12.3.8 变压器油流故障处理

（1）油流故障告警后，运行人员应检查油路阀门位置是否正常，油路有无异常，油泵和油流指示器是否完好，冷却器回路是否运行正常，交流电源是否正常，并进行相应的处理。

（2）严格监视变压器的运行状况，发现问题及时汇报，按调度的命令进行处理。

（3）若是设备故障，则应立即向调度报告，通知检修人员来检查处理。

12.3.9 冷却器故障处理

（1）冷却装置电源故障。

（2）机械故障。机械故障包括电动机轴承损坏、电动机绕组损坏、风扇扇叶变形等。这时需要尽快更换或检修。

（3）控制回路故障。控制回路中的各元件损坏，引线接触不良或断线，触点接触不良时，应查明原因迅速处理。

（4）散热器出现渗漏油时，应采取堵漏油措施。

（5）当散热器表面油垢严重时，应清扫散热器表面。

（6）散热器密封胶垫出现渗漏油时，应及时更换密封胶垫，使密封良好，不渗漏。

12.3.10 变压器过负荷运行处理

（1）运行中发现变压器负荷达到额定值 90% 及以上时，应立即向调度汇报，并做好记录。

（2）检查并记录负荷电流和油位的变化，检查变压器声音是否正常，接头是否发热，冷却装置投入量是否足够、运行是否正常，防爆膜、压力释放阀是否动作。

（3）如冷却器未自动全部投入，应手动将冷却器全部投入运行。

（4）当有载调压变压器过载 1.2 倍运行时，禁止进行分接开关变换操作。如可预见到变压器过负荷运行，应提前调整电压。

（5）变压器的负荷超过允许的正常负荷时，联系调度，申请降低负荷。过负荷倍数及运行时间按照现场规程中的规定执行。

（6）如属正常过负荷，可根据正常负荷的倍数确定允许运行时间，并加强监视变压器油位、油温。运行时间不得超过规定，若超过时间，则应立即汇报调度申请减少负荷。

（7）如属事故过负荷，则过负荷的允许倍数和时间应依照制造厂的规定执行。若过负荷倍数及时间超过允许值，应按规定减少变压器的负荷（如按照紧急拉路序位表进行限负荷）。

（8）过负荷结束后，应及时向调度汇报，并记录过负荷结束时间。

12.3.11　变压器轻瓦斯保护动作处理

（1）检查变压器外部有无异常，是否漏油、进入空气或二次回路故障。

（2）检查气体继电器内是否有气体，若有气体应停电记录气量，观察气体的颜色及试验是否可燃，并取气样及油样做色谱分析，可根据有关规程和导则判断变压器的故障性质。

（3）若判断为空气，应排除气体，并分析进气原因，设法消除故障。

（4）如为可燃气体，不得再送电。

12.4　站用交、直流系统异常处理

站用交、直流系统在风电场站内起着非常重要的作用，380/220V 交流系统为站内设备提供操作电源、加热电源、冷却器电源，还是直流系统的上级电源。直流系统为事故照明、操作、信号、保护和自动装置提供电源。站用交、直流系统的正常运行是变电站高压设备正常运行的保障。

12.4.1　站用交流系统异常处理

12.4.1.1　站用交流系统消失处理

（1）先区分是否由于站用变压器高压侧失压引起，如高压侧电压消失，应检查处理站用变压器高压母线失电的故障。

（2）检查站用变压器高压侧断路器是否跳闸（或高压侧熔断器熔断），如跳闸（或熔断），应检查站用变压器有无异常，高压侧引线是否短路。高压断路器跳闸未查明原因前不得试送电；高压侧熔断器熔断可将站用变压器转检修做好安全措施后更换保险，试送电，再次熔断应查明原因并处理。

（3）检查工作电源跳闸后备用电源是否已正常切换，若未自动切换则应手动切换，保证站用负荷正常供电，再检查处理自投装置拒动的原因。

　1）若因自投开关没有打在投入位置，则应立即将其打到投入，使备用电源能正常投入运行。

　2）若因自投回路故障使分段断路器自投失败，则应手动拉开工作变压器低压侧断路器，手合低压侧分段断路器，使停电母线恢复供电。

　3）电源恢复正常后，运行人员应当对各回路的设备进行巡查，检查各设备是否已正常投入运行，对没有投入运行的则应手动投入。事后汇报调度有关部门。

（4）如分路失电，应检查分路断路器是否跳闸、熔断器是否熔断、引线接头是否烧断以及线路有无断线故障等。

　1）当交流配电屏各分路的空气断路器跳闸时，允许立即强送一次，如不成功，则查明故障原因。

　2）各分路配电箱的熔丝熔断时，允许用相同规格的熔丝更换一次。在更换之前，应先将该回路的空气断路器或隔离开关退出，换上熔丝后，再合上。严禁带负荷或在带电回路换熔丝，以免电弧伤人。再次熔断则应查明原因，消除故障后再送；严禁增大熔丝规格或使用铜、铁丝代替熔丝。

（5）对站内交流负荷失电进行紧急处理，主要有投入事故照明、监视主变压器温度、监视直流系统电压等。

1）在站用电失去期间要注意减少直流负荷，检查站内主变压器负荷及温度，保护运行情况等。

2）恢复站用电时，必须首先保证尽快恢复直流充电机电源。

12.4.1.2 站用变压器异常处理

（1）站用变压器有下列情况之一者，应立即投入备用变压器，停下故障站用变压器检修。

1）站用变压器内部音响很大或异常，有爆裂声。

2）在正常负荷和冷却条件下，站用变压器温度不正常并不断上升。

3）套管有严重的破损和放电现象。

4）引线接头过热变色或烧断。

5）高压熔断器连续熔断。

6）严重漏油，油位计中已看不到油面。

（2）站用变压器有油位降低、渗漏油、油色变黑或者呼吸器硅胶变色等缺陷时，应加强监视，尽快安排处理。

12.4.2 站用直流系统异常处理

12.4.2.1 充电模块故障处理

退出该故障模块，联系修理或更换。

12.4.2.2 直流系统接地处理

（1）检查直流回路是否有人工作，或因漏水等原因造成。

（2）先选择次要负荷，再选重要负荷。

（3）先选择支路负荷保险断路器，再选总负荷断路器。

（4）选择完负荷后再选择母线、电源，最后检查绝缘监视装置。

（5）选择直流回路接地时，对需选择的隔离开关、断路器或熔断器应采取断开一对（正负极）送上后，再断开另一对再送上的操作程序，禁止同时拉开多路隔离开关、断路器或熔断器。

（6）选择地调管辖的继电保护、自动装置的直流回路时，必须征得地调同意后方可进行操作。

（7）对查找出的接地点进行处理。

12.4.2.3 直流母线电压异常（越高限、越低限）处理

检查充电模块是否工作正常，检查是否真的越高限，可能因为表计问题导致。如越高限，减小充电装置电流；越低限，加大充电装置电流，不能恢复时应汇报调度申请全站停电。

12.4.2.4 充电装置交流电源消失处理

(1) 若站用电消失，首先恢复站用电。

(2) 若站用电正常，检查充电装置交流进线回路。

12.4.2.5 直流蓄电池欠压处理

(1) 检查充电装置是否工作正常。

(2) 检查蓄电池组是否有短路现象。

(3) 在直流监控屏上查看单体电池电压是否平衡。

(4) 若电池有较大不平衡则可作一次均充处理。

12.4.2.6 蓄电池组异常处理

(1) 阀控密封铅酸蓄电池壳体变形。原因一般有充电电流过大、充电电压超过了 2.4 (V)·N、内部有短路或局部放电、温升超标、安全阀动作失灵等，造成内部压力升高。处理方法是减少充电电流，降低充电电压，检查安全阀是否堵死。

(2) 运行中浮充电压正常，但一放电，电压很快降到终止电压值。一般原因是蓄电池内部失水干涸、电解物质变质，处理方法是更换蓄电池。

12.4.2.7 充电机异常处理

运行中充电机故障指示灯亮，发出"Ⅰ段直流故障"或"Ⅱ段直流故障"及"充电机交流失电"信号后，应作如下处理：

(1) 按下复归按钮，接触音响、信号。

(2) 检查充电机外观有无异常。

(3) 检查充电机盘后电源熔断器是否熔断、开关是否跳开。

(4) 检查站用低压盘充电机交流开关是否跳开。

(5) 若无明显异常，试投一次。试投成功则继续运行；若不成功，不得再投，断开故障充电机交流电源后，投入备用充电机，并立即上报。

12.5 母线异常处理

母线的正常运行状态是指母线在额定条件下，能够长期、连续地汇集、分配和传送额定电流的工作状态。高压母线在运行中发生故障的概率较小，大部分故障是由运行时间长、设备老化而造成的。

12.5.1 母线搭挂杂物的处理

(1) 发现母线或绝缘子上搭挂塑料薄膜等杂物时，应立即由两人（一人监护、一人操作）用绝缘杆将杂物挑开，挑开杂物时应注意防止造成短路或接地。如塑料薄膜较长，为了防止在处理时发生短路，或在用绝缘杆挑起塑料薄膜时由于大风又被吹走，可以先将塑料薄膜缠绕在绝缘杆上，再将其挑走。

(2) 母线架构上有鸟窝等杂物无法用绝缘杆清除时，应报缺陷由检修人员处理，同时应加强监视，做好事故处理。

12.5.2 母线过热处理

发现母线过热时，应尽快报告调度，采取倒母线或转移负荷的方法，直至停电检修处理。

（1）单母线可先减少负荷，再将母线停电处理。

（2）双母线可将过热母线上的运行断路器热倒至正常母线上，再将热母线停电处理。

（3）当母线过热情况比较严重，过热处已烧红，随时可能烧断发生弧光短路时，为防止热倒母线时过热处发生弧光短路造成两条母线全部停电，应采取冷倒母线的方法将过热母线上的断路器倒至正常母线上恢复运行，再将过热母线停电处理。

12.5.3 绝缘子故障处理

发现母线绝缘子断裂、破损、放电等异常情况时，应立即报告调度，请求停电处理。在停电更换绝缘子前，应加强对破损绝缘子的监视，增加巡视检查次数，并做好事故预想预处理准备。

（1）单母线接线应将母线停电处理。

（2）双母线接线应视绝缘子破损程度、天气情况等采用热倒母线或冷倒母线的方法将异常绝缘子所在母线上的断路器倒出后，将母线停电处理。如发现绝缘子裂纹，在晴天时可采用热倒母线处理；而在雨、雪等天气，为了防止在倒母线时裂纹进水造成闪络接地，使两条母线全部跳闸，宜采用冷倒母线的方式处理。

12.5.4 母线电压异常处理

母线电压异常包括电压过低和电压过高两种情况。

（1）电压过低处理。

1）投入电容器组，增加无功补偿容量。

2）根据调度命令，改变运行方式或调整有载调压变压器分接开关，提高输出电压。

3）汇报调度，由调度进行调整。

4）根据调度命令，拉闸限制负荷。

（2）电压过高处理。

1）退出电容器组，减少无功补偿容量。

2）调整有载调压变压器分接开关，降低输出电压。

3）汇报调度，由调度进行调整。

12.6 高压开关异常处理

高压开关类设备包括断路器、隔离开关和 GIS 组合电器，在变电站中起着改变运行方式、接通和断开电路的作用。由于高压开关类设备在系统故障时承受过电压、过电流作用，又经常进行分、合闸操作，所以高压开关类设备比较容易发生异常。

12.6.1 高压断路器异常处理

12.6.1.1 断路器位置指示不正常处理

（1）断路器位置指示灯不亮，应检查有无其他信号，如无信号则首先更换指示灯泡。如有控制回路断线信号，则按照控制回路断线进行处理。如有断路器闭锁信号，则应检查处理造成闭锁的原因并进行处理。

（2）断路器位置指示红、绿灯全亮或闪光。检查直流有无接地，有接地应立即处理。无直流接地或接地点不能自行处理的应报检修人员处理。故障断路器做好事故预想。

（3）监控系统开关位置指示相反，应报缺陷由检修人员处理。

（4）机械位置指示不正确应报检修人员处理。拉开两侧隔离开关时应通过电压、电流指示，手动按下机械分闸按钮等方法检查断路器是否在断开位置。

12.6.1.2 控制回路断线处理

（1）检查有无其他信号同时发出，如有闭锁信号发出，应检查造成断路器闭锁的原因并进行处理。

（2）检查控制断路器是否熔断（小开关是否跳闸）或接触不良，如控制熔断器熔断应更换（或试合控制小开关），再次熔断（或跳闸）不得再投。

（3）检查断路器控制回路有无断线或接触不良的现象，值班员能处理的尽量处理，不能处理的报检修人员处理。

（4）断路器控制回路断线短期内不能修复的，采用倒闸操作的方法将故障断路器退出运行。

12.6.1.3 灭弧介质异常处理

（1）油开关油位、油色异常处理。

1）油位异常处理。

a. 油位降低应检查有无渗漏油，若是由渗漏油造成油位过低，应观察渗漏油的速度，根据油位和渗漏油的速度确定缺陷等级上报处理。在处理前运行人员应加强监视，做好事故预想和应急处理准备。

b. 油位过高应上报缺陷处理，加强监视，做好事故预想和应急处理准备。

c. 油断路器严重缺油时，禁止将其直接断开。应按照分闸闭锁的处理方法将断路器退出运行，以防断路器突然跳闸，造成设备的更大损坏。

2）油色异常处理。

a. 断路器切换故障电流的次数达到规定值的，应将重合闸退出，并安排换油或检修。

b. 油断路器切换故障电流的次数未达到规定值而油变黑，应根据油的击穿电压和油质化验分析来确定是否对断路器进行换油检修工作。

（2）SF_6 断路器气压异常处理。正常运行中用 SF_6 气体密度继电器监视气体密度的变化，当运行中 SF_6 密度继电器报警时，则说明断路器有压力异常现象。此时应记录 SF_6 压力值，并将表计的数值根据环境温度折算成标准温度下的压力值，判断压力值是否在规定的范围内。

1）发出告警信号时：

a. 及时检查压力表指示，根据温度和压力信号指示判断信号发出是否正确，断路器是否有漏气现象。

b. 若没有明显漏气现象，应汇报检修人员进行带电补气，补气后继续监视气压。

c. 若有漏气现象（有刺激性气味或"嘶嘶"声），应立即远离故障断路器，汇报调度，及时转移负荷或改变运行方式，将故障断路器停电处理（此时，SF$_6$气体尚可保证灭弧）。

2）发出 SF$_6$ 气体闭锁压力信号，说明气体压力下降较多，漏气严重。这时，断路器跳、合闸回路已被闭锁，此时可参考断路器分闸闭锁的方法进行处理。

12.6.2 隔离开关异常处理

12.6.2.1 操作拒动处理

（1）首先检查操作步骤是否正确，是否由于操作步骤不符合"五防"逻辑造成隔离开关机械或电气闭锁。

（2）遥控操作时，隔离开关拒动，应检查隔离开关"五防"闭锁是否开放，如未开放应检查操作步骤是否正确、"五防"机与监控机信号传输是否正常、"五防"程序运行是否正常等，处理后再进行操作。

（3）隔离开关电动操作拒动，应进行以下检查处理：

1）检查电机电源开关是否合上，如未合上应合上电机电源开关，合不上时报检修人员处理。

2）检查电机电源是否中断或缺相，如电源不正常应查明原因处理。

3）检查电动操作闭锁是否动作，如某些电动操作隔离开关在手动操作侧的机构箱门打开时自动闭锁电动操作。查明原因能处理的应立即处理，不能处理的报检修人员处理。

4）如电机电源正常，并且回路中无闭锁则是电动机故障，应报缺陷处理。

5）电动操作失灵时，可断开电机电源，改为手动操作，然后再检查处理电动操作失灵的原因。

（4）检查操动机构是否正常、传动机构各部分元件有无明显卡涩现象。若操动机构有问题，应进行处理，恢复正常后进行操作。

（5）检查传动机构有无脱落、断开，方向接头等部件是否变形、断损。若传动机构传动部件故障，应汇报调度，停电处理。

（6）检查静触头是否有卡阻现象。在操作时发生动触头与静触头有抵触时，不应强行操作，否则可能造成支持绝缘子的破坏而造成事故，应停电处理。

12.6.2.2 接头过热处理

（1）若接头轻微过热，应加强巡视，在高峰负荷时用红外测温装置监视温度，严密监视接头过热是否继续发展。

（2）隔离开关接头过热，可用绝缘杆轻轻调整接触面，继续观察其发热是否减弱。

（3）若接头严重过热，应立即汇报调度，根据变电站接线形式采用倒母线及降低负荷等方法进行紧急处理。若接头已发红变形，负荷不能马上转移的，应立即停电检修。停运操作方法如下：

1）负荷侧隔离开关可将回路断路器和线路转冷备用。

2）母线侧隔离开关须拉开回路断路器并将母线转冷备用，双母线接线可先将线路倒换至另一条母线运行，发热的母线隔离开关在以后的母线停运时进行处理。

3）主变压器侧隔离开关需将该回路断路器和主变压器转冷备用。

12.6.2.3 误拉、合隔离开关处理

（1）一旦发生误拉隔离开关的情况，触头刚分开时，发现有异常电弧，则应立即合上，以防止由于电弧短路而造成事故。但如果隔离开关已拉开，则禁止再将被误拉开的隔离开关合上。

（2）误合隔离开关时，不论何种情况，都不允许再将误合的隔离开关拉开。如确需拉开，则应汇报调度，使用该回路断路器将负荷切断或采用倒母线方式将回路停电后，再拉开误合的隔离开关。

12.6.3　GIS 设备异常处理

（1）当 GIS 任一间隔发出"补充 SF_6 气体"（或"压力降低"）信号时，允许保持原运行状态，但应迅速到该间隔的现场汇控柜判明为哪一气室需补气，然后立即通知检修人员处理，并做好安全措施。

（2）当 GIS 任一间隔发出"补充 SF_6 气体"信号，同时发出"SF_6 气室紧急隔离"（或"压力异常闭锁"）信号时，则可能发生大量漏气情况，将危及设备安全。此间隔不允许继续运行，同时此间隔任何设备禁止操作，应立即汇报调度，并断开与该间隔相连接的开关，将该间隔和带电部分隔离。在情况危机时，运行人员可在值长指挥下，先行对需要隔离的气室内的设备停电，然后及时将处理情况汇报调度。

（3）GIS 发生故障有气体外逸时的处理。

1）GIS 设备发生故障，有 SF_6 气体外逸时，全体人员应立即撤离现场，并立即投入全部通风设备（室内）。

2）在事故发生后 15min 之内，只准抢救人员进入 GIS 室内。4h 内进入 GIS 室必须穿防护服、戴防护手套及防毒面具。4h 后进入 GIS 室内虽可不用上述措施，但清扫设备时仍需采用上述安全措施。

3）若故障时有人被外逸气体侵袭，应立即送医院诊治。

4）处理 GIS 内部故障时，应将 SF_6 气体回收加以净化处理，严禁直接排放到大气中。

5）防毒面具、绝缘手套、绝缘靴及其他防护用品必须用肥皂洗涤后晾干，防止低氟化合物的剧毒伤害人身。并定期进行检查试验，使其常处于备用状态。

12.7　互感器异常处理

互感器在电力系统中起着将高电压、大电流变换为低电压、小电流的作用，互感器二次侧连接着继电保护和自动装置、仪表或监控系统、电能计量等设备，对电力系统稳定可靠运行至关重要。

12.7.1 电压互感器异常处理

12.7.1.1 渗漏油处理

（1）电压互感器本体渗油若不严重，并且油位正常，应加强监视。

（2）电压互感器本体渗漏油严重，并且油位未低于下限，但一时又不能停电检修，应加强监视，增加巡视次数；若低于下限，则应将电压互感器停运。

（3）电容式电压互感器电容单元渗油应立即停电处理。

12.7.1.2 二次小开关跳闸、接触不良或熔断器熔断处理

（1）先将可能误动的保护和自动装置退出，如距离保护、备用电源自投装置等，退出主变压器保护电压回路断线侧，启动其他侧的复合电压，并汇报调度。

（2）检查二次熔断器是否熔断、小开关端子线头是否接触不良，可拨动底座夹片式熔断器或小开关使其接触良好，或者上紧松动的螺栓。

（3）在二次熔断器或小开关电源侧测量相电压和线电压，判别电源侧是否正常，如熔断器电源侧电压异常，说明故障发生在二次熔断器侧，应将电压互感器停电，报检修人员处理。

（4）如电源侧电压正常，熔断器出线侧电压异常，说明熔断器熔断或小开关接触不良，应更换熔断器，更换后再次熔断不得再换，也不得加大熔断器容量。如判断小开关接触不良，可在退出可能误动的保护和自动装置的情况下，试拉合小开关几次，如二次熔断器连续熔断、小开关合不上或更换熔断器后故障不消除，应通知二次检修人员检查二次回路中有无短路、接地或开路故障。

（5）二次回路恢复正常后投入所有断开的保护和自动装置。

12.7.1.3 高压熔断器熔断处理

判断二次电压输出异常是由高压熔断器熔断造成的，应按照以下方法处理：

（1）退出可能误动的保护和自动装置。

（2）将电压互感器停电，做好安全措施，检查电压互感器外部有无故障，更换熔断器，恢复运行。如再次熔断可判断为电压互感器内部故障，此时应申请停用该互感器。

（3）处理好后，投入断开的保护和自动装置。短时间内不能恢复正常时，经检查确认二次熔断器以下的回路中无短路或接地故障，可汇报调度，先使一次母线并列后，合上电压互感器二次并列开关，投入退出的保护和自动装置。

12.7.1.4 二次输出电压波动或过低处理

如果电压互感器二次输出电压波动或过低不是由熔断器熔断、二次小开关跳闸或二次回路故障造成的，应按照以下原则处理：

（1）电磁式电压互感器从发现二次电压降低到互感器爆炸的时间很短，应尽快汇报调度，采取停电措施。这期间，不得靠近该异常互感器。

（2）电容式电压互感器二次电压降低及升高在排除二次回路异常后，则应申请停用该电压互感器。

12.7.2　电流互感器异常处理

12.7.2.1　电流互感器声音异常处理

（1）在运行中，若发现电流互感器有异常声音，可从声响、表计指示及保护异常信号情况判断是否是二次回路开路。若是，应处理二次回路开路故障。

（2）若不属于二次回路开路故障，而是本体故障，应转移负荷并申请停电处理。

（3）若声音异常较轻，可不立即停电，但必须加强监视，同时向上级调度及主管部门汇报，安排停电处理。

12.7.2.2　电流互感器内部故障处理

电流互感器内部故障时，其运行声音可能严重不正常，二次侧所接表计及监控系统潮流显示与正常情况相比会不正常。保护及自动装置可能伴随有异常告警信号，严重时会造成保护及自动装置动作。电流互感器内部故障处理步骤如下：

（1）立即汇报调度，申请停电处理，故障的电流互感器在停电前应加强监视。

（2）断开回路，隔离故障电流互感器，在未停电之前，禁止在故障的电流互感器二次回路上工作。

（3）故障点电流互感器停电后，应将该电流互感器的二次侧所接保护及自动装置停用，或将故障电流互感器二次侧从保护、测量回路中断开，短接后再进行工作。

12.7.2.3　二次回路开路处理

（1）应先分清故障属于哪一组电流回路、开路的相别、对保护有无影响。汇报调度，停用可能误动的保护。

（2）处理时要防止二次绕组开路而危及设备与人身安全，应穿绝缘靴，戴绝缘手套，使用绝缘良好的工具。

（3）查明开路位置并设法将开路处进行短路，如果不能进行短路处理，可向调度申请停电处理。在进行短接处理过程中，必须注意安全，戴绝缘手套，使用合格的绝缘工具，在严格监护下进行。

（4）尽量减少一次负荷电流。若电流互感器严重损坏，应转移负荷，停电检查处理。

（5）尽量设法在就近的试验端子上将电流互感器二次短路，再检查处理开路点。短接时，应使用良好的短路线，并按图纸进行。短接时应在开路点的前级回路中选择适当的位置短接。

（6）若短接时有火花，说明短接有效。故障点就在短接点以下的回路中，可以进一步查找。

（7）若短接时无火花，可能是短接无效。故障点可能在短接点以上的回路中，可以逐点向前变化短接点，缩小范围。

（8）在故障范围内，应检查容易发生故障的端子及元件，检查回路工作时触动过的部位。

（9）对检查出的故障，能自行处理的，如接线端子等外部元件松动、接触不良等，可立即处理，然后投入所退出的保护。

（10）不能自行处理的故障或不能自行查明故障，应汇报二次专业人员处理，或改变运行方式转移负荷后，停电检查处理。

12.7.2.4　渗漏油处理

（1）本体渗漏油若不严重，并且油位正常，应加强监视。

（2）本体渗漏油严重，且油位未低于下限，但一时又不能停电检修，应加强监视，增加巡视的次数；若低于下限，则应将电流互感器停运。

（3）严重漏油应向调度申请进行停电处理。

12.7.2.5　过负荷处理

当发现电流互感器过负荷时，应立即向调度汇报，设法转移负荷或减负荷。记录电能表读数，防止由于过负荷造成电能表计量不准确。

12.8　无功补偿装置异常处理

无功补偿装置在风电场中主要起补偿系统无功功率，维持系统电压的作用。补偿装置发生异常，会影响风电场无功补偿能力，造成系统电压质量降低。发现并处理补偿装置异常至关重要。

12.8.1　电容器组异常处理

遇有下列异常情况之一时电容器应立即退出运行：

（1）电容器发生爆炸。

（2）触头严重发热或电容器外壳测温蜡片溶化。

（3）电容器外壳温度超过 55℃ 或室温超过 40℃，采取降温措施无效时。

（4）电容器套管发生破裂并有闪络放电。

（5）电容器严重喷油或起火。

（6）电容器外壳明显膨胀或有油质流出。

（7）三相电流不平衡超过 5%。

（8）由于内部放电或外部放电造成声音异常。

12.8.2　电容器接头严重过热处理

（1）立即停用电容器组，并报告调度。

（2）联系检修人员处理。

12.8.3　电容器熔断器熔断处理

（1）立即向调度员汇报，取得调度员同意做好更换熔断器准备。

（2）拉开电容器的断路器和隔离开关，同时对其进行充分放电后更换电容器。

（3）如果送电后熔断器仍熔断，则应拆出故障电容器，为了确保三相电容值平衡，还应拆出另外两非故障相的部分电容。

（4）拆除对地安全保护措施，然后恢复电容器组的供电。

12.8.4 SVG 装置 A、B、C 相过流处理

（1）检查信号板采样电阻是否正确，检查电流采样是否正确。

（2）观察系统电压和负荷冲击是否有异常。等待装置自动复归。

（3）检查装置输出电流与互感器的接线是否正确，电流方向的定义是否正确。

12.8.5 SVG 装置 PLC 本地通信故障处理

（1）检查 PLC 与控制器是否上电。

（2）检查两者间的连线是否牢固，是否破损。

12.8.6 SVG 装置同步故障处理

（1）检查同步电压是否上电。

（2）检查同步电压进线是否接触不良。

12.9 继电保护及自动化设备异常处理

二次设备异常会影响运行人员对一次设备运行参数、状态的监视和判断，处理不及时会造成电能质量降低、丢失电量，设备异常运行不能及时发现引起事故、保护和自动装置误动或拒动以及误判断等。

12.9.1 二次回路异常处理

12.9.1.1 一般原则

（1）必须按符合实际的图纸进行工作。

（2）停用保护和自动装置，必须经调度同意。

（3）在互感器二次回路上查找故障时，必须考虑对保护及自动装置的影响，防止误动和拒动。

（4）投、退直流熔断器时，应考虑对保护的影响，防止直流消失或投入时误动跳闸。取下直流源熔断器时，应先取正极，后取负极；装直流源熔断器时，顺序与此相反。目的是防止因寄生回路而误动跳闸。

（5）用带电表计测量时，必须使用高内阻电压表（如万用表等），防止误动跳闸。

（6）防止电流互感器二次侧开路，电压互感器二次侧短路或接地。

（7）工具应合格并绝缘良好，尽量减少外露的金属部分，防止发生接地、短路或人身触电。

（8）拆动二次接线端子，应先核对图纸及端子标号，做好记录和明显标记，及时恢复所拆接线，并应核对无误，检查接触是否良好。

（9）凡因查找故障，需要做模拟试验、保护和断路器传动试验时，在传动试验前，必须汇报调度。根据调度命令，先断开该设备启动失灵保护、远方跳闸回路。防止万一出现所传动的断路器不能跳闸，失灵保护、远方跳闸误动作，造成母线停运的恶性事故。

12.9.1.2　交流失电处理

（1）交流电压消失处理。

1）退出距离保护、备用电源自投等装置，其他如母差保护或主变后备保护，电压闭锁会引起装置告警，但不会引起保护误动作，无需退出。

2）检查其他装置有无交流电压消失信号，检查监控系统显示的母线电压是否正常，如监控装置显示不正常或其他设备也有交流电压消失信号，应检查电压互感器二次回路是否正常。

3）检查装置交流电压小开关是否跳闸（或熔断器是否熔断），如小开关跳闸，应试合小开关（或更换熔断器），处理好后汇报调度投入所退出的保护或自动装置。小开关合闸后再次跳开（或熔断器再次熔断），应查找装置回路中有无接地或短路点。

4）检查隔离开关辅助接点切换是否到位，若隔离开关辅助接点切换不到位，可在现场处理隔离开关的限位接点，若属隔离开关本身辅助接点行程问题，应找二次人员对辅助接点进行行程调整或更换。

5）若交流"电压回路断线"、保护"直流回路断线"同时报警，说明直流电源有问题。应先处理直流回路故障，更换直流回路熔断器（或试合小开关），若无问题再投入保护。

（2）交流回路断线处理。

1）交流电流回路开路应退出母差保护、主变压器差动保护和线路光纤纵差保护等。

2）检查处理开路点，正常后投入所退出的保护装置，不能处理时报专业人员处理。

12.9.1.3　保护用直流电源消失处理

（1）立即汇报调度。

（2）将直流消失的保护屏上所有保护跳闸出口压板退出并做好记录。

（3）检查直流回路，查找故障原因，设法恢复直流屏开关及保护屏开关供电。

（4）保护用直流电源恢复后恢复原退出的各保护及保护出口跳闸压板。

12.9.2　继电保护和自动装置异常处理

12.9.2.1　处理原则

（1）严禁打开装置机箱查找或处理异常。

（2）停用保护和自动装置，必须经调度同意。

（3）投、退直流电源时，应注意考虑对保护的影响，防止直流消失或投入时误动跳闸。

（4）继电保护和自动装置在运行中，发生下列情况之一者，应退出相关保护装置，汇报调度和上级，通知专业人员处理。

1）继电器有明显故障，接点振动很大或位置不正确，有误动的可能。

2）装置出现异常可能误动。

3）电压回路断线或者电流回路开路，可能造成保护误动作。

（5）因查找故障，需要做模拟试验、保护和断路器传动试验时，传动试验之前，必须汇报调度。根据调度命令，先断开该设备启动失灵保护、远方跳闸回路。防止万一出现所传动的断路器不能跳闸，失灵保护、远方跳闸误动作，造成母线停运的恶性事故。

12.9.2.2　分析要点

（1）保护装置动作时，系统的运行方式及输出回路的运行状态。

（2）故障发生的时间、地点、部位、顺序、延续时间、故障种类和其他各种事故现象。

（3）断路器跳闸、合闸的顺序和因之引起运行方式的变化。

（4）故障发生时，系统出现的不正常现象，如振动、振荡、电压及频率的变化及失去负荷等。

（5）故障前后有功、无功负荷情况。

（6）发生事故时，哪些保护装置的动作引起了跳闸，哪些保护装置虽已动作，但未引起跳闸。

（7）发生事故后，若有必要或可能，应对保护装置进行校验，以便找出保护装置本身可能存在的问题。

（8）处理故障时，一般应有两位工作人员，并做好详尽记录，同时应遵守安全操作规程。处理事故必须遵照继电保护原理接线图。

12.9.2.3　装置告警处理

（1）按复归按钮复归，如不能复归则根据显示信息检查告警原因，能处理的进行处理，不能处理的报专业人员处理。

（2）检查有无交流电压回路断线或差流异常信号，如因交流失电引起保护告警，应退出可能误动的保护或自动装置，再处理交流失电。

（3）装置自检告警应观察保护告警信息，打印故障报告，按照现场运行规程或保护说明书进行处理，不能准确判断时报专业人员处理。

12.9.2.4　装置闭锁处理

发现保护或自动装置发出闭锁信号时，应立即退出被闭锁的保护功能，然后汇报调度，检查闭锁原因，运行人员能处理的应立即处理（如能恢复的交流电压或电流消失故障），不能处理的应报专业人员处理。同时分析保护闭锁对运行设备的影响，做好事故预想和应急处理准备。

12.9.2.5　光纤通道异常处理

（1）检查光端机运行是否正常，如光端机运行异常可重新启动一次。

（2）检查光纤插头是否松脱或断线，如松脱可重新插好。

12.9.2.6　故障录波装置异常处理

（1）装置发出"呼唤"信号，后台机启动，监控后台无"故障录波呼唤"信息，应在录波任务完成后再检查信号回路予以消除。

（2）装置频繁发出"呼唤"信号，而系统中无电流、电压冲击时，可复归"呼唤"信号。检查其他保护有无告警活动做信号，交流。电压、电流回路是否正常。故障录波器交流电压小开关是否跳闸，熔断器有无熔断。如由于交流电压消失造成故障录波频繁启动，可将录波器的电压启动回路暂时退出。

（3）频繁启动或软件死机，经调度同意可重新启动，重启不能消除异常应报专业人员处理。

12.9.3 综合自动化系统装置异常处理

12.9.3.1 处理原则

监控系统为运行值班人员提供操作平台，如果综合自动化系统出现异常，监控软件可以通过语音、屏幕窗口等方式提示运行人员注意，监控系统报警后，值班员一般应采取如下措施：

（1）详细检查记录监控机上的告警信息。

（2）综合自动化、远动电源设备有异常声音和现象时，应汇报调度，根据检修人员的要求对特殊情况进行紧急处理。

（3）遥测、遥信量与实际设备状态不符或误发信号时，应及时汇报远动、综合自动化设备的主管部门，运行人员应立即到现场检查并与主站核对，如与设备运行工况不一致，应立即通知检修人员处理。

（4）综合自动化监控系统程序出错、死机和其他异常情况，可重新启动计算机程序或复位通信装置，不能恢复时，汇报调度并通知检修人员处理。

（5）监控系统中网络通信异常，但检查监控网络硬件正常，可将主控室通信装置电源快速断开后再合上，此处理方法不会影响设备运行。但不得对保护测控装置断电复位，应报检修人员处理。

（6）监控系统不能执行遥控、遥调命令时，应对操作设备、操作步骤和设备实际状态进行详细检查。

（7）当监控系统发出保护异常或动作信号时，应立即检查相关保护装置，进行判断处理。

（8）监控系统发生异常后，应加强设备巡视检查。

12.9.3.2 监控系统通信中断处理

（1）应判断装置中断是由保护装置引起的，还是由计算机网络异常引起的。

（2）一般来说，若装置通信中断是由保护装置异常引起的，则该装置还会有"直流消失"信号。

（3）大多数的通信中断信号是由站内计算机网络异常引起的，可通过监控网络总复归命令重新确认网络的通信状态。

（4）对计算机网络异常引起的通信中断，处理时不得对该保护装置进行断电复位。

（5）工作站、监控主机死机或网络中断短时间内不能恢复时，应加强设备监视，派人到控制室、继电保护室和现场监控设备运行情况，并应对主变的负荷情况作重点检查。

12.10 通信设备异常处理

通信设备故障按照性质可分为硬件故障和软件故障；按照周期可分为暂时性故障和固定性故障；按照影响范围可分为独立性故障、局部性故障、相关性故障和全局性故障。

12.10.1 通信系统检修原则

（1）先外后内，任何时候贸然打开机箱都是不对的。只有在排除外部设备、连线故障等原因之后，再进行内部的检修，才能避免不必要的拆卸。

（2）先机械部分，后电子部分，应当先检查机械元器件的完好性，再检查电子电路结构及机电一体的结合部分。

（3）先静后动，即先在断电情况下检修，然后再接电。

12.10.2 PCM 传输设备检修方法

（1）环路检测法。该方法主要是针对 PCM 传输设备，对设备故障进行定位时，常用构造环路检测法。设备自环有很多类型，按自环的信号与方向进行分类，有设备内自环与设备外自环。前者是检测本站内设备是否存在故障，后者是检查 PCM 对端站和传输链路是否存在故障。将自环信号按等级划分，可分为 TU 自环、单支路自环、CU 自环、外围设备自环。各自环的作用是对各自的单元内是否存在故障进行检测。通过设备不同种类的自环，即可将故障点进行逐级分离，逐步将故障排除。

（2）替代法。对于 PCM 设备而言，该方法也是一种特别常用的故障排除和处理方法。替代法即是将一个正常工作的物件代替一怀疑的不正常工作的物件，这样就可以达到将故障排除的目的。此处的物件，可以指一块单板、一个设备、一段线缆、一条支路等。替代法的适用范围为：故障定位至单站后，用于将单站内支路或者单板问题进行排除。对单元板进行替代时，要特别注意防静电。

（3）仪表测试法。该方法是用各种仪表对传输故障进行检查，能准确分析定位故障，说服力很强，但它需要仪表配合，维护人员也要有较高的技术水平。PCM 综合测试仪可对音频话路与数据链路进行检测，性能分析仪可对帧的情况进行分析，误码仪可对数据业务的通道、误码性能进行测试，选频表与振荡器可对 4WE&M 话路进行测试，万用表对供电电压进行测试。

12.10.3 防火墙攻击防范处理

（1）配置端口扫描和地址扫描攻击防范及动态黑名单后在防火墙上看不到攻击日志，同时没有把扫描源地址动态加入到黑名单里的处理。检查扫描工具的扫描速度是否超过配置文件设置的每秒的 max - rate 值、检查是否启用黑名单功能、检查连接发起方域出方向的 IP 统计功能是否开启。

（2）防火墙双出口通过策略路由进行业务分担，开启攻击防范后网络不通的处理。防火墙做策略路由的组网与 IP - Spoofing 攻击防范冲突，所以在策略路由的组网中不能开启 IP - Spoofing 攻击防范。

12.11 防雷设备异常处理

防雷装置是指接闪器、引下线、接地装置、电涌保护器（SPD）及其他连接导体的总和。接地装置是防雷装置的重要组成部分。接地装置向大地泄放雷电流，限制防雷装置对地电压不致过高。除独立避雷针外，在接地电阻满足要求的前提下，防雷接地装置可以和其他接地装置共用。掌握避雷器泄漏电流超标、引线松脱等常见异常处理至关重要。

12.11.1　避雷器外绝缘套污闪或冰闪处理

（1）发现避雷器外绝缘套有闪络放电现象后，应立即向调度及上级汇报。

（2）若闪络严重，应申请停电处理。

（3）若不能停电处理，应用红外线检测设备对避雷器进行检测，并加强对避雷器的监视，做好事故处理准备。

12.11.2　避雷器瓷套裂纹处理

（1）避雷器瓷套裂纹严重，可能造成接地时，需停电更换，禁止用隔离开关停用故障避雷器。

（2）避雷器瓷套裂纹较小，如天气正常，应请示调度停下避雷器，更换为合格的避雷器；如天气不正常（雷雨天气），应尽可能不使避雷器退出运行，待雷雨后再处理。如果因瓷质裂纹已造成闪络，但未接地，在可能的条件下应将避雷器停用。

12.11.3　引线断损或松脱处理

（1）发现避雷器引线断损或松脱后，立即向调度或上级汇报，申请停电处理。

（2）运行人员要做好现场的安全措施，以便检修人员对故障设备进行检查。

12.11.4　避雷器泄漏电流值超标处理

避雷器泄漏电流值在正常时应该在规定值以下，当运行人员发现避雷器泄漏电流值明显增大时，应当进行以下检查和处理：

（1）立即向调度和上级汇报。

（2）与近期的巡视记录进行对比分析。

（3）用红外线检测仪对避雷器的温度进行测量。

（4）若确认不属于表计故障，则可能为内部故障，应申请停电处理。

第13章 事 故 处 理

电力系统事故是指由于电力系统设备故障或人员工作失误而影响电能供应质量，超过规定范围的事件。事故分为人身事故、电网事故和设备事故三大类，其中设备和电网事故又可分为特大事故、重大事故和一般事故。当电力系统发生事故时，运行人员应根据断路器跳闸情况、保护装置动作情况、表计指示变化情况、监控后台信息和设备故障等现象，迅速准确地判断事故性质，尽快处理，以控制事故范围，减少损失和危害。

13.1 事 故 处 理 基 础 知 识

13.1.1 事故处理的一般步骤

（1）系统发生故障时，运行人员初步判断事故性质和停电范围后迅速向调度汇报故障发生时间、跳闸断路器、继电保护和自动装置动作情况及其故障后的状态、相关设备潮流变化情况、现场天气情况。

（2）根据初步判断检查保护范围内所有一次设备故障和异常现象及保护、自动装置信息，综合分析判断事故性质，做好相关记录，复归保护信号，把详细情况汇报调度。如果人身和设备受到威胁，应立即设法解除这种威胁，并在必要时停止设备的运行。

（3）迅速隔离故障点并设法保持或恢复设备的正常运行。根据应急处理预案和现场运行规程的有关规定采取必要的应急措施。

（4）进行检查和试验，判明故障的性质、地点及其范围。如果运行人员自己不能检查出或处理损害的设备，应立即通知检修或专业人员（如试验、继保等专业人员）前来处理。在检修人员到达前，运行人员应把工作现场的安全措施做好（如将设备停电、安装接地线、装设围栏和悬挂标识牌等）。

（5）除必要的应急处理外，事故处理的全过程应在调度的统一指挥下进行。

（6）做好事故全过程的详细记录，事故处理结束后编写《现场事故报告》。

13.1.2 事故处理的原则

（1）各级当值调度员是事故处理的指挥者，应对事故处理的正确性、及时性负责。风电场运行值班长是现场事故、异常处理负责人，应对汇报信息和事故操作处理的正确性负责。因此，运行人员和值班调度员应密切配合，迅速果断地处理事故。在事故处理和异常中必须严格遵守电业安全工作规程、事故处理规程、调度规程、运行规程及其他有关规定。

（2）发生事故及异常时，运行人员应坚守岗位，服从调度指挥，正确执行当值调度员和值长的命令。值长要将事故和异常现象准确无误地汇报给当值调度员，并迅速执行调度命令。

（3）运行人员如果认为调度命令有误，应先指出，并作必要解释。但当值调度员认为自己的命令正确时，运行人员必须立即执行。如果当值调度员的命令直接威胁人身或设备的安全，则在任何情况下均不得执行。当值值长接到此类命令时，应把拒绝执行命令的理由报告值班调度和本单位总工程师，并记载在值班日志中。

（4）如果在交接时发生事故，而交接班的签字手续尚未完成，交接班人员应留在自己的岗位上进行事故处理，接班人员可在上值值长的领导下协助处理事故。

（5）事故处理时，除有关领导和相关专业人员外，其他人员均不得进行主控室和事故地点，事前已进入的人员均应迅速离开，便于事故处理。发生事故和异常时，运行人员应及时向风电场负责人汇报。

（6）发生事故时，如果不能与当值调度员取得联系，则应按调度规程和现场事故处理规程中的有关规定处理。

13.2 风电机组事故处理

发生故障后，风电机组会在中控室后台报警，无法复位的风电机组应到现场进行检查。首先办理工作票，做好安全措施，将风电机组远程控制调至禁止和服务模式，必要时应切断箱变低压断路器，然后进行风电机组相关检查工作。

13.2.1 风电机组失火处理

（1）立即紧急停机。
（2）切断风电机组的电源。
（3）进行力所能及的灭火工作，同时拨打火警电话。

13.2.2 风轮飞车处理

（1）远离风电机组。
（2）通过中央监控，手动将风力发电机组偏离主风向90°。
（3）切断风力发电机组电源。

13.2.3 叶片断裂处理

（1）风电机组叶片断裂事故发生时，首先断开箱变高低压侧电源（断路器、隔离开关）及跌落熔断器，迅速将故障风电机组电源切除，防止风电机组起火。

（2）对于折断并掉落地面的叶片断裂情况，应检查是否砸坏箱变、线路及塔筒等设备；对于这段未断裂的叶片，人员不得靠近，应设警示围栏，防止出现人员砸伤的危险，等待专业队伍进场应急处理；为防止断裂的叶片随时掉落砸伤箱变等设备，应有专业人员根据风向等对风电机组进行偏航。

（3）如叶片断裂的风电机组已经起火，应报火警，通知消防应急救援队进现场灭火。

把火灾区域和可能蔓延到的设备隔离开，防止波及其他设备；使用干式灭火器、泡沫灭火器，不得已时，可用干燥的沙子灭火；使用灭火器灭火时，应穿绝缘靴、戴绝缘手套。

13.2.4 风电机组倒塔处理

（1）发生倒塔事故后，应立即断开事故风电机组所在的集电线路电源。

（2）在事故风电机组周围安全区域内设置警戒线，防止周围居民及其他人员误入。

（3）切除事故风电机组和损坏的电气设备，如集电线路受损，应切除事故段电源，并设置监护人员及警戒线，防止周围居民和其他人员误入，保护好现场。在事故调查组未进入现场前，任何人不得进入事故现场进行任何工作。

（4）如发生事故时有人员在机舱或塔筒内进行巡检、维护工作，事故发生后，值班长应立即组织人员进行现场搜救，搜救时应注意防止次生事故发生；若因设备阻碍，人员被困、救援工作受阻，可联系应急指挥部领导及事故调查组领导，说明原因，征得同意后，可对现场残损设备进行解体或切割，并做好安全措施。

13.2.5 叶片结冰处理

（1）如果风轮结冰，风电机组应停止运行。风轮在停止位置应保持一个叶片垂直朝下。

（2）不要过于靠近风电机组。

（3）等结冰完全融化后再开机。

13.2.6 风电机组超速处理

（1）检查刹车盘，查看是否存在裂纹，禁止将刹车盘有裂纹的风电机组投入运行。

（2）更换磨损严重的刹车片并调节刹车片与刹车盘的间隙。

（3）对液压系统进行检查和测试，定期对液压系统储能罐预应力进行检查，确保预应力符合要求。

（4）检查并测试风电机组安全链上各启动元件工作是否正常。

（5）检查并测试电动变桨系统机组的后备电源；对于蓄电池组应定期进行充放电试验，确保蓄电池组容量充足。

13.3 线 路 事 故 处 理

输电线路故障在电力系统中所占比例较大，对电网的影响较大；同时，输电线路故障原因也很多，情况也比较复杂，主要有线路绝缘子闪络，大雾、大雪、雷电、大风等天气原因造成的雷击、雾闪、冰闪等。输电线路故障是电力系统常见事故，因此掌握输电线路事故的处理原则、处理步骤是对风电场运行人员的基本要求。

13.3.1 线路事故处理原则

（1）线路故障跳闸，重合闸重合成功，运行值班人员应尽快检查保护动作情况、故障波形和故障测距距离，并汇报调度。

（2）馈电线路跳闸后，线路开关重合闸未投入或重合闸未动作时，值班人员可无需调度命令立即强送一次。如果强送不成功，现场检查开关设备无异常，可根据调度命令再试送一次，当线路有 T 接时，应拉开 T 接变电站断路器再试送。

（3）线路故障跳闸，无论重合闸动作成功与否，均应对断路器进行详细检查，主要检查断路器的三相位置、压力指示灯。

（4）发生输电线路越级跳闸，处理上应首先查找、判断越级原因（断路器拒动或保护拒动），然后隔离故障设备，恢复送电。

13.3.2　线路事故处理步骤

（1）线路保护动作跳闸后，运行值班人员应首先记录事故发生时间、设备名称、开关变位情况、重合闸动作信号、主要保护动作信号等事故信息。

（2）将以上信息和当时的负荷情况及时汇报调度和有关部门，便于调度及有关人员及时、全面地掌握事故情况，从而进行分析判断。

（3）记录保护及自动装置屏上的所有信号，尤其是检查线路故障录波器的测距数据。打印故障录波报告及微机保护报告。

（4）到现场检查故障线路对应断路器的实际位置，无论重合与否，都应检查断路器及线路侧所有设备有无短路、接地、闪络、瓷瓶破损、爆炸、喷油等情况。

（5）检查站内其他相关设备有无异常。

（6）根据调度命令对故障设备进行隔离，恢复无故障设备运行，将故障设备转检修，做好安全措施。

（7）事故处理完毕后，值班人员填写运行日志、断路器分合闸记录，并根据断路器跳闸情况、保护及自动装置的动作情况、故障录波报告及处理过程，整理详细的事故处理经过。

13.4　电力变压器事故处理

电力变压器是风电场中非常重要的设备，变压器事故对电网的影响巨大，正确、快速地处理事故，防止事故的扩大，减少事故的损失，显得尤为重要。

13.4.1　变压器事故处理的基本原则

（1）当并列运行中的一台变压器跳闸后，应密切关注运行中的变压器有无过负荷现象，并考虑中性点接地情况。

（2）变压器跳闸后应密切关注站用电的供电，确保站用电、直流系统的安全稳定运行。

（3）变压器的重瓦斯保护、差动保护同时动作跳闸，在查明原因和消除故障之前不得进行强送。

（4）重瓦斯保护或差动保护之一动作跳闸，在检查变压器外部无明显故障后检查瓦斯气体，证明变压器内部无明显故障后，在系统急需时可以试送一次，有条件时，应尽量进行零起升压。

（5）若变压器后备保护动作跳闸，一般经外部检查、初步分析（必要时经电气试验）无明显故障后，可以试送一次。

（6）若主变压器重瓦斯保护误动作，两套差动保护中一套误动作或者后备保护误动作造成变压器跳闸，应根据调度命令停用误动作保护，将主变压器送电。

（7）电网解列时故障跳闸，在试送变压器或投入备用变压器时，要防止非同期并列。

（8）如因线路或母线故障，保护越级动作引起变压器跳闸，则在故障线路断路器断开后，可立即恢复变压器运行。

（9）变压器主保护动作，在未查明故障原因前，值班人员不要复归保护屏信号，做好相关记录以便专业人员进一步分析和检查。

（10）主变压器保护动作，若 220kV 侧断路器拒动，则启动失灵保护，若 110kV 侧、35kV 侧断路器拒动，则由电源对侧或主变压器后备保护动作跳闸切除故障。运行值班人员根据越级情况尽快隔离拒动开关设备，恢复送电。

13.4.2 变压器事故处理步骤

（1）变压器保护动作跳闸后，运行值班人员首先应记录事故发生时间、设备名称、断路器变位情况、主要保护和自动装置动作信号等故障信息。

（2）检查受事故影响的运行设备状况，主要是指两台主变压器并列运行，如一台主变压器跳闸，另一台主变压器的运行状况及站用变运行情况。

（3）立即检查主变压器的中性点接地情况，根据实际情况完成接地操作。

（4）检查站用系统电源是否切换正常，直流系统是否正常。

（5）将以上信息、天气情况、停电范围和当时的负荷情况及时汇报调度和有关部门，以便于调度和有关人员及时、全面地掌握事故情况，从而进行分析判断。

（6）记录保护及自动装置屏上的所有信号，检查故障录波器的动作情况。打印故障录波报告及保护报告。

（7）检查保护范围内的一次设备。

（8）将详细检查结果汇报调度和有关部门，根据调度命令进行处理。

（9）事故处理完毕后，值班人员填写运行日志、事故跳闸记录、断路器分合闸记录等，并根据断路器跳闸情况、保护及自动装置的动作情况、事件记录、故障录波、微机保护打印报告及处理情况，整理详细的事故经过。

13.4.3 主变压器重瓦斯保护动作处理

（1）将站用电切换至备用变供电。

（2）汇报上级生产主管领导，在查明原因、消除故障前不得将变压器投入运行。

（3）若判定是气体继电器或二次回路故障引起误动作，必须将误动作的故障消除后，才可以试送一次。

（4）如仍未发现任何问题，应请示主管领导同意后，对变压器试充电（充电前投入变压器所有保护）。

（5）若气体继电器内取出的气体为可燃气体，经综合判断为变压器内部故障，不许试送电。

（6）如确认为瓦斯保护误动，应立即处理，处理完毕后投入瓦斯保护并恢复送电。

13.4.4　变压器差动保护动作处理

（1）将站用电倒至备用变供电。

（2）汇报省调及生产主管领导。

（3）若判断为保护误动引起的，在消除故障后，报告公司生产主管领导批准并申请调度同意后方可试送；如不能及时消除故障，经公司主管领导及调度员同意后，退出差动保护后将变压器投入运行，但主变压器重瓦斯保护必须正常投入。

（4）若差动保护和重瓦斯保护同时动作使主变跳闸，表明故障在变压器内部，应将变压器退出运行并做好安全措施，进行检修处理。

13.4.5　主变压器零序保护动作处理

（1）将站用电倒至备用变供电。

（2）汇报省调及生产主管领导。

（3）若是由系统事故引起，可待系统正常后，恢复主变压器运行。

（4）若不是系统事故引起，且检查未发现异常，经生产主管领导及省调同意后方可对主变压器进行试送电。

13.4.6　变压器着火处理

（1）汇报省调及生产主管领导。

（2）如未自动跳闸，应立即将变压器停电，断开各侧断路器及隔离开关。如危及邻近设备的安全运行，也应及时停止邻近设备的运行。

（3）迅速使用合适的灭火剂，如干粉车或沙子灭火；灭火时人体与灭火器机体、喷嘴与带电设备保持一定的安全距离。

（4）及时拨打"119"。

（5）灭火时必须有专人指挥，防止扩大事故或引起人员中毒、烧伤、触电等。

13.4.7　变压器套管爆炸处理

（1）检查中性点接地方式。

（2）检查并列运行变压器及各线路的负荷情况。

（3）检查站用系统电源是否切换正常，直流系统是否正常。

（4）检查变压器有无着火等情况，检查消防设施是否启动。

（5）检查套管爆炸引起其他设备损坏的情况。

13.4.8 内部放电性事故处理

（1）若经色谱分析判断变压器故障类型为电弧放电兼过热，一般故障表现为绕组匝间、层间短路，相间闪络，分接头引线间油隙闪络，引线对箱壳放电，绕组熔断，分接开关飞弧，因环路电流引起电弧，引线对接地体放电等。

（2）对于这类放电，一般应立即安排变压器停运，再进行其他检测和处理。

13.4.9 油色谱分析异常处理

（1）根据油色谱含量情况，结合变压器历年试验（如绕组直流电阻、空载特性试验、绝缘试验、局部放电测量和微水测量等）的结果，并结合变压器的结构、运行、检修等情况进行综合分析，判断故障的性质及部位。

（2）根据具体情况对设备采取不同的处理措施（如缩短试验周期、加强监视、限制负荷、近期安排内部检查或立即停止运行等）。

13.5 站用交、直流系统事故处理

站用交流系统是保证风电场电站安全可靠输送电能的必不可少的环节，若交流失电，将严重影响站内设备的正常运行，甚至引起系统停电和设备损害事故。直流系统为风电场站内控制系统、继电保护和自动装置、信号系统提供电源，同时直流电源还可以作为应急的备用电源。若直流系统故障，将直接导致控制回路、保护及自动装置等设备不能正常工作，如果此时发生设备异常或事故，保护及自动装置不能启动，故障将无法有效切除，事故范围扩大，并且无法进行正常操作。直流系统的可靠稳定运行非常重要，确保直流系统的正常运行是保证风电场安全运行的决定性条件之一。

13.5.1 站用交流系统事故处理

13.5.1.1 处理原则

（1）站用电突然失去时，不论是站用变压器故障还是其他原因使电源消失，均应优先恢复下列回路供电：

1）监控系统电源。

2）主变冷却系统电源。

3）直流系统充电电源。

4）通信电源。

5）断路器的操作机构电源。

（2）站用交流系统的配电屏空气断路器跳闸时，应对该回路进行检查。在未发现明显的故障现象或故障点的情况下，允许合断路器试送一次，试送不成则不得再强送，并尽可能查明故障原因。在未查明原因并加以消除前，严禁将该回路切至另一段母线运行或合上环路联络隔离开关，以免事故扩大。

（3）站用变压器高压断路器跳闸，是由于变压器内部故障或者某一段低压侧母线上短

路，低压断路器未跳开。站用变压器高压断路器跳闸后，处理方法是：

1）拉低压侧断路器，检查低压侧母线有无问题，再把负荷倒至备用站用变压器或者另一段母线带。

2）对站用变压器外部进行检查。

3）如未发现异常，应考虑站用变压器存在内部故障的可能，通知专业人员查找。

（4）站用变压器低压侧断路器跳闸，应进行以下处理：

1）若为站用变压器失电则需手动投入备用电源。

2）若为母线故障则将该段母线上的负荷转移至另一段母线运行后再消除故障或通知检修人员进行处理。

3）如母线上未见明显故障现象或故障点，则应对各负载回路进行检查，必要时可拉开跳闸站用变压器所在母线上的全部负荷回路断路器，再逐路试送以寻找故障点。

（5）当0.4kV母线某一段失压，备自投动作不成功时，应按以下方法处理：

1）应拉失压站用变压器的低压进线断路器和隔离开关，并设置"禁止合闸，有人工作"标识牌。

2）如果检查0.4kV母线无故障时，确认失压母线站用变压器低压断路器确已断开后，可合上0.4kV分段断路器，试送母线。

3）如果0.4kV母线确有故障，则禁止合上0.4kV分段断路器。

4）检查主变压器冷却电源是否恢复。

5）检查失电站用变压器有无异常或故障现象，如有应立即隔离站用变压器。

（6）当0.4kV母线分支故障，越级造成母线失压，应按以下方法处理：

1）拉开0.4kV母线上的分支回路。

2）检查0.4kV母线确无其他故障，合上0.4kV母线断路器，恢复母线供电。

3）合上0.4kV母线上的分支线路，当合上某一分支时母线故障跳闸，将该分支隔离，恢复母线送电。

4）检查主变压器冷却电源等是否恢复。

（7）上级电源停电，导致全站站用交流消失，应立即汇报调度，同时加强对主变压器温度、负荷的监视。

13.5.1.2　0.4kV母线失电处理

（1）若为负荷故障引起越级跳闸，则断开故障负荷抽屉开关。

（2）检查发现明显故障，待故障消除后方能送电；若无明显故障点，测量故障母线绝缘及相关变压器绝缘；如无其他异常，对母线试送电。

（3）如不成功，应改用备用电源带400V母线运行（操作中应注意防止反充电）。

（4）直流系统充电电源是最重要的站用电负荷，在处理过程中必须注意及时恢复供电。

13.5.1.3　0.4kV负荷抽屉开关跳闸

（1）一次设备检查无异常时可试送一次，试送不成功不得再送，需查明原因。

（2）若判定为过负荷引起的跳闸，则将该负荷线路过载负荷改由其他线路供电后对其送电。

13.5.2　直流系统异常处理

13.5.2.1　处理原则

（1）直流屏空气断路器跳闸，应对该回路进行检查，在未发现明显故障现象或故障点的情况下，允许合断路器试送一次，试送不成则不得再行强送。

（2）直流某一段电压消失的检查处理。

1）蓄电池总熔断器熔断，充电机跳闸，应先重点检查母线上的设备，找出故障点，设法消除，更换熔断器后试送，如再次熔断或充电机跳闸，应通知专业人员处理。

2）直流熔断器熔断，经外部检查无异常现象和气味，可更换熔断器后试送一次，如果故障点依然存在，通知检修人员处理，没找出故障点前，禁止用任何方式对其供电。

13.5.2.2　充电机（或充电模块）故障处理

（1）如有备用充电机，应改为备用充电机运行。

（2）检查交流电源熔断器是否熔断或电源是否缺相，空气断路器是否断开，更换熔断器后试送，如再次熔断或充电机跳闸，应通知专业人员来处理。

（3）将该充电模块交流电源开关试送一次。若试送不成功，通知专业人员处理。

13.5.2.3　直流母线失压处理

（1）退出故障母线上的蓄电池组、充电装置、绝缘监察装置。

（2）恢复直流负荷时应防止继电保护装置误动。

（3）检查母线、馈线，测量绝缘。若为支路故障则将其切除，恢复母线及其他良好支路运行。若为母线故障，则应退出直流母线，联系检修人员处理。

（4）消除故障后恢复正常运行方式。

13.5.2.4　直流设备着火处理

（1）蓄电池着火，切断充电电源，停通风装置。

（2）充电装置着火，切断电源。

（3）倒换直流负荷，并防止保护、自动装置误动。

（4）用二氧化碳等干式灭火器灭火。

13.6　母　线　事　故　处　理

母线的故障在电力系统故障中所占比例不大，根据资料统计，母线故障占系统所有故障的 6%～7%。母线故障会造成母线失压，对整个系统影响较大，后果严重，因为母线上所有的电源点将失去电源，造成大面积停电，有可能使电力系统解列。

13.6.1　母线事故处理原则

（1）母线故障不允许未经检查即强行送电。

（2）如母线失压造成站用电失电，应先倒站用电，并立即上报调度，同时将失压母线上的断路器全部拉开。

（3）如有明显的故障点，应用隔离开关将其隔离，恢复母线送电。

（4）经检查若确系母差或失灵保护误动作，应停用母差或失灵保护，立即对母线恢复送电。

（5）找不到明显故障点的，可试送一次，应优先外部电源，其次选择变压器或母联断路器；试送断路器必须完好，并有完备的继电保护。

13.6.2　母线故障处理步骤

（1）母线保护动作跳闸后，运行值班人员首先应记录事故发生时间、设备名称、断路器变位情况、主要保护和自动装置动作信号等故障信息。

（2）将以上信息、天气情况、停电范围和当时的负荷情况及时汇报调度和有关部门，以便于调度和有关人员及时、全面地掌握事故情况，从而进行分析判断。

（3）检查运行变压器的负荷情况，考虑变压器中性点接地方式。

（4）如现场有工作人员或现场有操作，应立即停止工作并对现场进行检查。

（5）记录保护及自动装置屏上的所有信号，检查故障录波器的动作情况。打印故障录波报告及保护报告。

（6）现场检查跳闸母线上的所有设备，是否有放电、闪络痕迹或其他故障点。

（7）将详细检查结果汇报调度和有关部门，根据调度命令进行处理。

（8）事故处理完毕后，值班人员填写运行日志、事故跳闸记录、断路器分合闸记录等，并根据断路器跳闸情况、保护及自动装置的动作情况、事件记录、故障录波、微机保护打印报告及处理情况，整理详细的事故经过。

13.6.3　母线事故处理

母线及接头长期允许工作温度不得超过 70℃，运行中应加强监视，发现接头发热或发红后，应立即减负荷、降温。

13.6.4　母线失压处理

（1）检查失压母线及其设备有无明显故障，检查各级断路器是否由保护动作而拒跳，或越级跳闸引起。

（2）如属线路或主变压器故障，应等待故障消除后再恢复送电。

13.7　高压开关事故处理

高压开关广泛应用于配电系统，用于接受与分配电能，既可根据电网运行需要将一部分电力设备或线路投入或退出运行，也可在电力设备或线路发生故障时将故障部分从电网快速切除，从而保证电网中无故障部分的正常运行，以及设备和运行维护人员的安全。因此高压开关是非常重要的配电设备，其安全、可靠运行对电力系统具有十分重要的意义。

13.7.1　开关事故跳闸处理

（1）将站用电系统切换至备用电源供电。

（2）查看监控系统报文，将事故简要情况立即汇报调度。

（3）检查一次设备及保护动作情况，打印故障录波报告，将详细情况汇报调度。

（4）查看线路电压，如果电压正常，则线路保护动作则属于误动。

13.7.2 断路器拒绝合闸处理

（1）检查操作回路电源、操作机构、操作回路接点。

（2）将断路器放试验位置，做断路器分、合闸试验，良好后投入运行。

（3）如因断路器操作机构卡住，应短时切除操作直流电源，以免烧坏合闸线圈。

13.7.3 断路器拒绝分闸处理

（1）检查操作回路、操作机构、操作回路接点。

（2）断路器操作回路无报警信号，现场检查断路器无异常时，可现场手动跳闸。

（3）跳闸后，将断路器放试验位置，做断路器分、合闸试验，良好后投入备用。

（4）如因断路器操作机构卡住，直接切除操作直流电源，以免烧坏跳闸线圈。

13.7.4 高压开关着火事故处理

（1）开关设备着火时，现场运行人员应保持沉着、冷静，判断起火设备后，立即切断电源，然后迅速灭火。

（2）遇有电气设备着火时，应立即将有关设备的电源切断，然后进行灭火。对带电设备应使用干式灭火器、二氧化碳灭火器或四氯化碳灭火器等灭火，不得使用泡沫灭火器灭火。

13.7.5 室内 GIS 设备 SF$_6$ 气体泄漏事故处理

（1）室内 GIS 设备发生故障有气体外逸时，全体人员迅速撤离现场，并立即投入全部通风设备。发生事故后，除开启通风系统外，还应检测空气中的含氧量（要求不低于 18％和 SF$_6$ 气体的含量。

（2）在事故发生后 15min 之内，只准抢救人员进入室内。事故发生后 4h 内，任何人进入室内必须穿防护服、戴手套，以及戴备有氧气呼吸器的防毒面具。事故后清扫 GIS 安装室或故障气室内固态分解物时，工作人员也应采取同样的防护措施。

（3）若故障时有人被外逸气体侵袭，应立即送医院诊治。

（4）抢修人员身体的裸露部分，用过的防毒面具、手套、靴子等，先用小苏打溶液清洗，再用肥皂及清水洗干净、揩干。用过的防护服、抹布、清洁袋、过滤器、吸附剂、苏打粉等物，均用塑料袋装好放入金属容器中深埋地下，不允许焚烧。

13.8 无功补偿装置事故处理

无功补偿装置多接于风电场低压母线。并联电容器为容性无功设备，用于补偿系统感性无功；并联电抗器为感性无功设备，用于补偿系统容性无功；SVG 设备可实现无功从感性无功到容性无功的连续快速调节，由控制部分、功率部分、启动部分、连接电抗器和冷却系统等设备组成。电容器、电抗器、SVG 设备故障跳闸在风电场也比较常见。

13.8.1　并联电容器组跳闸处理原则

（1）并联电容器断路器跳闸后，没有查明原因并消除故障前不得送电，以免带故障点送电引起设备的更大损坏和影响系统稳定。

（2）并联电容器电流速断保护、过电流保护或零序电流保护动作跳闸，同时伴有声光现象，或者密集型并联电容器压力释放阀动作时，说明电容器发生短路故障，应重点检查电容器，并进行相应的试验。如果整组检查查不出故障原因则需要拆开电容器组，逐台进行试验。若电容器检查未发现异常，应拆开电容器连接电缆头，用 2500V 绝缘电阻表（遥测前后电缆都应放电）。若绝缘击穿，应更换电缆。

（3）并联电容器不平衡保护动作跳闸应检查有无熔断器熔断。对于熔断器熔断的电容器应进行外观检查。外观无异常的应对其放电后拆头，进行极间绝缘遥测及极间对外壳绝缘遥测，20℃时绝缘电阻应不低于 2000MΩ。若绝缘测量正常，对电容器进行人工放电后更换同规格的熔断器。若绝缘电阻低于规定或外观检查有鼓肚、渗漏油等异常，应将其退出运行。同时要将星形接线的其他两相拆除一只电容器的熔断器，以保持电容器组的运行平衡。

（4）工作前，再确认并联电容器断路器断开后，应拉开相应的隔离开关，然后验电、装设接地线，让电容器充分放电。由于故障电容器可能发生引线接触不良、内部断线或熔断器熔断，装设接地线后有一部分电荷可能未放出来，所以在接触故障电容器前应戴绝缘手套，用短路线将故障电容器的两极短接，才可接触电容器。对双星形接线电容器的中性线及多个电容器的串接线，还应单独放电。

（5）若发现电容器爆炸起火，在确认并联电容器断路器断开并拉开相应隔离开关后，进行灭火。灭火前要对电容器放电（装设接地线），没有放电前人与电容器要保持一定距离，防止人身触电（因电容器停电后仍储存有电量）。若使用水或泡沫灭火器灭火，应设法先将电容器放电，要防止水或灭火液喷向其他带电设备。

（6）并联电容器过电压或低电压保护动作跳闸，一般是由母线电压过高或系统故障引起母线电压大幅度降低引起的，应对电容器进行一次检查。待系统稳定以后，根据无功负荷和母线电压再投入电容器运行。电容器跳闸后至少要经过 5min 方可再送点。

（7）接有并联电容器的母线失压时，应先拉开该母线上的电容器断路器，待母线送电后根据无功负荷和母线电压再投入电容器运行。拉开电容器断路器是为了防止母线送电时造成母线电压过高、损坏电容器。因为母线送电、空母线运行时，母线电压较高，如果电容器送电，电容器在较高的电压下突然充电，有可能造成电容器喷油或鼓肚。同时，因为母线没有负荷，电容器充电后大量无功向系统倒送，致使母线电压升高，超过了电容器允许连续运行的电压值（电容器的长期运行电压不应超过额定电压的 1.5 倍）。另外，变压器空载投入时产生大量的 3 次谐波电流，此时，如果电容器电路和电源的阻抗接近于谐振条件，其电流可达电容器额定电流的 2~5 倍，持续时间 1~30s，可能引起过电流保护动作。

（8）并联电容器过电流保护、零序保护或不平衡保护动作跳闸后，经检查试验未发现故障，应检查保护有无误动可能。

13.8.2 并联电抗器跳闸处理原则

（1）并联电抗器断路器跳闸，应对电抗器进行检查试验。若发现电抗器爆炸起火，应向消防部门报警，并拉开电抗器隔离开关进行灭火。使用水或泡沫灭火器灭火，要防止水或灭火液喷向其他带电设备。若带电灭火，应使用气体或干粉灭火器灭火，不得使用水或泡沫灭火器灭火。

（2）并联电抗器断路器跳闸后，没有查明原因不得送电，以免带故障点送电引起设备的更大损坏和影响系统稳定。

（3）故障点不在电抗器内部，可不对电抗器进行试验。排除故障后恢复电抗器送电。

（4）为防止系统电压过高，主变压器可带并联电抗器送电。并联电抗器断路器跳闸后如引起系统电压升高超过允许运行的电压，应立即汇报调度，由调度决定应对措施。

（5）并联电抗器断路器跳闸后，经检查试验未发现任何故障，应检查保护有无误动可能。

13.8.3 电容器断路器跳闸处理

（1）检查断路器、电流互感器电力电缆及电容器外部情况，若无异常现象，可以试送一次。

（2）否则应该对保护做全面通电试验，如果还查不出原因，就需要拆开电容器连线逐相逐个检查试验。

（3）未查明原因之前不得再试送。

13.8.4 电容器着火及引线发热处理

（1）电容器着火时，首先断开电容器电源，并在离着火的电容器较远的一端进行放电。

（2）经接地后确保安全情况下用干粉灭火器等灭火。

（3）运行中的电容器引线如果发热至暗红，则必须立即退出运行，避免事故扩大。

13.8.5 SVG 装置同步故障处理

（1）检查同步电压是否上电。

（2）检查同步电压进线是否接触不良。

13.8.6 SVG 装置控制板通信故障处理

（1）检查该控制板是否上电正常。

（2）检查脉冲板插件是否插牢固。

（3）更换控制板。

13.8.7 SVG 装置脉冲板通信故障处理

（1）检查脉冲板插件是否插牢固。

（2）检查该脉冲板是否上电正常。

（3）更换脉冲板。

13.8.8　SVG 进线开关跳闸

（1）采取安全措施将 SVG 与母线可靠隔离。

（2）按照厂家规定对 SVG 进行充分放电 15min，确认放电完毕后查找 SVG 进线开关跳闸原因，若确认是外部原因导致 SVG 进线开关跳闸，可以试投一次。

（3）原因未查明不得试投 SVG。

13.8.9　SVG 装置主开关合闸故障、主开关跳闸故障处理

（1）检查主开关的合闸和跳闸回路是否接线正确。

（2）检查主开关状态测量回路是否接线正确。

13.8.10　SVG 装置启动开关合闸故障、启动开关跳闸故障处理

（1）检查启动开关的合闸和跳闸回路是否接线正确。

（2）检查启动开关的操作电源是否合上。

（3）检查启动开关是否损坏。

13.8.11　SVG 装置温度过高处理

（1）检查 SVG 室环境温度是否过高。

（2）检查水冷系统是否正常运行。

（3）检查功率单元板是否损坏等。

13.9　继电保护及自动化设备事故处理

二次设备事故包括二次线虚接、错误、回路断线；电流互感器二次开路、电流互感器二次短路或接地；直流接地、交直流混接；继电保护及自动装置故障、保护拒动、误动等。正确分析和快速处理二次设备故障对保证电气一次设备安全稳定运行尤为重要。

13.9.1　二次设备事故处理基本原则

（1）停用保护及自动装置必须经调度同意。

（2）在互感器二次回路上查找故障时，必须考虑对保护及自动装置的影响，防止误动和拒动。

（3）进行保护传动试验时，应事先查明是否与其他设备有关，应先断开联调其他设备的压板，然后进行试验。

（4）当保护装置是双套配置时，如果仅有一套保护故障，应根据调度命令退出保护，一次设备恢复运行。

（5）继电保护和自动装置在运行中，如发生下列情况之一者，应退出有关装置，汇报调度和有关部门，通知专业人员。

1）装置冒烟着火。

2）装置内部出现放电或异常声。

3）其他有引起误动或拒动危险的情况。

4）装置出现严重故障信号不能复归。

5）电压回路断线，失去交流电压。

6）电流回路开路。

7）保护通道告警或者通道故障。

8）需要做模拟试验、保护和断路器传动试验时，试验之前，先断开该设备的失灵保护、远方跳闸的启动回路，防止万一出现所传动的断路器不能跳闸，失灵保护、远方跳闸回路误动作，造成母线停电等恶性事故。

13.9.2　二次设备事故处理步骤

（1）汇报调度。

（2）二次设备重点检查保护动作情况，尤其是根据保护动作情况判断保护是否拒动、误动。

（3）根据调度指令投退保护装置。

（4）配合二次检修做好安全措施及故障分析。

（5）填写运行记录、事故跳闸记录、断路器分/合闸记录，做好保护动作报告、故障录波报告的调取和事故经过报告的编写。

13.9.3　保护交流电流、电压回路断线处理

（1）报调度及风电场主管领导。

（2）按照 TA、TV 断线的处理规定退出相应的保护。

（3）由检修人员检查处理，处理好后再按要求投入相应的保护；若一次系统不停运无法处理时，则请示相应领导并经调度同意后将设备停运。

13.9.4　继电保护动作处理

（1）系统和设备发生故障时，值班人员应及时检查保护动作情况和打印报告，并汇报调度，同时做好记录，联系继保人员。

（2）保护动作后应分析动作是否正确，如发现保护误动或信号不正常，应及时通知继保人员进行检查，待查明原因处理好后方可投入运行。

（3）现场人员应保证打印报告的连续性，严禁乱撕、乱放打印纸，妥善保管打印报告，并及时移交相关人员。无打印操作时，应将打印机防尘盖盖好并推入盘内。

（4）当保护装置动作跳闸后，"跳闸"灯亮并保持，此时应及时按屏上"打印"按钮打印报告，进入装置菜单打印相关波形报告，并准确记录装置动作信号灯后方可按屏上"复归"按钮进行信号复归。

（5）待故障处理完毕后，应检查保护装置运行状态是否正常。

附　　录

附录 1　DL/T 796—2012《风力发电场
安全规程》节选

前　　言

本标准是根据《国家能源局关于下达 2009 年第一批能源领域行业标准制（修）订计划的通知》（国能科技〔2009〕163 号文）的安排进行修订的。

本标准是按照《标准化工作导则　第 1 部分：标准的结构和编写》（GB/T 1.1—2009）给出的规则编写的。

本标准对《风力发电场安全规程》（DL/T 796—2001）进行了以下修订：

——新增了作业现场基本要求和机组调试安全、应急处理三部分内容。

——调整和补充了总则、人员基本要求、运行安全要求三个章节的部分条款。

——将原风电机安装安全措施一章分为：一般规定、塔架安装、机舱安装、叶轮和叶片安装、其他等五个部分，对这五部分分别进行了规定，并对相关条款进行了补充和调整。

——将原风电机组维护检修安全措施一章改为调试、检修和维护，并分一般规定、调试安全、检修和维护安全三个部分分别进行了规定，并对相关条款进行了补充和调整。

本标准由中国电力企业联合会提出。

本标准由能源行业风电标准化技术委员会归口。

本标准主要起草单位：龙源电力集团股份有限公司。

本标准主要起草人：张冬平、王松涛、孙海鸿、孙浩、刘科、张石刚、吴吉军。

本标准在执行过程中的意见或建议反馈至中国电力企业联合会标准化管理中心（北京市白广路二条一号，100761）。

风力发电场安全规程

1　范围

本标准规定了风力发电场人员、环境、安全作业的基本要求，风力发电机组安装、调试、检修和维护的安全要求，以及风力发电机组应急处理的相关安全要求。

本标准适用于陆上并网型风力发电场。

2　规范性引用文件

下列文件对于本文件的应用是必不可少的。凡是注日期的引用文件，仅注日期的版本适用于本文件。凡是不注日期的引用文件，其最新版本（包括所有的修改单）适用于本文件。

　　GB 2894　安全标志及其使用导则

　　GB/T 2900.53　电工术语　风力发电机组

　　GB/T 6096　安全带测试方法

　　GB 7000.1　灯具　第1部分：一般要求与试验

　　GB 18451.1　风力发电机组　设计要求

　　GB 19155　高处作业吊篮

　　GB/T 20319　风力发电机组　验收规范

　　GB 26164.1　电业安全工作规程　第1部分：热力和机械

　　GB 26859　电力安全工作规程　电力线路部分

　　GB 26860　电力安全工作规程　发电厂和变电站电气部分

　　GB 50016　建筑设计防火规范

　　GB 50140　建筑灭火器配置设计规范

　　GB 50303　建筑电气工程施工质量验收规范

　　DL/T 572　电力变压器运行规程

　　DL/T 574　变压器分接开关运行维修导则

　　DL/T 587　微机继电保护装置运行管理规程

　　DL/T 741　架空输电线路运行规程

　　DL/T 969　变电站运行导则

　　DL/T 5248　履带起重机安全操作规程

　　DL/T 5250　汽车起重机安全操作规程

　　JGJ 46　施工现场临时用电安全技术规范

3　术语和定义

下列术语和定义适用于本标准。

3.1

风电场输变电设备　electrical transmission and transformation equipment of wind farm
风电场升压站电气设备、集电线路、风力发电机组升压变等。

3.2

坠落悬挂安全带　fall arrest systems
高处作业或登高人员发生坠落时，将坠落人员安全悬挂的安全带。

3.3

飞车　run away
风力发电机组制动系统失效，风轮转速超过允许或额定转速，且机组处于失控状态。

3.4

安全链　safety chain
由风力发电机组重要保护元件串联形成，并独立于机组逻辑控制的硬件保护回路。

4　总则

4.1　风电场安全工作必须坚持"安全第一、预防为主、综合治理"的方针，加强人员安全培训，完善安全生产条件，严格执行安全技术要求，确保人身和设备安全。

4.2　风电场应根据现场实际情况编制自然灾害类、事故灾难类、公共卫生事件类和社会安全事件类等各类突发事件应急预案，并定期进行演练。

5　基本要求

5.1　人员基本要求

5.1.1　风电场工作人员应没有妨碍工作的病症，患有高血压、恐高症、癫痫、晕厥、心脏病、美尼尔病、四肢骨关节及运动功能障碍等病症的人员，不应从事风电场的高处作业。

5.1.2　风电场工作人员应具备必要的机械、电气、安装知识，熟悉风电场输变电设备、风力发电机组的工作原理和基本结构，掌握判断一般故障的产生原因及处理方法，掌握监控系统的使用方法。

5.1.3　风电场工作人员应掌握坠落悬挂安全带（以下简称"安全带"、防坠器、安全帽、防护服和工作鞋等个人防护设备的正确使用方法，具备高处作业、高空逃生及高空救援相关知识和技能，特殊作业应取得相应特殊作业操作证。

5.1.4　风电场工作人员应熟练掌握触电、窒息急救法，熟悉有关烧伤、烫伤、外伤、气体中毒等急救常识，学会正确使用消防器材、安全工器具和检修工器具。

5.1.5　外单位工作人员应持有相应的职业资格证书，了解和掌握工作范围内的危险因素和防范措施，并经过考试合格方可开展工作。

5.1.6　临时用工人员应进行现场安全教育和培训，应被告知其作业现场和工作岗位存在的危险因素、防范措施及事故紧急处理措施后，方可参加指定的工作。

5.2　作业现场基本要求

5.2.1　风电场配置的安全设施、安全工器具和检修工器具等应检验合格且符合国家或行业标准的规定：风电场安全标志标识应符合 GB 2894 的规定。

5.2.2　风力发电机组底部应设置"未经允许、禁止入内"标示牌：基础附近应增设"请勿靠近，当心落物"、"雷雨天气，禁止靠近"警示牌；塔架爬梯旁应设置"必须系安全带"、"必须戴安全帽"、"必须穿防护鞋"指令标识；36V 及以上带电设备应在醒目位置设置"当心触电"标识。

5.2.3　风力发电机组内无防护罩的旋转部件应粘贴"禁止踩踏"标识；机组内易发生机械卷入、轧压、碾压、剪切等机械伤害的作业地点应设置"当心机械伤人"标识；机组内安全绳固定点、高空应急逃生定位点、机舱和部件起吊点应清晰标明；塔架平台、机舱的顶部和机舱的底部壳体、导流罩等作业人员工作时站立的承台等应标明最大承受重量。

5.2.4　风电场场区各主要路口及危险路段内应设立相应的交通安全标志和防护设施。

5.2.5　塔架内照明设施应满足现场工作需要，照明灯具选用应符合 GB 7000.1 的规定，灯具的安装应符合 GB 50016 的要求。

5.2.6　机舱和塔架底部平台应配置灭火器，灭火器配置应符合 GB 50140 的规定。

5.2.7　风电场现场作业使用交通运输工具上应配备急救箱、应急灯、缓降器等应急用品，并定期检查、补充或更换。

5.2.8　机组内所有可能被触碰的 220V 及以上低压配电回路电源，应装设满足要求的剩余电流动作保护器。

5.3　安全作业基本要求

5.3.1　风电场作业应进行安全风险分析，对雷电、冰冻、大风、气温、野生动物、昆虫、龙卷风、台风、流沙、雪崩、泥石流等可能造成的危险进行识别，做好防范措施；作业时，应遵守设备相关安全警示或提示。

5.3.2　风电场升压站和风力发电机组升压变安全工作应遵循 GB 26860 的规定。风电场集电线路安全工作应遵循 GB 26859 的规定。

5.3.3　进入工作现场必须戴安全帽，登塔作业必须系安全带、穿防护鞋、戴防滑手套、使用防坠落保护装置，登塔人员体重及负重之和不宜超过 100kg。身体不适、情绪不稳定，不应登塔作业。

5.3.4　安全工器具和个人安全防护装置应按照 GB 26859 规定的周期进行检查和测试；坠落悬挂安全带测试应按照 GB/T 6096 的规定执行；禁止使用破损及未经检验合格的安全工器具和个人防护用品。

5.3.5　风速超过 25m/s 及以上时，禁止人员户外作业；攀爬风力发电机组时，风速不应高于该机型允许登塔风速，但风速超过 18m/s 及以上时，禁止任何人员攀爬机组。

5.3.6　雷雨天气不应安装、检修、维护和巡检机组，发生雷雨天气后一小时内禁止靠近风力发电机组；叶片有结冰现象且有掉落危险时，禁止人员靠近，并应在风电场各入口处设置安全警示牌；塔架爬梯有冰雪覆盖时，应确定无高处落物风险并将覆盖的冰雪清除后方可攀爬。

5.3.7　攀爬机组前，应将机组置于停机状态，禁止两人在同一段塔架内同时攀爬；上下攀爬机组时，通过塔架平台盖板后，应立即随手关闭；随身携带工具人员应后上塔、先下塔；到达塔架顶部平台或工作位置，应先挂好安全绳，后解防坠器；在塔架爬梯上作业，应系好安全绳和定位绳，安全绳严禁低挂高用。

5.3.8　出舱工作必须使用安全带，系两根安全绳；在机舱顶部作业时，应站在防滑表面；安全绳应挂在安全绳定位点或牢固构件上，使用机舱顶部栏杆作为安全绳挂钩定位点时，每个栏杆最多悬挂两个。

5.3.9　高处作业时，使用的工器具和其他物品应放入专用工具袋中，不应随手携带；工作中所需零部件、工器具必须传递，不应空中抛接；工器具使用完后应及时放回工具袋或箱中，工作结束后应清点。

5.3.10　现场作业时，必须保持可靠通信，随时保持各作业点、监控中心之间的联络，禁止人员在机组内单独作业；车辆应停泊在机组上风向并与塔架保持 20m 及以上的安全距离；作业前应切断机组的远程控制或切换到就地控制；有人员在机舱内、塔架平台或塔架爬梯上时，禁止将机组启动并网运行。

5.3.11　机组内作业需接引工作电源时，应装设满足要求的剩余电流动作保护器，工作前应检查电缆绝缘良好，剩余电流动作保护器动作可靠。

5.3.12　使用机组升降机从塔底运送物件到机舱时，应使吊链和起吊物件与周围带电设备保持足够的安全距离，应将机舱偏航至与带电设备最大安全距离后方可起吊作业；物品起吊后，禁止人员在起吊物品下方逗留。

5.3.13　严禁在机组内吸烟和燃烧废弃物品，工作中产生的废弃物品应统一收集和处理。

6　安装

6.1　一般规定

6.1.1　风力发电机组吊装起重作业应严格遵循 DL/T 5248、DL/T 5250 和 GB 26164.1 规定的要求。

6.1.2　塔架、机舱、叶轮、叶片等部件吊装时，风速不应高于该机型安装技术规定。未明确相关吊装风速的，风速超过 8m/s 时，不宜进行叶片和叶轮吊装；风速超过 10m/s 时，不宜进行塔架、机舱、轮毂、发电机等设备吊装工作。

6.1.3　遇有大雾，雷雨天，照明不足，指挥人员看不清各工作地点，或起重驾驶员看不见起重指挥人员等情况时，不应进行起重工作。

6.1.4　吊装场地应满足作业需要，并应有足够的零部件存放地；风电场道路应平整、通畅，所有桥涵、道路能够保证各种施工车辆安全通行。

6.1.5　机组吊装施工现场应设置警示标牌，在吊装场地周围设立警戒线，非作业人员不应入内。

6.1.6　吊装前应正确选择吊具，并确保起吊点无误；吊装物各部件保持完好，固定牢固。

6.1.7　在吊绳被拉紧时，不应用手接触起吊部位，禁止人员和车辆在起重作业半径内停留。

6.1.8　吊装作业区有带电设备时，起重设施和吊物、缆风绳等与带电体的最小安全距离不得小于 GB 26860 的规定，并应设专人监护。吊装时采用的临时缆绳应由非导电材料制成，并确保足够强度。

6.1.9　塔架、机舱就位后，应立即按照紧固技术要求进行紧固。使用的各类紧固器具，应经过检测合格并有检验合格标识。

6.1.10　机组电气设备的安装应符合 GB 50303 的规定要求。

6.1.11　施工现场临时用电应采取可靠的安全措施，并应符合 JGJ 46 的要求。

6.2　塔架安装

6.2.1　塔架安装之前必须先完成机组基础验收，其接地电阻必须满足技术要求。

6.2.2　起吊塔架时，应保证塔架直立后下端处于水平位置，并至少有一根导向绳导向。

6.2.3　塔架就位时，工作人员不应将身体部位伸出塔架之外。

6.2.4　底部塔架安装完成后应立即与接地网进行连接，其他塔架安装就位后应立即连接引雷导线。

6.2.5　在塔架的安装过程中，应安装临时防坠装置。如无临时防坠装置，攀爬塔架时应使用双钩安全绳进行交替固定。

6.2.6　顶段塔架安装完成后，应立即进行机舱安装。如遇特殊情况，不能完成机舱安装，人员离开时必须将塔架门关闭，并采取将塔架顶部封闭等防止塔架摆动措施。

6.3　机舱安装

6.3.1　起吊机舱时，起吊点应确保无误。在吊装中必须保证有一名作业人员在塔架平台协助工作。

6.3.2　机舱和塔架对接时应缓慢而平稳，避免机舱与塔架之间发生碰撞。

6.3.3　起吊机舱时，禁止人员随机舱一起起吊。

6.3.4　机舱与塔架固定连接螺栓达到技术要求的紧固力矩后，方可松开吊钩、移除吊具。

6.3.5　完成机舱安装，人员撤离现场时，应恢复顶部盖板并关闭机舱所有窗口。

6.4　叶轮和叶片安装

6.4.1　叶轮和叶片起吊时，应使用经检验合格的吊具。

6.4.2　起吊叶轮和叶片时至少有两根导向绳，导向绳长度和强度应足够；应有足够人员拉紧导向绳，保证起吊方向。

6.4.3　起吊变桨距机组叶轮时，叶片桨距角必须处于顺桨位置，并可靠锁定。

6.4.4　叶片吊装前，应检查叶片引雷线连接良好，叶片各接闪器至根部引雷线阻值不大于该机组规定值。

6.4.5　叶轮在地面组装完成未起吊前，必须可靠固定。

6.5　其他

6.5.1　机组安装完成后，应将刹车系统松闸，使机组处于自由旋转状态。

6.5.2　机组安装完成后，应测量和核实机组叶片根部至底部引雷通道阻值符合技术规定，并检查机组等电位连接无异常。

7　调试、检修和维护

7.1　一般规定

7.1.1　风力发电机组调试、检修和维护工作均应参照 GB 26860 的规定执行工作票制度、工作监护制度和工作许可制度、工作间断转移和终结制度，动火作业必须开动火工作票；风力发电机组工作票样式见附录 A。

7.1.2　风速超过 12m/s 时，不应打开机舱盖（含天窗）；风速超过 14m/s 时，应关闭机舱盖；风速超过 12m/s，不应在机舱外和轮毂内工作；风速超过 18m/s 时，不应在机舱内工作。

7.1.3　测量机组网侧电压和相序时必须佩戴绝缘手套，并站在干燥的绝缘台或绝缘垫上；启动并网前，应确保电气柜柜门关闭，外壳可靠接地；检查和更换电容器前，应将电容器充分放电。

7.1.4　检修液压系统时，应先将液压系统泄压，拆卸液压站部件时，应戴防护手套和护目眼镜；拆除制动装置应先切断液压、机械与电气连接，安装制动装置应最后连接液压、机械与电气装置。

7.1.5　机组测试工作结束，应核对机组各项保护参数，恢复正常设置；超速试验时，试验人员应在塔架底部控制柜进行操作，人员不应滞留在机舱和塔架爬梯上，并应设专人监护。

7.1.6　机组高速轴和刹车系统防护罩未就位时，禁止启动机组。

7.1.7　进入轮毂或在叶轮上工作，首先必须将叶轮可靠锁定，锁定叶轮时，风速不应高于机组规定的最高允许风速；进入变桨距机组轮毂内工作，必须将变桨机构可靠锁定。

7.1.8　严禁在叶轮转动的情况下插入锁定销，禁止锁定销未完全退出插孔前松开制动器。

7.1.9　检修和维护时使用的吊篮，应符合 GB 19155 的技术要求。工作温度低于零下20℃时禁止使用吊篮，当工作处阵风风速大于 8.3m/s 时，不应在吊篮上工作。

7.1.10　需要停电的作业，在一经合闸即送电到作业点的开关操作把手上应挂"禁止合闸，有人工作"警示牌。

7.2　调试安全

7.2.1　机组调试期间，应在控制盘、远程控制系统操作盘处挂禁止操作标示牌。

7.2.2　独立变桨的机组调试变桨系统时，严禁同时调试多支叶片。

7.2.3　机组其他调试测试项目未完成前，禁止进行超速试验。

7.2.4　新安装机组在启动前应具备以下条件：

　　a）各电缆连接正确，接触良好。

　　b）设备绝缘良好。

　　c）相序校核，测量电压值和电压平衡性。

　　d）检测所有螺栓力矩达到标准力矩值。

　　e）正常停机试验及安全停机、事故停机试验无异常。

　　f）完成安全链回路所有元件检测和试验，并正确动作。

　　g）完成液压系统、变桨系统、变频系统、偏航系统、刹车系统、测风装置性能测试，达到启动要求。

　　h）核对保护定值设置无误。

　　i）填写调试报告。

7.3　检修和维护安全

7.3.1　每半年至少对机组的变桨系统、液压系统、刹车机构、安全链等重要安全保护装置进行检测试验一次。

7.3.2　机组添加油品时必须与原油品型号相一致。更换替代油品时应通过试验，满足技术要求。

7.3.3　维护和检修发电机前必须停电并验明三相确无电压。

7.3.4　拆除能够造成叶轮失去制动的部件前，应首先锁定叶轮。

7.3.5　禁止使用车辆作为缆绳支点和起吊动力器械；严禁用铲车、装载机等作为高处作业的攀爬设施。

7.3.6　每半年对塔架内安全钢丝绳、爬梯、工作平台、门防风挂钩检查一次；每年对机组加热装置、冷却装置检测一次；每年在雷雨季节前对避雷系统检测一次，至少每三个月时变桨系统的后备电源、充电电池组进行充放电试验一次。

7.3.7　清理润滑油脂必须戴防护手套，避免接触到皮肤或者衣服；打开齿轮箱盖及液压站油箱时，应防止吸入热蒸气；进行清理滑环、更换碳刷、维修打磨叶片等粉尘环境的作业时，由佩戴防毒防尘面具。

7.3.8 使用弹簧阻尼偏航系统卡钳固定螺栓扭矩和功率消耗应每半年检查一次。采用滑动轴承的偏航系统固定螺栓力矩值应每半年检查一次。

8　运行安全

8.1 经调试、检修和维护后的风力发电机组，启动前应办理工作票终结手续。

8.2 机组投入运行时，严禁将控制回路信号短接和屏蔽，禁止将回路的接地线拆除；未经授权，严禁修改机组设备参数及保护定值。

8.3 手动启动机组前叶轮上应无结冰、积雪现象；机组内发生冰冻情况时，禁止使用自动升降机等辅助的爬升设备；停运叶片结冰的机组，应采用远程停机方式。

8.4 在寒冷、潮湿和盐雾腐蚀严重地区，停止运行一个星期以上的机组在投运前应检查绝缘，合格后才允许启动。受台风影响停运的机组，投入运行前必须检查机组绝缘，合格后方可恢复运行。

8.5 机组投入运行后，禁止在装置进气口和排气口附近存放物品。

8.6 应每年对机组的接地电阻进行测试一次，电阻值不宜高于 4Ω；每年对轮毂至塔架底部的引雷通道进行检查和测试一次，电阻值不应高于 0.5Ω。

8.7 每半年对塔架内安全钢丝绳、爬梯、工作平台、门防风挂钩检查一次；风电场安装的测风塔每半年对拉线进行紧固和检查，海边等盐雾腐蚀严重地区，拉线应至少每两年更换一次。

9　应急处理

9.1　应急处理原则

9.1.1 发生事故时，应立即启动相应的应急预案，并按照国家事故报告有关要求如实上报事故情况，事故的应急处理应坚持"以人为本"的原则。

9.1.2 事故应急处理可不开工作票，但是事故后续处置工作应补办工作票，及时将事故发生经过和处理情况，如实记录在运行记录簿上。

9.2　应急处理注意事项

9.2.1 风电场升压站、集电线路、风力发电机组升压变事故处理应遵循 DL/T 969、DL/T 572、DL/T 741、DL/T 574 和 DL/T 587 等标准的规定。

9.2.2 机组机舱发生火灾时，禁止通过升降装置撤离，应首先考虑从塔架内爬梯撤离，当爬梯无法使用时方可利用缓降装置从机舱外部进行撤离。使用缓降装置，要正确选择定位点，同时要防止绳索打结。

9.2.3 机组机舱发生火灾，如尚未危及人身安全，应立即停机并切断电源，迅速采取灭火措施，防止火势蔓延。在机舱内灭火，没有使用氧气罩的情况下，不应使用二氧化碳灭火器。

9.2.4 有人触电时，应立即切断电源，使触电人脱离电源，并立即启动触电急救现场处置方案。如在高空工作时，发生触电，施救时还应采取防止高空坠落措施。

9.2.5 机组发生飞车或机组失控时，工作人员应立即从机组上风向方向撤离现场，并尽量远离机组。

9.2.6 发生雷雨天气，应及时撤离机组；来不及撤离时，可双脚并拢站在塔架平台上，不得触碰任何金属物体。

9.2.7 发现塔架螺栓断裂或塔架本体出现裂纹时，应立即将机组停运，并采取加固措施。

附　录　A
（规范性附录）
风电场风力发电机组工作票

编号：FDJ－×××××××

1. 班组：＿＿＿＿＿＿　工作负责人（监护人）：＿＿＿＿＿＿

2. 工作班人员：＿＿＿＿＿＿＿＿＿＿＿＿＿＿＿＿＿＿＿

＿＿＿＿＿＿＿＿＿＿＿＿＿＿＿＿＿＿＿＿＿　共＿＿人（包括工作负责人）

3. 工作任务：＿＿＿＿＿＿＿＿＿＿＿＿＿＿＿＿＿＿＿＿＿

　　工作地点：＿＿＿＿＿＿＿＿＿＿＿＿＿＿＿＿＿＿＿＿＿

4. 计划工作时间：自＿＿年＿＿月＿＿日＿＿时＿＿分

　　　　　　　　　至＿＿年＿＿月＿＿日＿＿时＿＿分

5. 注意事项（安全措施）：

由工作负责人根据工作任务现场布置：

序号	安 全 措 施 内 容	完成（√）
1		
2		
3		
4		
5		

运行值班人员补充安全措施内容：

序号	安 全 措 施 内 容	完成（√）
1		
2		
3		
4		

6. 危险点及控制措施：

危险点	危险因素控制措施	措施落实人

附　录

工作票签发人签名：＿＿＿＿＿＿

7. 许可开始工作时间：＿＿年＿＿月＿＿日＿＿时＿＿分

　　工作许可人（值班员）签名：＿＿＿＿＿＿　　工作负责人签名：＿＿＿＿＿＿

8. 工作票延期到＿＿年＿＿月＿＿日＿＿时＿＿分

　　工作负责人签名：＿＿＿＿＿＿　　　　值长或值班负责人签名：＿＿＿＿＿＿

9. 工作终结时间：＿＿年＿＿月＿＿日＿＿时＿＿分

　　工作负责人签名：＿＿＿＿＿＿　　工作许可人（值班员）签名：＿＿＿＿＿＿

10. 备注：

＿＿＿＿＿＿＿＿＿＿＿＿＿＿＿＿＿＿＿＿＿＿＿＿＿＿＿＿＿＿＿＿＿＿＿＿＿＿

＿＿＿＿＿＿＿＿＿＿＿＿＿＿＿＿＿＿＿＿＿＿＿＿＿＿＿＿＿＿＿＿＿＿＿＿＿＿

11. 评价情况：经检查本票为（章）＿＿＿票，检查人：＿＿＿＿＿＿

盖已执行章处

附录 2　NB/T 31052—2014《风力发电场高处作业安全规程》节选

前　言

本标准是根据《国家能源局关于转发 2009 年行业标准计划风力发电标准化技术委员会部分的通知》（国能科技〔2009〕163 号）的安排制定。

本标准根据 GB/T 1.1—2009《标准化工作导则　第 1 部分：标准的结构和编写》的要求编写。

本标准由中国电力企业联合会提出。

本标准由能源行业风力发电标准化技术委员会归口。

本标准起草单位：苏州龙源白鹭风电职业技术培训中心有限公司、龙源电力集团股份有限公司。

本标准主要起草人：陈刚、吴金城、孙海鸿、李晓雪、黄晓杰、张国珍。

本标准在执行过程中的意见或建议反馈至中国电力企业联合会标准化管理中心（北京市白广路二条一号，100761）。

风力发电场高处作业安全规程

1　范围

本标准规定了风电场进行高处作业的组织管理、人员准备和防护措施等方面的安全要求。

本标准适用于陆上风电场运行、维护和检修的高处作业。

2　规范性引用文件

下列文件对于本文件的应用是必不可少的。凡是注日期的引用文件，仅注日期的版本适用于本文件。凡是不注日期的引用文件，其最新版本（包括所有的修改单）适用于本文件。

GB/T 3608　高处作业分级

GB 6067.1　起重机械安全规程　第 1 部分：总则

GB 6095　安全带

GB 19155　高处作业吊篮

GB 26164.1　电业安全工作规程　第 1 部分：热力和机械

GB 26859　电力安全工作规程　电力线路部分

GB 26860　电力安全工作规程　发电厂和变电站电气部分

DL/T 796　风力发电场安全规程

3　术语和定义

下列术语和定义适用于本标准。

3.1

高处作业　work at height

在距坠落高度基准面 2m 及以上有可能坠落的高处进行的作业。

3.2

坠落防护装备　fall protection equipment

防止高处作业人员坠落伤害的防护用品，包括坠落悬挂安全带、安全绳、自锁器等。

3.3

坠落悬挂安全带　fall arrest system

坠落时能支撑和控制人体，分散冲击力，避免人体受到伤害的安全带。

注：坠落悬挂安全带配有双肩带和双跨带、一个胸部 D 形环、一个背部 D 形环、两个腰部 D 形环，能够由大腿、骨盆、腰部和肩部共同承担坠落冲击力。

3.4

安全绳　lanyard

连接安全带与挂点的绳（带）。

注：有单挂钩安全绳和双挂钩安全绳两种结构形式，起扩大或限制佩戴者活动范围的作用。

3.5

双挂钩安全绳　two snaphooks lanyard

一端有两只挂钩的安全绳，可以实现在高处作业移动位置时，至少有一根系绳处于系挂状态。

3.6

缓冲器　energy absorber

与安全绳串联在系带与挂点之间，发生坠落时吸收部分冲击能量、降低冲击力的部件。

3.7

自锁器（导向式防坠器）　guided type fall arrester

附着在导轨（缆）上，由坠落动作引发制动作用的部件。

3.8

挂点　anchor point

安全带与固定构造物的连接点。

注：该点强度应满足安全带的负荷要求。

3.9

逃生缓降器　descent rescue device

通过主机内的行星轮减速机构及摩擦轮毂内摩擦块的作用，保证使用者依靠自重以一定速度安全降至地面的往复式自救逃生器械。

4 基本要求

4.1 一般规定

4.1.1 风电场应制定高处作业规章制度，保证高处作业的安全投入，提供安全的作业环境和坠落防护装备。

4.1.2 风电场每季度至少进行一次坠落防护装备的专项检查，发现有缺陷的装备应立即退出使用，无法修复的应做破坏性处理。

4.1.3 工作负责人应根据高处作业情况制定施工方案和安全防护措施，并确保落实。

4.1.4 登高作业前，工作负责人应召开专项安全会，对高处作业进行分工布置，提示作业风险和安全注意事项，对坠落防护装备及佩戴情况进行检查。

4.1.5 作业人员应了解高处作业风险，熟知作业程序和相关安全要求；遵守高处作业规章制度，执行高处作业工作计划；正确佩戴和使用坠落防护装备；发现安全隐患或危险，应立即报告工作负责人；有权拒绝违章指挥和强令冒险作业。

4.2 作业条件

4.2.1 从事高处作业的单位应安排新员工或转岗新员工接受上岗前安全培训，上岗初期应指派有经验的员工进行业务指导直至其能够独立操作。

4.2.2 作业人员应经过高处作业安全技能、高处救援与逃生培训，并经考试合格，持证上岗。

4.2.3 作业人员应经体检合格后方可上岗，患有心脏病、高血压、癫痫病、恐高症等疾病的人员不得从事高处作业。

4.2.4 饮酒后或服用降低判断力和行动能力的药品期间，不得从事高处作业。身体不适、情绪不稳定，不得从事高处作业。

4.2.5 当风速在 18m/s 及以上或雷电天气中，严禁高处作业。

4.2.6 夜间进行高处作业应具备良好的照明器具，照明效果不佳时不应进行高处作业。

4.3 作业要求

4.3.1 进入工作现场必须戴安全帽，高处作业必须穿工作服，佩戴坠落防护装备，穿安全鞋，戴防护手套。登塔人员体重及负重之和不得超过 100kg。

4.3.2 应对高处作业下方周围区域进行安全隔离，隔离范围应满足 GB 3608 中规定的坠落防护距离要求，悬挂安全警示标志。风电机组进行高处作业时，严禁非工作人员靠近风电机组或在机组底部附近逗留。车辆应停泊在塔架上风向 20m 及以外的区域。

4.3.3 高处作业所用工具、材料应妥善摆放，保持通道畅通，易滑动、滚动的工具、材料应采取措施防止坠落伤人。

4.3.4 高处作业人员随身携带的物品及工具应妥善保管并做好防坠措施，上下运送的工具、材料、部件应装入工具袋使用绳索系送或吊机运送，严禁抛掷。

4.3.5 高处作业应尽可能避免上下垂直交叉作业。若必须进行垂直交叉作业时，应指定人员上下路线，采取可靠的隔离措施。

4.3.6 攀爬风电机组时，应将机组置于停机状态；严禁两名及以上作业人员在同一段塔架内同时攀爬；上下攀爬风电机组时，通过塔架平台盖板后，应立即随手关闭盖板；随身携带工具人员应后上塔、先下塔；到达塔架顶部平台或工作位置，应先挂好安全绳，后解自锁器；在塔架爬梯上作业，应系好安全绳。

4.3.7 使用风电机组吊机运送物品过程中，作业人员必须使用坠落防护装备。从塔架外部吊送时，必须使用缆风绳控制被吊物品。

4.3.8 在风电场涉及脚手架、梯子等高处作业时，应遵照 GB 26164.1 的有关规定执行。

4.3.9 在风电场架空线路的杆塔上工作时，应遵照 GB 26859 的有关规定。

4.3.10 在风电场变电站作业时，应遵照 GB 26860 的有关规定。

4.3.11 在风电场进行风电机组安装作业时，作业人员应按 DL 796 有关规定执行。

4.3.12 风电场进行起重作业时，吊装现场的吊装机械、吊绳索、缆风绳等吊装设备和被吊物品应与输电线路保持安全距离，并满足 GB 6067.1 的要求。

4.4　安全防护

4.4.1 个人坠落防护装备在每次使用前应进行外观检查，严禁使用存在缺陷的坠落防护装备。

4.4.2 坠落悬挂安全带、安全绳、自锁器等装备的选择、使用和检查应符合 GB 6095 中的要求。

4.4.3 安全绳的挂点应选择作业人员上方尽可能高的位置，挂点与作业人员的水平距离应尽可能接近。

4.4.4 安全绳挂点应选用结实牢固的构件或风电机组指定的挂点，挂点应能承担 22kN 的冲击力，严禁选用格栅、电线护管、仪表管线、电缆托盘、未妥善固定的移动部件等作为挂点。

4.4.5 安全绳应避免接触边缘锋利的构件，严禁对安全绳进行接长使用。

4.4.6 攀爬梯子应使用自锁器做防坠保护，上下爬梯时应双手扶梯，严禁手中持物上下爬梯。

4.4.7 个人安全防护装备只能用于作业人员安全防护，不得用作其他用途。

4.4.8 个人坠落防护装备在携带过程中，应单独存放，不应与工器具或风电机组零部件放在一起。

5　特殊作业

5.1　特殊作业划分

特殊作业包括：强风高处作业、异温高处作业、雪天高处作业、雨天高处作业、悬空高处作业、抢救高处作业、机舱外作业、轮毂内作业、使用吊篮进行叶片和塔架维护作业等。

5.2　特殊作业安全要求

特殊作业安全应满足 4.1 的规定。对于作业技术难度较大、潜在后果严重的或非常规特殊高处作业，还应组织由技术、资深作业人员参加的工作安全分析会，识别作业危险，制订防范措施，并确定安全措施的负责人。

5.3 机舱外作业

5.3.1 在 10.8m/s 及以上的大风以及暴雨、大雾等恶劣天气中，不应在风电机组机舱外作业。

5.3.2 在机舱外等无安全防护设施的平台上，作业人员应使用双钩安全绳。

5.3.3 在机舱顶部作业时，应站在防滑表面；安全绳应挂在挂点或牢固构件上；使用机舱顶部防护栏作为安全绳挂点时，每个栏杆最多悬挂两根安全绳。

5.3.4 从机舱外部进入轮毂时，必须使用双钩安全绳。安全绳的挂点应分别挂在轮毂两侧的栏杆上。

5.4 轮毂内作业

5.4.1 风速超过 12m/s 时，不得在轮毂内工作。

5.4.2 在轮毂内工作时必须用安全绳做防坠保护。整个工作过程中必须防止个人坠落防护装备卷入转动部件中。

5.5 使用吊篮进行叶片和塔架维护作业

5.5.1 吊篮的使用应符合 GB 19155 相关要求。

5.5.2 使用吊篮进行叶片和塔架维护高处作业，吊篮上的工作人员应配置独立于悬吊平台的安全绳及坠落防护装备，并始终将安全带系在安全绳上。

5.5.3 应尽可能减少吊篮中的作业人员数量，吊篮中作业人员数量不应超过核定人数。

5.5.4 严禁使用车辆作为缆绳支点和起吊动力器械；严禁用铲车、装载机、风电机组吊机等作为高处作业人员的运送设施。

5.5.5 使用吊篮作业时，应使用不少于两根缆风绳控制吊篮方向。

6 高处救援与逃生

6.1 当风电设备发生事故时，在确保人身安全前提下开展应急处理工作。

6.2 风电场应根据现场实际情况编制高处救援、逃生等突发事件应急预案，并定期进行演练。

6.3 高处救援预案应根据不同机型、不同作业区域情况进行编制。预案应包括救援机型、救援区域、救援所用的装备、装备挂点的选择、救援的实施步骤、被救人员后续处理等内容。

6.4 机舱中没有高处救援、逃生装置时，应在工作人员进入机舱工作前准备好，随时备用。

6.5 风电机组机舱发生火灾时，严禁通过塔架内升降机撤离，应首先考虑从塔架内爬梯撤离。当爬梯无法使用时，方可利用逃生缓降器从机舱外部进行撤离。使用逃生缓降器，要正确选择挂点，同时要防止绳索打结。

7 安全教育与培训

7.1 风电场工作人员应熟练掌握坠落防护装备的检查和使用方法，掌握高处救援、高处逃生等操作技能。

7.2 风电场应结合风电高处作业特点编制高处作业培训计划，对所有高处作业人员实施业务培训和安全教育。

7.3　风电场高处作业人员培训内容应包括：相关安全法规、管理制度、作业标准、风险识别与控制、坠落防护装备的使用与应急措施、高处救援、高处逃生、事故案例分析等。

7.4　高处作业人员连续一年未从事高处作业，应重新接受培训。

7.5　颁布新的作业标准或管理制度后，应及时对作业人员进行宣贯培训。

附录3 GB 50150—2016《电气装置安装工程 电气设备交接试验标准》节选

前　言

本标准是根据住房和城乡建设部《关于印发〈2009 年工程建设标准规范制订、修订计划〉的通知》（建标〔2009〕88 号）的要求，由中国电力科学研究院会同有关单位，在《电气装置安装工程　电气设备交接试验标准》GB 50150—2006 的基础上修订的。

本标准在修订过程中，认真总结了原标准执行以来对电气装置安装工程电气设备交接试验的新要求以及相关科研和现场实践经验，广泛征求了全国有关单位的意见。在认真处理征求意见稿反馈意见后提出送审稿，最后经审查定稿。

本标准共分 26 章和 7 个附录，主要内容包括：总则，术语，基本规定，同步发电机及调相机，直流电机，中频发电机，交流电动机，电力变压器，电抗器及消弧线圈，互感器，真空断路器，六氟化硫断路器，六氟化硫封闭式组合电器，隔离开关、负荷开关及高压熔断器，套管，悬式绝缘子和支柱绝缘子，电力电缆线路，电容器，绝缘油和 SF_6 气体，避雷器，电除尘器，二次回路，1kV 及以下电压等级配电装置和馈电线路，1kV 以上架空电力线路，接地装置，低压电器等。

本标准本次修订的主要内容包括：

1. 本标准适用范围从 500kV 及以下交流电压等级提高到 750kV 及以下交流电压等级的电气设备交接试验；

2. 修改了原标准中的术语；

3. 增加了"基本规定"章节；

4. 删除了原标准中的油断路器和空气及磁吹断路器的章节；

5. 修改了同步发电机及调相机、电力变压器、电抗器及消弧线圈、互感器、真空断路器、六氟化硫断路器、六氟化硫封闭组合电器、电力电缆线路、电容器部分试验项目及试验标准；

6. 增加了变压器油中颗粒度限值试验项目及标准；

7. 增加了接地装置的场区地表电位梯度、接触电位差、跨步电压和转移电位测量试验项目及标准；

8. 删除了原标准中的附录 D 油浸式电力变压器绕组直流泄漏电流参考值；

9. 增加了附录 C 绕组连同套管的介质损耗因数 tanδ（％）温度换算、附录 D 电力变压器和电抗器交流耐压试验电压和附录 E 断路器操动机构的试验。

本标准中以黑体字标志的条文为强制性条文，必须严格执行。

本标准由住房和城乡建设部负责管理和对强制性条文的解释，由中国电力企业联合会负责日常管理，由中国电力科学研究院负责具体技术内容的解释。在本标准执行过程中，请各单位结合工程实践，认真总结经验，积累资料，将意见和建议反馈给中国电力科学研究院（地址：北京市西城区南滨河路 33 号，邮政编码：100055），以供今后修订时参考。

本标准主编单位、参编单位、参加单位、主要起草人和主要审查人：

主编单位：中国电力科学研究院

参编单位：国网电力科学研究院

东北电力科学研究院有限公司

华北电力科学研究院有限责任公司

河北省电力公司电力科学研究院

上海市电力公司电力科学研究院

安徽省电力公司电力科学研究院

湖北省电力公司电力科学研究院

北京电力工程公司

中国能源建设集团天津电力建设有限公司

山东电力建设第一工程公司

东北电业管理局第二工程公司

深圳供电局有限公司深圳电力技术研究中心

广东省输变电工程公司

山东达驰电气有限公司

参加单位：山东泰开变压有限公司

主要起草人：高克利　王晓琪　李金忠　荆　津　刘雪丽

孙　倩　张书琦　高　飞　范　辉　白亚民

田　晓　杨荣凯　阮　羚　葛占雨　刘志良

姚森敬　刘文松　辜　超　陈自年　邓　春

李海生　陈学民

主要审查人：韩洪刚　陈发宇　于晓燕　朱　春　王进瑶

单银忠　李跃进　郑　旭　黄国强　刘世华

贾逸豹　张　诚　杨俊海

1　总　则

1.0.1　为适应电气装置安装工程电气设备交接试验的需要，促进电气设备交接试验新技术的推广和应用，制定本标准。

1.0.2　本标准适用于 750kV 及以下交流电压等级新安装的、按照国家相关出厂试验标准试验合格的电气设备交接试验。

1.0.3　继电保护、自动、远动、通信、测量、整流装置、直流场设备以及电气设备的机械部分等的交接试验，应按国家现行相关标准的规定执行。

1.0.4　电气装置安装工程电气设备交接试验，除应符合本标准外，尚应符合国家现行有关标准的规定。

2 术 语

2.0.1 自动灭磁装置 automatic field suppression equipment

用来消灭发电机磁场和励磁机磁场的自动装置。

2.0.2 电磁式电压互感器 inductive voltage transformer

一种通过电磁感应将一次电压按比例变换成二次电压的电压互感器。这种互感器不附加其他改变一次电压的电气元件。

2.0.3 电容式电压互感器 capacitor voltage transformer

一种由电容分压器和电磁单元组成的电压互感器。其设计和内部接线使电磁单元的二次电压实质上与施加到电容分压器上的一次电压成正比，且在连接方法正确时其相位差接近于零。

2.0.4 倒立式电流互感器 inverted current transformer

一种结构形式的电流互感器，其二次绕组及铁心均置于整个结构的顶部。

2.0.5 自容式充油电缆 self‐contained oil‐filled cable

利用补充浸渍原理消除绝缘层中形成的气隙以提高工作场强的一种电力电缆。

2.0.6 耦合电容器 coupling capacitor

一种用来在电力系统中传输信息的电容器。

2.0.7 电除尘器 electrostatic precipitator

利用高压电场对荷电粉尘的吸附作用，把粉尘从含尘气体中分离出来的除尘器。

2.0.8 二次回路 secondary circuit

指电气设备的操作、保护、测量、信号等回路及其回路中的操动机构的线圈、接触器继电器、仪表、互感器二次绕组等。

2.0.9 馈电线路 feeder line

电源端向负载设备供电的输电线路。

2.0.10 大型接地装置 large‐scale grounding connection

110（66）kV 及以上电压等级变电站、装机容量在 200MW 及以上火电厂和水电厂或者等效平面面积在 $5000m^2$ 及以上的接地装置。

3 基 本 规 定

3.0.1 电气设备应按本标准进行交流耐压试验，且应符合下列规定：

1 交流耐压试验时加至试验标准电压后的持续时间，无特殊说明时应为1min。

2 耐压试验电压值以额定电压的倍数计算时，发电机和电动机应按铭牌额定电压计算，电缆可按本标准第17章规定的方法计算。

3 非标准电压等级的电气设备，其交流耐压试验电压值当没有规定时，可根据本标准规定的相邻电压等级按比例采用插入法计算。

3.0.2 进行绝缘试验时，除制造厂装配的成套设备外，宜将连接在一起的各种设备分离，单独试验。同一试验标准的设备可连在一起试验。无法单独试验时，已有出厂试验报告的同一电压等级不同试验标准的电气设备，也可连在一起进行试验。试验标准应采用连接的各种设备中的最低标准。

3.0.3 油浸式变压器及电抗器的绝缘试验应在充满合格油，静置一定时间，待气泡消除后方可进行。静置时间应按制造厂规定执行，当制造厂无规定时，油浸式变压器及电抗器电压等级与充油后静置时间关系应按表3.0.3确定。

表3.0.3　油浸式变压器及电抗器电压等级与充油后静置时间关系

电压等级（kV）	110（66）及以下	220～330	500	750
静置时间（h）	≥24	≥48	≥72	≥96

3.0.4 进行电气绝缘的测量和试验时，当只有个别项目达不到本标准规定时，则应根据全面的试验记录进行综合判断，方可投入运行。

3.0.5 当电气设备的额定电压与实际使用的额定工作电压不同时，应按下列规定确定试验电压的标准：

　　1 采用额定电压较高的电气设备在于加强绝缘时，应按照设备额定电压的试验标准进行；

　　2 采用较高电压等级的电气设备在于满足产品通用性及机械强度的要求时，可按照设备实际使用的额定工作电压的试验标准进行；

　　3 采用较高电压等级的电气设备在满足高海拔地区要求时，应在安装地点按实际使用的额定工作电压的试验标准进行。

3.0.6 在进行与温度及湿度有关的各种试验时，应同时测量被试物周围的温度及湿度。绝缘试验应在良好天气且被试物及仪器周围温度不低于5℃，空气相对湿度不高于80%的条件下进行。对不满足上述温度、湿度条件情况下测得的试验数据，应进行综合分析，以判断电气设备是否可以投入运行。试验时，应考虑环境温度的影响，对油浸式变压器、电抗器及消弧线圈，应以被试物上层油温作为测试温度。

3.0.7 本标准中所列的绝缘电阻测量，应使用60s的绝缘电阻值（R_{60}）；吸收比的测量应使用R_{60}与15s绝缘电阻值（R_{15}）的比值；极化指数应使用10min与1min的绝缘电阻值的比值。

3.0.8 多绕组设备进行绝缘试验时，非被试绕组应予短路接地。

3.0.9 测量绝缘电阻时，采用兆欧表的电压等级，设备电压等级与兆欧表的选用关系应符合表3.0.9的规定；用于极化指数测量时，兆欧表短路电流不应低于2mA。

表3.0.9　设备电压等级与兆欧表的选用关系

序号	设备电压等级（V）	兆欧表电压等级（V）	兆欧表最小量程（MΩ）
1	<100	250	50
2	<500	500	100
3	<3000	1000	2000
4	<10000	2500	10000
5	≥10000	2500或5000	10000

3.0.10 本标准的高压试验方法，应按国家现行标准《高电压试验技术　第1部分：一般

定义及试验要求》GB/T 16927.1、《高电压试验技术　第 2 部分：测量系统》GB/T 16927.2 和《现场绝缘试验实施导则》DL/T 474.1～DL/T 474.5 及相关设备标准的规定执行。

3.0.11　对进口设备的交接试验，应按合同规定的标准执行；其相同试验项目的试验标准，不得低于本标准的规定。

3.0.12　承受运行电压的在线监测装置，其耐压试验标准应等同于所连接电气设备的耐压水平。

3.0.13　特殊进线设备的交接试验宜在与周边设备连接前单独进行，当无法单独进行试验或需与电缆、GIS 等通过油气、油油套管等连接后方可进行试验时，应考虑相互间的影响。

3.0.14　技术难度大、需要特殊的试验设备进行的试验项目，应列为特殊试验项目，并应由具备相应试验能力的单位进行。特殊试验项目应符合本标准附录 A 的有关规定。

4　同步发电机及调相机

4.0.1　容量 6000kW 及以上的同步发电机及调相机的试验项目，应包括下列内容：

　　1　测量定子绕组的绝缘电阻和吸收比或极化指数；
　　2　测量定子绕组的直流电阻；
　　3　定子绕组直流耐压试验和泄漏电流测量；
　　4　定子绕组交流耐压试验；
　　5　测量转子绕组的绝缘电阻；
　　6　测量转子绕组的直流电阻；
　　7　转子绕组交流耐压试验；
　　8　测量发电机或励磁机的励磁回路连同所连接设备的绝缘电阻；
　　9　发电机或励磁机的励磁回路连同所连接设备的交流耐压试验；
　　10　测量发电机、励磁机的绝缘轴承和转子进水支座的绝缘电阻；
　　11　测量埋入式测温计的绝缘电阻并检查是否完好；
　　12　发电机励磁回路的自动灭磁装置试验；
　　13　测量转子绕组的交流阻抗和功率损耗；
　　14　测录三相短路特性曲线；
　　15　测录空载特性曲线；
　　16　测量发电机空载额定电压下的灭磁时间常数和转子过电压倍数；
　　17　测量发电机定子残压；
　　18　测量相序；
　　19　测量轴电压；
　　20　定子绕组端部动态特性测试；
　　21　定子绕组端部手包绝缘施加直流电压测量；
　　22　转子通风试验；
　　23　水流量试验。

4.0.2　各类同步发电机及调相机的交接试验项目应符合下列规定：

1　容量 6000kW 以下、1kV 以上电压等级的同步发电机，应按本标准第 4.0.1 条第 1 款～第 9 款、第 11 款～第 19 款进行试验；

2　1kV 及以下电压等级的任何容量的同步发电机，应按本标准第 4.0.1 条第 1、2、4、5、6、7、8、9、11、12、13、18 和 19 款进行试验；

3　无起动电动机或起动电动机只允许短时运行的同步调相机，可不进行本标准第 4.0.1 条第 14 款和第 15 款试验。

4.0.3　测量定子绕组的绝缘电阻和吸收比或极化指数，应符合下列规定：

1　各相绝缘电阻的不平衡系数不应大于 2；

2　对环氧粉云母绝缘吸收比不应小于 1.6。容量 200MW 及以上机组应测量极化指数，极化指数不应小于 2.0；

3　进行交流耐压试验前，电机绕组的绝缘应满足本条第 1 款、第 2 款的要求；

4　测量水内冷发电机定子绕组绝缘电阻，应在消除剩水影响的情况下进行；

5　对于汇水管死接地的电机应在无水情况下进行；对汇水管非死接地的电机，应分别测量绕组及汇水管绝缘电阻，测量绕组绝缘电阻时应采用屏蔽法消除水的影响，测量结果应符合制造厂的规定；

6　交流耐压试验合格的电机，当其绝缘电阻按本标准附录 B 的规定折算至运行温度后（环氧粉云母绝缘的电机在常温下），不低于其额定电压 1MΩ/kV 时，可不经干燥投入运行。但在投运前不应再拆开端盖进行内部作业。

4.0.4　测量定子绕组的直流电阻，应符合下列规定：

1　直流电阻应在冷状态下测量，测量时绕组表面温度与周围空气温度的允许偏差应为 ±3℃；

2　各相或各分支绕组的直流电阻，在校正了引线长度不同而引起的误差后，相互间差别不应超过其最小值的 2%；与产品出厂时测得的数值换算至同温度下的数值比较，其相对变化不应大于 2%；

3　对于现场组装的对拼接头部位，应在紧固螺栓力矩后检查接触面的连接情况，并应在对拼接头部位现场组装后测量定子绕组的直流电阻。

4.0.5　定子绕组直流耐压试验和泄漏电流测量，应符合下列规定：

1　试验电压应为电机额定电压的 3 倍；

2　试验电压应按每级 0.5 倍额定电压分阶段升高，每阶段应停留 1min，并应记录泄漏电流；在规定的试验电压下，泄漏电流应符合下列规定：

1）各相泄漏电流的差别不应大于最小值的 100%，当最大泄漏电流在 20μA 以下，根据绝缘电阻值和交流耐压试验结果综合判断为良好时，可不考虑各相间差值；

2）泄漏电流不应随时间延长而增大；

3）泄漏电流随电压不成比例地显著增长时，应及时分析；

4）当不符合本款第 1）项、第 2）项规定之一时，应找出原因，并将其消除。

3　氢冷电机应在充氢前进行试验，严禁在置换氢过程中进行试验；

4　水内冷电机试验时，宜采用低压屏蔽法；对于汇水管死接地的电机，现场可不进行该项试验。

4.0.6 定子绕组交流耐压试验，应符合下列规定：

1 定子绕组交流耐压试验所采用的电压，应符合表4.0.6的规定；

2 现场组装的水轮发电机定子绕组工艺过程中的绝缘交流耐压试验，应按现行国家标准《水轮发电机组安装技术规范》GB/T 8564的有关规定执行；

3 水内冷电机在通水情况下进行试验，水质应合格；氢冷电机应在充氢前进行试验，严禁在置换氢过程中进行；

4 大容量发电机交流耐压试验，当工频交流耐压试验设备不能满足要求时，可采用谐振耐压代替。

表4.0.6 定子绕组交流耐压试验电压

容量（kW）	额定电压（V）	试验电压（V）
10000以下	36以上	$(1000+2U_n) \times 0.8$，最低为1200
10000及以上	24000以下	$(1000+2U_n) \times 0.8$
10000及以上	24000及以上	与厂家协商

注：U_n为发电机额定电压。

4.0.7 测量转子绕组的绝缘电阻，应符合下列规定：

1 转子绕组的绝缘电阻值不宜低于$0.5M\Omega$；

2 水内冷转子绕组使用500V及以下兆欧表或其他仪器测量，绝缘电阻值不应低于5000Ω；

3 当发电机定子绕组绝缘电阻已符合起动要求，而转子绕组的绝缘电阻值不低于2000Ω时，可允许投入运行；

4 应在超速试验前后测量额定转速下转子绕组的绝缘电阻；

5 测量绝缘电阻时采用兆欧表的电压等级应符合下列规定：

1）当转子绕组额定电压为200V以上时，应采用2500V兆欧表；

2）当转子绕组额定电压为200V及以下时，应采用1000V兆欧表。

4.0.8 测量转子绕组的直流电阻，应符合下列规定：

1 应在冷状态下测量转子绕组的直流电阻，测量时绕组表面温度与周围空气温度之差不应大于3℃。测量数值与换算至同温度下的产品出厂数值的差值不应超过2%；

2 显极式转子绕组，应对各磁极绕组进行测量；当误差超过规定时，还应对各磁极绕组间的连接点电阻进行测量。

4.0.9 转子绕组交流耐压试验，应符合下列规定：

1 整体到货的显极式转子，试验电压应为额定电压的7.5倍，且不应低于1200V。

2 工地组装的显极式转子，其单个磁极耐压试验应按制造厂规定执行。组装后的交流耐压试验，应符合下列规定：

1）额定励磁电压为500V及以下电压等级，耐压值应为额定励磁电压的10倍，并不应低于1500V；

2）额定励磁电压为500V以上，耐压值应为额定励磁电压的2倍加4000V。

3 隐极式转子绕组可不进行交流耐压试验，可用2500V兆欧表测量绝缘电阻代替交流耐压。

4.0.10 测量发电机和励磁机的励磁回路连同所连接设备的绝缘电阻值，应符合下列规定：

1 绝缘电阻值不应低于0.5MΩ；

2 测量绝缘电阻不应包括发电机转子和励磁机电枢；

3 回路中有电子元器件设备的，试验时应将插件拔出或将其两端短接。

4.0.11 发电机和励磁机的励磁回路连同所连接设备的交流耐压试验，应符合下列规定：

1 试验电压值应为1000V或用2500V兆欧表测量绝缘电阻代替交流耐压试验；

2 交流耐压试验不应包括发电机转子和励磁机电枢；

3 水轮发电机的静止可控硅励磁的试验电压，应按本标准第4.0.9条第2款的规定执行；

4 回路中有电子元器件设备的，试验时应将插件拔出或将其两端短接。

4.0.12 测量发电机、励磁机的绝缘轴承和转子进水支座的绝缘电阻，应符合下列规定：

1 应在装好油管后采用1000V兆欧表测量，绝缘电阻值不应低于0.5MΩ；

2 对氢冷发电机应测量内外挡油盖的绝缘电阻，其值应符合制造厂的规定。

4.0.13 测量埋入式测温计的绝缘电阻并检查是否完好，应符合下列规定：

1 应采用250V兆欧表测量测温计绝缘电阻；

2 应对测温计指示值进行核对性检查，且应无异常。

4.0.14 发电机励磁回路的自动灭磁装置试验，应符合下列规定：

1 自动灭磁开关的主回路常开和常闭触头或主触头和灭弧触头的动作配合顺序应符合制造厂设计的动作配合顺序；

2 在同步发电机空载额定电压下进行灭磁试验，观察灭磁开关灭弧应正常；

3 灭磁开关合分闸电压应符合产品技术文件规定，灭磁开关在额定电压80%以上时，应可靠合闸；在30%～65%额定电压时，应可靠分闸；低于30%额定电压时，不应动作。

4.0.15 测量转子绕组的交流阻抗和功率损耗，应符合下列规定：

1 应在定子腔内、腔外的静止状态下和在超速试验前后的额定转速下分别测量；

2 对于显极式电机，可在腔外对每一磁极绕组进行测量，测量数值相互比较应无明显差别；

3 试验时施加电压的峰值不应超过额定励磁电压值；

4 对于无刷励磁机组，当无测量条件时，可不测。

4.0.16 测量三相短路特性曲线，应符合下列规定：

1 测量数值与产品出厂试验数值比较，应在测量误差范围以内；

2 对于发电机变压器组，当有发电机本身的短路特性出厂试验报告时，可只录取发电机变压器组的短路特性，其短路点应设在变压器高压侧。

4.0.17 测量空载特性曲线，应符合下列规定：

1 测量数值与产品出厂试验数值比较，应在测量误差范围以内；

2 在额定转速下试验电压的最高值，对于汽轮发电机及调相机应为定子额定电压值的120％，对于水轮发电机应为定子额定电压值的130％，但均不应超过额定励磁电流；

3 当电机有匝间绝缘时，应进行匝间耐压试验，在定子额定电压值的130％且不超过定子最高电压下持续5min；

4 对于发电机变压器组，当有发电机本身的空载特性出厂试验报告时，可只录取发电机变压器组的空载特性，电压应加至定子额定电压值的110％。

4.0.18 测量发电机空载额定电压下灭磁时间常数和转子过电压倍数，应符合下列规定：

1 在发电机空载额定电压下测录发电机定子开路时的灭磁时间常数；

2 对发电机变压器组，可带空载变压器同时进行。应同时检查转子过电压倍数，并应保证在励磁电流小于1.1倍额定电流时，转子过电压值不大于励磁绕组出厂试验电压值的30％。

4.0.19 测量发电机定子残压，应符合下列规定：

1 应在发电机空载额定电压下灭磁装置分闸后测试定子残压；

2 定子残压值较大时，测试时应注意安全。

4.0.20 测量发电机的相序，应与电网相序一致。

4.0.21 测量轴电压，应符合下列规定：

1 应分别在空载额定电压时及带负荷后测定；

2 汽轮发电机的轴承油膜被短路时，轴承与机座间的电压值，应接近于转子两端轴上的电压值；

3 应测量水轮发电机轴对机座的电压。

4.0.22 定子绕组端部动态特性测试，应符合下列规定：

1 应对200MW及以上汽轮发电机测试，200MW以下的汽轮发电机可根据具体情况而定；

2 汽轮发电机和燃气轮发电机冷态下线棒、引线固有频率和端部整体椭圆固有频率避开范围应符合表4.0.22的规定，并应符合现行国家标准《透平型发电机定子绕组端部动态特性和振动试验方法及评定》GB/T 20140的规定。

表 4.0.22　汽轮发电机和燃气轮发电机定子绕组端部局部及整体椭圆固有频率避开范围

额定转速	支撑型式	线棒固有频率（Hz）	引线固有频率（Hz）	整体椭圆固有频率（Hz）
3000	刚性支撑	≤95，≥106	≤95，≥108	≤95，≥110
	柔性支撑	≤95，≥106	≤95，≥108	≤95，≥112
3600	刚性支撑	≤114，≥127	≤114，≥130	≤114，≥132
	柔性支撑	≤114，≥127	≤114，≥130	≤114，≥134

4.0.23 定子绕组端部手包绝缘施加直流电压测量，应符合下列规定：

1 现场进行发电机端部引线组装的，应在绝缘包扎材料干燥后施加直流电压测量；

2 定子绕组施加直流电压值应为发电机额定电压U_n；

3 所测表面直流电位不应大于制造厂的规定值；

4 厂家已对某些部位进行过试验且有试验记录者，可不进行该部位的试验。

4.0.24 转子通风试验方法和限值应按现行行业标准《透平发电机转子气体内冷通风道检验方法及限值》JB/T 6229的有关规定执行。

4.0.25 水流量试验方法和限值应按现行行业标准《汽轮发电机绕组内部水系统检验方法及评定》JB/T 6228中的有关规定执行。

5　直　流　电　机

5.0.1 直流电机的试验项目，应包括下列内容：

  1 测量励磁绕组和电枢的绝缘电阻；

  2 测量励磁绕组的直流电阻；

  3 励磁绕组和电枢的交流耐压试验；

  4 测量励磁可变电阻器的直流电阻；

  5 测量励磁回路连同所有连接设备的绝缘电阻；

  6 励磁回路连同所有连接设备的交流耐压试验；

  7 检查电机绕组的极性及其连接的正确性；

  8 电机电刷磁场中性位置检查；

  9 测录直流发电机的空载特性和以转子绕组为负载的励磁机负载特性曲线；

  10　直流电动机的空转检查和空载电流测量。

5.0.2 各类直流电机的交接试验项目应符合下列规定：

  1 6000kW以上同步发电机及调相机的励磁机，应按本标准第5.0.1条全部项目进行试验；

  2 其余直流电机应按本标准第5.0.1条第1、2、4、5、7、8和10款进行试验。

5.0.3 测量励磁绕组和电枢的绝缘电阻值，不应低于0.5MΩ。

5.0.4 测量励磁绕组的直流电阻值，与出厂数值比较，其差值不应大于2%。

5.0.5 励磁绕组对外壳和电枢绕组对轴的交流耐压试验，应符合下列规定：

  1 励磁绕组对外壳间应进行交流耐压试验，电枢绕组对轴间应进行交流耐压试验；

  2 试验电压应为额定电压的1.5倍加750V，且不应小于1200V。

5.0.6 测量励磁可变电阻器的直流电阻值，应符合下列规定：

  1 测得的直流电阻值与产品出厂数值比较，其差值不应超过10%；

  2 调节过程中励磁可变电阻器应接触良好，无开路现象，电阻值变化应有规律性。

5.0.7 测量励磁回路连同所有连接设备的绝缘电阻值，应符合下列规定：

  1 励磁回路连同所有连接设备的绝缘电阻值不应低于0.5MΩ；

  2 测量绝缘电阻不应包括励磁调节装置回路。

5.0.8 励磁回路连同所有连接设备的交流耐压试验，应符合下列规定：

  1 试验电压值应为1000V或用2500V兆欧表测量绝缘电阻代替交流耐压试验；

  2 交流耐压试验不应包括励磁调节装置回路。

5.0.9 检查电机绕组的极性及其连接，应正确。

5.0.10　电机电刷磁场中性位置检查，应符合下列规定：

  1 应调整电机电刷的中性位置，且应正确；

2 应满足良好换向要求。

5.0.11 测录直流发电机的空载特性和以转子绕组为负载的励磁机负载特性曲线，应符合下列规定：

1 测录曲线与产品的出厂试验资料比较，应无明显差别；

2 励磁机负载特性宜与同步发电机空载和短路试验同时测录。

5.0.12 直流电动机的空转检查和空载电流测量，应符合下列规定：

1 空载运转时间不宜小于 30min，电刷与换向器接触面应无明显火花；

2 记录直流电机的空载电流。

6　中频发电机

6.0.1 中频发电机的试验项目，应包括下列内容：

1 测量绕组的绝缘电阻；

2 测量绕组的直流电阻；

3 绕组的交流耐压试验；

4 测录空载特性曲线；

5 测量相序；

6 测量检温计绝缘电阻，并检查是否完好。

6.0.2 测量绕组的绝缘电阻值，不应低于 0.5MΩ。

6.0.3 测量绕组的直流电阻，应符合下列规定：

1 各相或各分支的绕组直流电阻值与出厂数值比较，相互差别不应超过 2%；

2 励磁绕组直流电阻值与出厂数值比较，应无明显差别。

6.0.4 绕组的交流耐压试验电压值，应为出厂试验电压值的 75%。

6.0.5 测录空载特性曲线，应符合下列规定：

1 试验电压最高应升至产品出厂试验数值为止，所测得的数值与出厂数值比较，应无明显差别；

2 永磁式中频发电机应测录发电机电压与转速的关系曲线，所测得的曲线与出厂数值比较，应无明显差别。

6.0.6 测量相序，电机出线端子标号应与相序一致。

6.0.7 测量检温计绝缘电阻并检查是否完好，应符合下列规定：

1 采用 250V 兆欧表测量检温计绝缘电阻应良好；

2 核对检温计指示值，应无异常。

7　交流电动机

7.0.1 交流电动机的试验项目，应包括下列内容：

1 测量绕组的绝缘电阻和吸收比；

2 测量绕组的直流电阻；

3 定子绕组的直流耐压试验和泄漏电流测量；

4 定子绕组的交流耐压试验；

5　绕线式电动机转子绕组的交流耐压试验；

　　6　同步电动机转子绕组的交流耐压试验；

　　7　测量可变电阻器、起动电阻器、灭磁电阻器的绝缘电阻；

　　8　测量可变电阻器、起动电阻器、灭磁电阻器的直流电阻；

　　9　测量电动机轴承的绝缘电阻；

　　10　检查定子绕组极性及其连接的正确性；

　　11　电动机空载转动检查和空载电流测量。

7.0.2　电压 1000V 以下且容量为 100kW 以下的电动机，可按本标准第 7.0.1 条第 1、7、10 和 11 款进行试验。

7.0.3　测量绕组的绝缘电阻和吸收比，应符合下列规定：

　　1　额定电压为 1000V 以下，常温下绝缘电阻值不应低于 0.5MΩ；额定电压为 1000V 及以上，折算至运行温度时的绝缘电阻值，定子绕组不应低于 1MΩ/kV，转子绕组不应低于 0.5MΩ/kV。绝缘电阻温度换算可按本标准附录 B 的规定进行；

　　2　1000V 及以上的电动机应测量吸收比，吸收比不应低于 1.2，中性点可拆开的应分相测量；

　　3　进行交流耐压试验时，绕组的绝缘应满足本条第 1 款和第 2 款的要求；

　　4　交流耐压试验合格的电动机，当其绝缘电阻折算至运行温度后（环氧粉云母绝缘的电动机在常温下）不低于其额定电压 1MΩ/kV 时，可不经干燥投入运行，但投运前不应再拆开端盖进行内部作业。

7.0.4　测量绕组的直流电阻，应符合下列规定：

　　1　1000V 以上或容量 100kW 以上的电动机各相绕组直流电阻值相互差别，不应超过其最小值的 2%；

　　2　中性点未引出的电动机可测量线间直流电阻，其相互差别不应超过其最小值的 1%；

　　3　特殊结构的电动机各相绕组直流电阻值与出厂试验值差别不应超过 2%。

7.0.5　定子绕组直流耐压试验和泄漏电流测量，应符合下列规定：

　　1　1000V 以上及 1000kW 以上、中性点连线已引出至出线端子板的定子绕组应分相进行直流耐压试验；

　　2　试验电压应为定子绕组额定电压的 3 倍。在规定的试验电压下，各相泄漏电流的差值不应大于最小值的 100%；当最大泄漏电流在 20μA 以下，根据绝缘电阻值和交流耐压试验结果综合判断为良好时，可不考虑各相间差值；

　　3　试验应符合本标准第 4.0.5 条的有关规定；中性点连线未引出的可不进行此项试验。

7.0.6　电动机定子绕组的交流耐压试验电压，应符合表 7.0.6 的规定。

表 7.0.6　电动机定子绕组交流耐压试验电压

额定电压（kV）	3	6	10
试验电压（kV）	5	10	16

7.0.7 绕线式电动机的转子绕组交流耐压试验电压，应符合表 7.0.7 的规定。

表 7.0.7 绕线式电动机转子绕组交流耐压试验电压

转 子 工 况	试验电压（V）
不可逆的	$1.5U_k + 750$
可逆的	$3.0U_k + 750$

注：U_k 为转子静止时，在定子绕组上施加额定电压，转子绕组开路时测得的电压。

7.0.8 同步电动机转子绕组的交流耐压试验，应符合下列规定：

1 试验电压值应为额定励磁电压的 7.5 倍，且不应低于 1200V；

2 试验电压值不应高于出厂试验电压值的 75%。

7.0.9 可变电阻器、起动电阻器、灭磁电阻器的绝缘电阻，当与回路一起测量时，绝缘电阻值不应低于 0.5MΩ。

7.0.10 测量可变电阻器、起动电阻器、灭磁电阻器的直流电阻值，应符合下列规定：

1 测得的直流电阻值与产品出厂数值比较，其差值不应超过 10%；

2 调节过程中应接触良好，无开路现象，电阻值的变化应有规律性。

7.0.11 测量电动机轴承的绝缘电阻，应符合下列规定：

1 当有油管路连接时，应在油管安装后，采用 1000V 兆欧表测量；

2 绝缘电阻值不应低于 0.5MΩ。

7.0.12 检查定子绕组的极性及其连接的正确性，应符合下列规定：

1 定子绕组的极性及其连接应正确；

2 中性点未引出者可不检查极性。

7.0.13 电动机空载转动检查和空载电流测量，应符合下列规定：

1 电动机空载转动的运行时间应为 2h；

2 应记录电动机空载转动时的空载电流；

3 当电动机与其机械部分的连接不易拆开时，可连在一起进行空载转动检查试验。

8 电 力 变 压 器

8.0.1 电力变压器的试验项目，应包括下列内容：

1 绝缘油试验或 SF_6 气体试验；

2 测量绕组连同套管的直流电阻；

3 检查所有分接的电压比；

4 检查变压器的三相接线组别和单相变压器引出线的极性；

5 测量铁心及夹件的绝缘电阻；

6 非纯瓷套管的试验；

7 有载调压切换装置的检查和试验；

8 测量绕组连同套管的绝缘电阻、吸收比或极化指数；

9 测量绕组连同套管的介质损耗因数（$\tan\delta$）与电容量；

10 变压器绕组变形试验；

11　绕组连同套管的交流耐压试验；

12　绕组连同套管的长时感应耐压试验带局部放电测量；

13　额定电压下的冲击合闸试验；

14　检查相位；

15　测量噪音。

8.0.2　各类变压器试验项目应符合下列规定：

1　容量为 1600kVA 及以下油浸式电力变压器，可按本标准第 8.0.1 条第 1、2、3、4、5、6、7、8、11、13 和 14 款进行试验；

2　干式变压器可按本标准第 8.0.1 条第 2、3、4、5、7、8、11、13 和 14 款进行试验；

3　变流、整流变压器可按本标准第 8.0.1 条第 1、2、3、4、5、6、7、8、11、13 和 14 款进行试验；

4　电炉变压器可按本标准第 8.0.1 条第 1、2、3、4、5、6、7、8、11、13 和 14 款进行试验；

5　接地变压器、曲折变压器可按本标准第 8.0.1 条第 2、3、4、5、8、11 和 13 款进行试验，对于油浸式变压器还应按本标准第 8.0.1 条第 1 款和第 9 款进行试验；

6　穿心式电流互感器、电容型套管应分别按本标准第 10 章互感器和第 15 章套管的试验项目进行试验；

7　分体运输、现场组装的变压器应由订货方见证所有出厂试验项目，现场试验应按本标准执行；

8　应对气体继电器、油流继电器、压力释放阀和气体密度继电器等附件进行检查。

8.0.3　油浸式变压器中绝缘油及 SF_6 气体绝缘变压器中 SF_6 气体的试验，应符合下列规定：

1　绝缘油的试验类别应符合本标准表 19.0.2 的规定，试验项目及标准应符合本标准表 19.0.1 的规定。

2　油中溶解气体的色谱分析，应符合下列规定：

1）电压等级在 66kV 及以上的变压器，应在注油静置后、耐压和局部放电试验 24h 后、冲击合闸及额定电压下运行 24h 后，各进行一次变压器器身内绝缘油的油中溶解气体的色谱分析；

2）试验应符合现行国家标准《变压器油中溶解气体分析和判断导则》GB/T 7252 的有关规定。各次测得的氢、乙炔、总烃含量，应无明显差别；

3）新装变压器油中总烃含量不应超过 $20\mu L/L$，H_2 含量不应超过 $10\mu L/L$，C_2H_2 含量不应超过 $0.1\mu L/L$。

3　变压器油中水含量的测量，应符合下列规定：

1）电压等级为 110（66）kV 时，油中水含量不应大于 20mg/L；

2）电压等级为 220kV 时，油中水含量不应大于 15mg/L；

3）电压等级为 330kV～750kV 时，油中水含量不应大于 10mg/L。

4　油中含气量的测量，应按规定时间静置后取样测量油中的含气量，电压等级为

330kV～750kV 的变压器，其值不应大于 1‰（体积分数）。

5 对 SF_6 气体绝缘的变压器应进行 SF_6 气体含水量检验及检漏。SF_6 气体含水量（20℃的体积分数）不宜大于 $250\mu L/L$，变压器应无明显泄漏点。

8.0.4 测量绕组连同套管的直流电阻，应符合下列规定：

1 测量应在各分接的所有位置上进行。

2 1600kVA 及以下三相变压器，各相绕组相互间的差别不应大于 4%；无中性点引出的绕组，线间各绕组相互间差别不应大于 2%；1600kVA 以上变压器，各相绕组相互间差别不应大于 2%；无中性点引出的绕组，线间相互间差别不应大于 1%。

3 变压器的直流电阻，与同温下产品出厂实测数值比较，相应变化不应大于 2%；不同温度下电阻值应按下式计算：

$$R_2 = R_1 \cdot \frac{T + t_2}{T + t_1} \tag{8.0.4}$$

式中：R_1——温度在 t_1（℃）时的电阻值（Ω）；

R_2——温度在 t_2（℃）时的电阻值（Ω）；

T——计算用常数，铜导线取 235，铝导线取 225。

4 由于变压器结构等原因，差值超过本条第 2 款时，可只按本条第 3 款进行比较，但应说明原因。

5 无励磁调压变压器送电前最后一次测量，应在使用的分接锁定后进行。

8.0.5 检查所有分接的电压比，应符合下列规定：

1 所有分接的电压比应符合电压比的规律；

2 与制造厂铭牌数据相比，应符合下列规定：

1）电压等级在 35kV 以下，电压比小于 3 的变压器电压比允许偏差应为 ±1%；

2）其他所有变压器额定分接下电压比允许偏差不应超过 ±0.5%；

3）其他分接的电压比应在变压器阻抗电压值（%）的 1/10 以内，且允许偏差应为 ±1%。

8.0.6 检查变压器的三相接线组别和单相变压器引出线的极性，应符合下列规定：

1 变压器的三相接线组别和单相变压器引出线的极性应符合设计要求；

2 变压器的三相接线组别和单相变压器引出线的极性应与铭牌上的标记和外壳上的符号相符。

8.0.7 测量铁心及夹件的绝缘电阻，应符合下列规定：

1 应测量铁心对地绝缘电阻、夹件对地绝缘电阻、铁心对夹件绝缘电阻；

2 进行器身检查的变压器，应测量可接触到的穿心螺栓、轭铁夹件及绑扎钢带对铁轭、铁心、油箱及绕组压环的绝缘电阻。当轭铁梁及穿心螺栓一端与铁心连接时，应将连接片断开后进行试验；

3 在变压器所有安装工作结束后应进行铁心对地、有外引接地线的夹件对地及铁心对夹件的绝缘电阻测量；

4 对变压器上有专用的铁心接地线引出套管时，应在注油前后测量其对外壳的绝缘电阻；

5 采用 2500V 兆欧表测量，持续时间应为 1min，应无闪络及击穿现象。

8.0.8 非纯瓷套管的试验，应按本标准第 15 章的规定进行。

8.0.9 有载调压切换装置的检查和试验，应符合下列规定：

1 有载分接开关绝缘油击穿电压应符合本标准表 19.0.1 的规定；

2 在变压器无电压下，有载分接开关的手动操作不应少于 2 个循环、电动操作不应少于 5 个循环，其中电动操作时电源电压应为额定电压的 85％ 及以上。操作应无卡涩，连动程序、电气和机械限位应正常；

3 循环操作后，进行绕组连同套管在所有分接下直流电阻和电压比测量，试验结果应符合本标准第 8.0.4 条、第 8.0.5 条的规定；

4 在变压器带电条件下进行有载调压开关电动操作，动作应正常。操作过程中，各侧电压应在系统电压允许范围内。

8.0.10 测量绕组连同套管的绝缘电阻、吸收比或极化指数，应符合下列规定：

1 绝缘电阻值不应低于产品出厂试验值的 70％ 或不低于 10000MΩ（20℃）；

2 当测量温度与产品出厂试验时的温度不符合时，油浸式电力变压器绝缘电阻的温度换算系数可按表 8.0.10 换算到同一温度时的数值进行比较。

表 8.0.10　油浸式电力变压器绝缘电阻的温度换算系数

温度差 K	5	10	15	20	25	30	35	40	45	50	55	60
换算系数 A	1.2	1.5	1.8	2.3	2.8	3.4	4.1	5.1	6.2	7.5	9.2	11.2

注 1 表中 K 为实测温度减去 20℃ 的绝对值；
　 2 测量温度以上层油温为准。

当测量绝缘电阻的温度差不是表 8.0.10 中所列数值时，其换算系数 A 可用线性插入法确定，也可按下式计算：

$$A = 1.5^{K/10} \tag{8.0.10-1}$$

校正到 20℃ 时的绝缘电阻值计算应满足下列要求：

当实测温度为 20℃ 以上时，可按下式计算：

$$R_{20} = AR_t \tag{8.0.10-2}$$

当实测温度为 20℃ 以下时，可按下式计算：

$$R_{20} = R_t/A \tag{8.0.10-3}$$

式中：R_{20}——校正到 20℃ 时的绝缘电阻值（MΩ）；

　　　R_t——在测量温度下的绝缘电阻值（MΩ）。

3 变压器电压等级为 35kV 及以上且容量在 4000kVA 及以上时，应测量吸收比。吸收比与产品出厂值相比应无明显差别，在常温下不应小于 1.3；当 R_{60} 大于 3000MΩ（20℃）时，吸收比可不作考核要求。

4 变压器电压等级为 220kV 及以上或容量为 120MVA 及以上时，宜用 5000V 兆欧表测量极化指数。测得值与产品出厂值相比应无明显差别，在常温下不应小于 1.5。当 R_{60} 大于 10000MΩ（20℃）时，极化指数可不作考核要求。

8.0.11 测量绕组连同套管的介质损耗因数（tanδ）及电容量，应符合下列规定：

1 当变压器电压等级为 35kV 及以上且容量在 10000kVA 及以上时，应测量介质损耗因数（tanδ）；

2 被测绕组的 tanδ 值不宜大于产品出厂试验值的 130％，当大于 130％时，可结合其他绝缘试验结果综合分析判断；

3 当测量时的温度与产品出厂试验温度不符合时，可按本标准附录 C 表换算到同一温度时的数值进行比较；

4 变压器本体电容量与出厂值相比允许偏差应为 ±3％。

8.0.12 变压器绕组变形试验，应符合下列规定：

1 对于 35kV 及以下电压等级变压器，宜采用低电压短路阻抗法；

2 对于 110（66）kV 及以上电压等级变压器，宜采用频率响应法测量绕组特征图谱。

8.0.13 绕组连同套管的交流耐压试验，应符合下列规定：

1 额定电压在 110kV 以下的变压器，线端试验应按本标准附录表 D.0.1 进行交流耐压试验；

2 绕组额定电压为 110（66）kV 及以上的变压器，其中性点应进行交流耐压试验，试验耐受电压标准应符合本标准附录表 D.0.2 的规定，并应符合下列规定：

1）试验电压波形应接近正弦，试验电压值应为测量电压的峰值除以 $\sqrt{2}$，试验时应在高压端监测；

2）外施交流电压试验电压的频率不应低于 40Hz，全电压下耐受时间应为 60s；

3）感应电压试验时，试验电压的频率应大于额定频率。当试验电压频率小于或等于 2 倍额定频率时，全电压下试验时间为 60s；当试验电压频率大于 2 倍额定频率时，全电压下试验时间应按下式计算：

$$t = 120 \times (f_N/f_s) \qquad (8.0.13)$$

式中：f_N——额定频率；

f_s——试验频率；

t——全电压下试验时间，不应少于 15s。

8.0.14 绕组连同套管的长时感应电压试验带局部放电测量（ACLD），应符合下列规定：

1 电压等级 220kV 及以上变压器在新安装时，应进行现场局部放电试验。电压等级为 110kV 的变压器，当对绝缘有怀疑时，应进行局部放电试验；

2 局部放电试验方法及判断方法，应按现行国家标准《电力变压器 第 3 部分：绝缘水平、绝缘试验和外绝缘空隙间隙》GB 1094.3 中的有关规定执行；

3 750kV 变压器现场交接试验时，绕组连同套管的长时感应电压试验带局部放电测量（ACLD）中，激发电压应按出厂交流耐压的 80％（720kV）进行。

8.0.15 额定电压下的冲击合闸试验，应符合下列规定：

1 在额定电压下对变压器的冲击合闸试验，应进行 5 次，每次间隔时间宜为 5min，应无异常现象，其中 750kV 变压器在额定电压下，第一次冲击合闸后的带电运行时间不应少于 30min，其后每次合闸后带电运行时间可逐次缩短，但不应少于 5min；

2 冲击合闸宜在变压器高压侧进行，对中性点接地的电力系统试验时变压器中性点应接地；

　　3　发电机变压器组中间连接无操作断开点的变压器，可不进行冲击合闸试验；

　　4　无电流差动保护的干式变可冲击 3 次。

8.0.16　检查变压器的相位，应与电网相位一致。

8.0.17　测量噪声，应符合下列规定：

　　1　电压等级为 750kV 的变压器的噪声，应在额定电压及额定频率下测量，噪声值声压级不应大于 80dB（A）；

　　2　测量方法和要求应符合现行国家标准《电力变压器　第 10 部分：声级测定》GB/T 1094.10 的规定；

　　3　验收应以出厂验收为准；

　　4　对于室内变压器可不进行噪声测量试验。

9　电抗器及消弧线圈

9.0.1　电抗器及消弧线圈的试验项目，应包括下列内容：

　　1　测量绕组连同套管的直流电阻；

　　2　测量绕组连同套管的绝缘电阻、吸收比或极化指数；

　　3　测量绕组连同套管的介质损耗因数（$\tan\delta$）及电容量；

　　4　绕组连同套管的交流耐压试验；

　　5　测量与铁心绝缘的各紧固件的绝缘电阻；

　　6　绝缘油的试验；

　　7　非纯瓷套管的试验；

　　8　额定电压下冲击合闸试验；

　　9　测量噪声；

　　10　测量箱壳的振动；

　　11　测量箱壳表面的温度。

9.0.2　各类电抗器和消弧线圈试验项目，应符合下列规定：

　　1　干式电抗器可按本标准第 9.0.1 条第 1、2、4 和 8 款进行试验；

　　2　油浸式电抗器可按本标准第 9.0.1 条第 1、2、4、5、6 和 8 款规定进行试验，对 35kV 及以上电抗器应增加本标准第 9.0.1 条第 3、7、9、10 和 11 款试验项目；

　　3　消弧线圈可按本标准第 9.0.1 条第 1、2、4 和 5 款进行试验，对 35kV 及以上油浸式消弧线圈应增加本标准第 9.0.1 条第 3、7 和 8 款试验项目。

9.0.3　测量绕组连同套管的直流电阻，应符合下列规定：

　　1　测量应在各分接的所有位置上进行；

　　2　实测值与出厂值的变化规律应一致；

　　3　三相电抗器绕组直流电阻值相互间差值不应大于三相平均值的 2%；

　　4　电抗器和消弧线圈的直流电阻，与同温下产品出厂值比较相应变化不应大于 2%；

　　5　对于立式布置的干式空芯电抗器绕组直流电阻值，可不进行三相间的比较。

9.0.4　测量绕组连同套管的绝缘电阻、吸收比或极化指数，应符合本标准第 8.0.10 条的规定。

9.0.5 测量绕组连同套管的介质损耗因数（tanδ）及电容量，应符合本标准第 8.0.11 条的规定。

9.0.6 绕组连同套管的交流耐压试验，应符合下列规定：

1 额定电压在 110kV 以下的消弧线圈、干式或油浸式电抗器均应进行交流耐压试验，试验电压应符合本标准附录表 D.0.1 的规定；

2 对分级绝缘的耐压试验电压标准，应按接地端或其末端绝缘的电压等级来进行。

9.0.7 测量与铁心绝缘的各紧固件的绝缘电阻，应符合本标准第 8.0.7 条的规定。

9.0.8 绝缘油的试验，应符合本标准第 19.0.1 条和第 19.0.2 条的规定。

9.0.9 非纯瓷套管的试验，应符合本标准第 15 章的有关规定。

9.0.10 在额定电压下，对变电站及线路的并联电抗器连同线路的冲击合闸试验应进行 5 次，每次间隔时间应为 5min，应无异常现象。

9.0.11 测量噪声应符合本标准第 8.0.17 条的规定。

9.0.12 电压等级为 330kV 及以上的电抗器，在额定工况下测得的箱壳振动振幅双峰值不应大于 100μm。

9.0.13 电压等级为 330kV 及以上的电抗器，应测量箱壳表面的温度，温升不应大于 65℃。

10　互　感　器

10.0.1 互感器的试验项目，应包括下列内容：

1 绝缘电阻测量；

2 测量 35kV 及以上电压等级的互感器的介质损耗因数（tanδ）及电容量；

3 局部放电试验；

4 交流耐压试验；

5 绝缘介质性能试验；

6 测量绕组的直流电阻；

7 检查接线绕组组别和极性；

8 误差及变比测量；

9 测量电流互感器的励磁特性曲线；

10 测量电磁式电压互感器的励磁特性；

11 电容式电压互感器（CVT）的检测；

12 密封性能检查。

10.0.2 各类互感器的交接试验项目，应符合下列规定：

1 电压互感器应按本标准第 10.0.1 条的第 1、2、3、4、5、6、7、8、10、11 和 12 款进行试验；

2 电流互感器应按本标准第 10.0.1 条的第 1、2、3、4、5、6、7、8、9 和 12 款进行试验；

3 SF₆ 封闭式组合电器中的电流互感器应按本标准第 10.0.1 条的第 7、8 和 9 款进行试验，二次绕组应按本标准第 10.0.1 条的第 1 款和第 6 款进行试验；

4 SF₆封闭式组合电器中的电压互感器应按本标准第 10.0.1 条的第 6、7、8 和 12 款进行试验，另外还应进行二次绕组间及对地绝缘电阻测量，一次绕组接地端（N）及二次绕组交流耐压试验，条件许可时可按本标准第 10.0.1 条的第 3 款及第 10 款进行试验，配置的压力表及密度继电器检测可按 GIS 试验内容执行。

10.0.3 测量绕组的绝缘电阻，应符合下列规定：

1 应测量一次绕组对二次绕组及外壳、各二次绕组间及其对外壳的绝缘电阻；绝缘电阻值不宜低于 1000MΩ；

2 测量电流互感器一次绕组段间的绝缘电阻，绝缘电阻值不宜低于 1000MΩ，由于结构原因无法测量时可不测量；

3 测量电容型电流互感器的末屏及电压互感器接地端（N）对外壳（地）的绝缘电阻，绝缘电阻值不宜小于 1000MΩ。当末屏对地绝缘电阻小于 1000MΩ 时，应测量其 tanδ，其值不应大于 2%；

4 测量绝缘电阻应使用 2500V 兆欧表。

10.0.4 电压等级 35kV 及以上油浸式互感器的介质损耗因数（tanδ）与电容量测量，应符合下列规定：

表 10.0.4　tanδ（%）限值（t：20℃）

种类　　　　额定电压（kV）	20～35	66～110	220	330～750
油浸式电流互感器	2.5	0.8	0.6	0.5
充硅脂及其他干式电流互感器	0.5	0.5	0.5	—
油浸式电压互感器整体	3	2.5		—
油浸式电流互感器末屏	—	2		

1 互感器的绕组 tanδ 测量电压应为 10kV，tanδ（%）不应大于表 10.0.4 中数据。当对绝缘性能有怀疑时，可采用高压法进行试验，在（0.5～1)Uₘ/√3 范围内进行，其中 Uₘ 是设备最高电压（方均根值），tanδ 变化量不应大于 0.2%，电容变化量不应大于 0.5%；

2 对于倒立油浸式电流互感器，二次线圈屏蔽直接接地结构，宜采用反接法测量 tanδ 与电容量；

3 末屏 tanδ 测量电压应为 2kV；

4 电容型电流互感器的电容量与出厂试验值比较超出 5% 时，应查明原因。

10.0.5 互感器的局部放电测量，应符合下列规定：

1 局部放电测量宜与交流耐压试验同时进行；

2 电压等级为 35kV～110kV 互感器的局部放电测量可按 10% 进行抽测；

3 电压等级 220kV 及以上互感器在绝缘性能有怀疑时宜进行局部放电测量；

4 局部放电测量时，应在高压侧（包括电磁式电压互感器感应电压）监测施加的一次电压；

5 局部放电测量的测量电压及允许的视在放电量水平应按表10.0.5确定。

表 10.0.5 测量电压及允许的视在放电量水平

种 类			测量电压（kV）	允许的视在放电量水平（pC）	
				环氧树脂及其他干式	油浸式和气体式
电流互感器			$1.2U_m/\sqrt{3}$	50	20
			U_m	100	50
电压互感器	≥66kV		$1.2U_m/\sqrt{3}$	50	20
			U_m	100	50
	35kV	全绝缘结构（一次绕组均接高电压）	$1.2U_m$	100	50
		半绝缘结构（一次绕组一端直接接地）	$1.2U_m/\sqrt{3}$	50	20
			$1.2U_m$（必要时）	100	50

注：U_m是设备最高电压（方均根值）。

10.0.6 互感器交流耐压试验，应符合下列规定：

1 应按出厂试验电压的80％进行，并应在高压侧监视施加电压；

2 电压等级66kV及以上的油浸式互感器，交流耐压前后宜各进行一次绝缘油色谱分析；

3 电磁式电压互感器（包括电容式电压互感器的电磁单元）应按下列规定进行感应耐压试验：

1）试验电源频率和施加试验电压时间应符合本标准第8.0.13条第4款的规定；

2）感应耐压试验前后，应各进行一次额定电压时的空载电流测量，两次测得值相比不应有明显差别；

3）对电容式电压互感器的中间电压变压器进行感应耐压试验时，应将耦合电容分压器、阻尼器及限幅装置拆开。由于产品结构原因现场无条件拆开时，可不进行感应耐压试验。

4 电压等级220kV以上的SF_6气体绝缘互感器，特别是电压等级为500kV的互感器，宜在安装完毕的情况下进行交流耐压试验；在耐压试验前，宜开展U_m电压下的老练试验，时间应为15min；

5 二次绕组间及其对箱体（接地）的工频耐压试验电压应为2kV，可用2500V兆欧表测量绝缘电阻试验替代；

6 电压等级110kV及以上的电流互感器末屏及电压互感器接地端（N）对地的工频耐受电压应为2kV，可用2500V兆欧表测量绝缘电阻试验替代。

10.0.7 绝缘介质性能试验，应符合下列规定：

1 绝缘油的性能应符合本标准表19.0.1及表19.0.2的规定；

2 充入SF_6气体的互感器，应静放24h后取样进行检测，气体水分含量不应大于$250\mu L/L$（20℃体积百分数），对于750kV电压等级，气体水分含量不应大于$200\mu L/L$；

3 电压等级在 66kV 以上的油浸式互感器，对绝缘性能有怀疑时，应进行油中溶解气体的色谱分析。油中溶解气体组分总烃含量不宜超过 $10\mu L/L$，H_2 含量不宜超过 $100\mu L/L$，C_2H_2 含量不宜超过 $0.1\mu L/L$。

10.0.8 绕组直流电阻测量，应符合下列规定：

1 电压互感器：一次绕组直流电阻测量值，与换算到同一温度下的出厂值比较，相差不宜大于 10%。二次绕组直流电阻测量值，与换算到同一温度下的出厂值比较，相差不宜大于 15%。

2 电流互感器：同型号、同规格、同批次电流互感器绕组的直流电阻和平均值的差异不宜大于 10%，一次绕组有串、并联接线方式时，对电流互感器的一次绕组的直流电阻测量应在正常运行方式下测量，或同时测量两种接线方式下的一次绕组的直流电阻，倒立式电流互感器单匝一次绕组的直流电阻之间的差异不宜大于 30%。当有怀疑时，应提高施加的测量电流，测量电流（直流值）不宜超过额定电流（方均根值）的 50%。

10.0.9 检查互感器的接线绕组组别和极性，应符合设计要求，并应与铭牌和标志相符。

10.0.10 互感器误差及变比测量，应符合下列规定：

1 用于关口计量的互感器（包括电流互感器、电压互感器和组合互感器）应进行误差测量；

2 用于非关口计量的互感器，应检查互感器变比，并应与制造厂铭牌值相符，对多抽头的互感器，可只检查使用分接的变比。

10.0.11 测量电流互感器的励磁特性曲线，应符合下列规定：

1 当继电保护对电流互感器的励磁特性有要求时，应进行励磁特性曲线测量；

2 当电流互感器为多抽头时，应测量当前拟定使用的抽头或最大变比的抽头。测量后应核对是否符合产品技术条件要求；

3 当励磁特性测量时施加的电压高于绕组允许值（电压峰值 4.5kV），应降低试验电源频率；

4 330kV 及以上电压等级的独立式、GIS 和套管式电流互感器，线路容量为 300MW 及以上容量的母线电流互感器及各种电压等级的容量超过 1200MW 的变电站带暂态性能的电流互感器，其具有暂态特性要求的绕组，应根据铭牌参数采用交流法（低频法）或直流法测量其相关参数，并应核查是否满足相关要求。

10.0.12 电磁式电压互感器的励磁曲线测量，应符合下列规定：

1 用于励磁曲线测量的仪表应为方均根值表，当发生测量结果与出厂试验报告和型式试验报告相差大于 30% 时，应核对使用的仪表种类是否正确；

2 励磁曲线测量点应包括额定电压的 20%、50%、80%、100% 和 120%；

3 对于中性点直接接地的电压互感器，最高测量点应为 150%；

4 对于中性点非直接接地系统，半绝缘结构电磁式电压互感器最高测量点应为 190%，全绝缘结构电磁式电压互感器最高测量点应为 120%。

10.0.13 电容式电压互感器（CVT）检测，应符合下列规定：

1 CVT 电容分压器电容量与额定电容值比较不宜超过 −5%～10%，介质损耗因数 $\tan\delta$ 不应大于 0.2%；

2 叠装结构 CVT 电磁单元因结构原因不易将中压连线引出时，可不进行电容量和介质损耗因数（tanδ）测试，但应进行误差试验；当误差试验结果不满足误差限值要求时，应断开电磁单元中压连接线，检测电磁单元各部件及电容分压器的电容量和介质损耗因数（tanδ）；

3 CVT 误差试验应在支架（柱）上进行；

4 当电磁单元结构许可，电磁单元检查应包括中间变压器的励磁曲线测量、补偿电抗器感抗测量、阻尼器和限幅器的性能检查，交流耐压试验按照电磁式电压互感器，施加电压应按出厂试验的 80% 执行。

10.0.14 密封性能检查，应符合下列规定：

1 油浸式互感器外表应无可见油渍现象；

2 SF$_6$ 气体绝缘互感器定性检漏应无泄漏点，怀疑有泄漏点时应进行定量检漏，年泄漏率应小于 1%。

11 真 空 断 路 器

11.0.1 真空断路器的试验项目，应包括下列内容：

1 测量绝缘电阻；

2 测量每相导电回路的电阻；

3 交流耐压试验；

4 测量断路器的分、合闸时间，测量分、合闸的同期性，测量合闸时触头的弹跳时间；

5 测量分、合闸线圈及合闸接触器线圈的绝缘电阻和直流电阻；

6 断路器操动机构的试验。

11.0.2 整体绝缘电阻值测量，应符合制造厂规定。

11.0.3 测量每相导电回路的电阻值，应符合下列规定：

1 测量应采用电流不小于 100A 的直流压降法；

2 测试结果应符合产品技术条件的规定。

11.0.4 交流耐压试验，应符合下列规定：

1 应在断路器合闸及分闸状态下进行交流耐压试验；

2 当在合闸状态下进行时，真空断路器的交流耐受电压应符合表 11.0.4 的规定；

3 当在分闸状态下进行时，真空灭弧室断口间的试验电压应按产品技术条件的规定，当产品技术文件没有特殊规定时，真空断路器的交流耐受电压应符合表 11.0.4 的规定；

表 11.0.4 真空断路器的交流耐受电压

额定电压（kV）	1min 工频耐受电压（kV）有效值			
	相对地	相间	断路器断口	隔离断口
3.6	25/18	25/18	25/18	27/20
7.2	30/23	30/23	30/23	34/27
12	42/30	42/30	42/30	48/36

额定电压（kV）	1min 工频耐受电压（kV）有效值			
	相对地	相间	断路器断口	隔离断口
24	65/50	65/50	65/50	79/64
40.5	95/80	95/80	95/80	118/103
72.5	140	140	140	180
	160	160	160	200

注：斜线下的数值为中性点接地系统使用的数值，亦为湿试时的数值。

4 试验中不应发生贯穿性放电。

11.0.5 测量断路器主触头的分、合闸时间，测量分、合闸的同期性，测量合闸过程中触头接触后的弹跳时间，应符合下列规定：

1 合闸过程中触头接触后的弹跳时间，40.5kV 以下断路器不应大于 2ms，40.5kV 及以上断路器不应大于 3ms；对于电流 3kA 及以上的 10kV 真空断路器，弹跳时间如不满足小于 2ms，应符合产品技术条件的规定；

2 测量应在断路器额定操作电压条件下进行；

3 实测数值应符合产品技术条件的规定。

11.0.6 测量分、合闸线圈及合闸接触器线圈的绝缘电阻和直流电阻，应符合下列规定：

1 测量分、合闸线圈及合闸接触器线圈的绝缘电阻值，不应低于 10MΩ；

2 测量分、合闸线圈及合闸接触器线圈的直流电阻值与产品出厂试验值相比应无明显差别。

11.0.7 断路器操动机构（不包括液压操作机构）的试验，应符合本标准附录 E 的规定。

12 六氟化硫断路器

12.0.1 六氟化硫（SF$_6$）断路器试验项目，应包括下列内容：

1 测量绝缘电阻；

2 测量每相导电回路的电阻；

3 交流耐压试验；

4 断路器均压电容器的试验；

5 测量断路器的分、合闸时间；

6 测量断路器的分、合闸速度；

7 测量断路器的分、合闸同期性及配合时间；

8 测量断路器合闸电阻的投入时间及电阻值；

9 测量断路器分、合闸线圈绝缘电阻及直流电阻；

10 断路器操动机构的试验；

11 套管式电流互感器的试验；

12 测量断路器内 SF$_6$ 气体的含水量；

13 密封性试验；

14 气体密度继电器、压力表和压力动作阀的检查。

12.0.2 测量整体绝缘电阻值，应符合产品技术文件规定。

12.0.3 每相导电回路的电阻值测量，宜采用电流不小于 100A 的直流压降法。测试结果应符合产品技术条件的规定。

12.0.4 交流耐压试验，应符合下列规定：

1 在 SF_6 气压为额定值时进行，试验电压应按出厂试验电压的 80%；

2 110kV 以下电压等级应进行合闸对地和断口间耐压试验；

3 罐式断路器应进行合闸对地和断口间耐压试验，在 $1.2U_r/\sqrt{3}$ 电压下应进行局部放电检测；

4 500kV 定开距瓷柱式断路器应进行合闸对地和断口耐压试验。对于有断口电容器时，耐压频率应符合产品技术文件规定。

12.0.5 断路器均压电容器的试验，应符合下列规定：

1 断路器均压电容器的试验，应符合本标准第 18 章的有关规定；

2 罐式断路器的均压电容器试验可按制造厂的规定进行。

12.0.6 测量断路器的分、合闸时间，应符合下列规定：

1 测量断路器的分、合闸时间，应在断路器的额定操作电压、气压或液压下进行；

2 实测数值应符合产品技术条件的规定。

12.0.7 测量断路器的分、合闸速度，应符合下列规定：

1 测量断路器的分、合闸速度，应在断路器的额定操作电压、气压或液压下进行；

2 实测数值应符合产品技术条件的规定；

3 现场无条件安装采样装置的断路器，可不进行本试验。

12.0.8 测量断路器主、辅触头三相及同相各断口分、合闸的同期性及配合时间，应符合产品技术条件的规定。

12.0.9 测量断路器合闸电阻的投入时间及电阻值，应符合产品技术条件的规定。

12.0.10 测量断路器分、合闸线圈的绝缘电阻值，不应低于 10MΩ，直流电阻值与产品出厂试验值相比应无明显差别。

12.0.11 断路器操动机构（不包括永磁操作机构）的试验，应符合本标准附录 E 的规定。

12.0.12 套管式电流互感器的试验，应按本标准第 10 章的有关规定进行。

12.0.13 测量断路器内 SF_6 气体的含水量（20℃的体积分数），应按现行国家标准《额定电压 72.5kV 及以上气体绝缘金属封闭开关设备》GB 7674 和《六氟化硫电气设备中气体管理和检测导则》GB/T 8905 的有关规定执行，并应符合下列规定：

1 与灭弧室相通的气室，应小于 $150\mu L/L$；

2 不与灭弧室相通的气室，应小于 $250\mu L/L$；

3 SF_6 气体的含水量测定应在断路器充气 24h 后进行。

12.0.14 密封试验，应符合下列规定：

1 试验方法可采用灵敏度不低于 1×10^{-6}（体积比）的检漏仪对断路器各密封部位、管道接头等处进行检测，检漏仪不应报警；

2 必要时可采用局部包扎法进行气体泄漏测量。以 24h 的漏气量换算，每一个气室年漏气率不应大于0.5%；

3　密封试验应在断路器充气24h以后，且应在开关操动试验后进行。

12.0.15　气体密度继电器、压力表和压力动作阀的检查，应符合下列规定：

1　在充气过程中检查气体密度继电器及压力动作阀的动作值，应符合产品技术条件的规定；

2　对单独运到现场的表计，应进行核对性检查。

13　六氟化硫封闭式组合电器

13.0.1　六氟化硫封闭式组合电器的试验项目，应包括下列内容：

1　测量主回路的导电电阻；

2　封闭式组合电器内各元件的试验；

3　密封性试验；

4　测量六氟化硫气体含水量；

5　主回路的交流耐压试验；

6　组合电器的操动试验；

7　气体密度继电器、压力表和压力动作阀的检查。

13.0.2　测量主回路的导电电阻值，应符合下列规定：

1　测量主回路的导电电阻值，宜采用电流不小于100A的直流压降法；

2　测试结果不应超过产品技术条件规定值的1.2倍。

13.0.3　封闭式组合电器内各元件的试验，应符合下列规定：

1　装在封闭式组合电器内的断路器、隔离开关、负荷开关、接地开关、避雷器、互感器、套管、母线等元件的试验，应按本标准相应章节的有关规定进行；

2　对无法分开的设备可不单独进行。

13.0.4　密封性试验，应符合下列规定：

1　密封性试验方法，可采用灵敏度不低于1×10^{-6}（体积比）的检漏仪对各气室密封部位、管道接头等处进行检测，检漏仪不应报警；

2　必要时可采用局部包扎法进行气体泄漏测量。以24h的漏气量换算，每一个气室年漏气率不应大于1%，750kV电压等级的不应大于0.5%；

3　密封试验应在封闭式组合电器充气24h以后，且组合操动试验后进行。

13.0.5　测量六氟化硫气体含水量，应符合下列规定：

1　测量六氟化硫气体含水量（20℃的体积分数），应按现行国家标准《额定电压72.5kV及以上气体绝缘金属封闭开关设备》GB 7674和《六氟化硫电气设备中气体管理和检测导则》GB/T 8905的有关规定执行；

2　有电弧分解的隔室，应小于$150\mu L/L$；

3　无电弧分解的隔室，应小于$250\mu L/L$；

4　气体含水量的测量应在封闭式组合电器充气24h后进行。

13.0.6　交流耐压试验，应符合下列规定：

1　试验程序和方法，应按产品技术条件或现行行业标准《气体绝缘封闭开关设备现场耐压及绝缘试验导则》DL/T 555 的有关规定执行，试验电压值应为出厂试验电压的 80%；

2 主回路在 $1.2U_r/\sqrt{3}$ 电压下，应进行局部放电检测。

13.0.7 组合电器的操动试验，应符合下列规定：

1 进行组合电器的操动试验时，联锁与闭锁装置动作应准确可靠；

2 电动、气动或液压装置的操动试验，应按产品技术条件的规定进行。

13.0.8 气体密度继电器、压力表和压力动作阀的检查，应符合下列规定：

1 在充气过程中检查气体密度继电器及压力动作阀的动作值，应符合产品技术条件的规定；

2 对单独运到现场的表计，应进行核对性检查。

14　隔离开关、负荷开关及高压熔断器

14.0.1 隔离开关、负荷开关及高压熔断器的试验项目，应包括下列内容：

1 测量绝缘电阻；

2 测量高压限流熔丝管熔丝的直流电阻；

3 测量负荷开关导电回路的电阻；

4 交流耐压试验；

5 检查操动机构线圈的最低动作电压；

6 操动机构的试验。

14.0.2 测量绝缘电阻，应符合下列规定：

1 应测量隔离开关与负荷开关的有机材料传动杆的绝缘电阻；

2 隔离开关与负荷开关的有机材料传动杆的绝缘电阻值，在常温下不应低于表 14.0.2 的规定。

表 14.0.2　有机材料传动杆的绝缘电阻值

额定电压（kV）	3.6～12	24～40.5	72.5～252	363～800
绝缘电阻值（MΩ）	1200	3000	6000	10000

14.0.3 测量高压限流熔丝管熔丝的直流电阻值，与同型号产品相比不应有明显差别。

14.0.4 测量负荷开关导电回路的电阻值，应符合下列规定：

1 宜采用电流不小于 100A 的直流压降法；

2 测试结果不应超过产品技术条件规定。

14.0.5 交流耐压试验，应符合下列规定：

1 三相同一箱体的负荷开关，应按相间及相对地进行耐压试验，还应按产品技术条件规定进行每个断口的交流耐压试验。试验电压应符合本标准表 11.0.4 的规定；

2 35kV 及以下电压等级的隔离开关应进行交流耐压试验，可在母线安装完毕后一起进行，试验电压应符合本标准附录 F 的规定。

14.0.6 检查操动机构线圈的最低动作电压，应符合制造厂的规定。

14.0.7 操动机构的试验，应符合下列规定：

1 动力式操动机构的分、合闸操作，当其电压或气压在下列范围时，应保证隔离开关的主闸刀或接地闸刀可靠地分闸和合闸：

1）电动机操动机构：当电动机接线端子的电压在其额定电压的 80％～110％范围内时；

2）压缩空气操动机构：当气压在其额定气压的 85％～110％范围内时；

3）二次控制线圈和电磁闭锁装置：当其线圈接线端子的电压在其额定电压的 80％～110％范围内时。

2 隔离开关、负荷开关的机械或电气闭锁装置应准确可靠。

3 具有可调电源时，可进行高于或低于额定电压的操动试验。

15　套　　管

15.0.1　套管的试验项目，应包括下列内容：

1 测量绝缘电阻；

2 测量 20kV 及以上非纯瓷套管的介质损耗因数（tanδ）和电容值；

3 交流耐压试验；

4 绝缘油的试验（有机复合绝缘套管除外）；

5 SF$_6$ 套管气体试验。

15.0.2　测量绝缘电阻，应符合下列规定：

1 套管主绝缘电阻值不应低于 10000MΩ；

2 末屏绝缘电阻值不宜小于 1000MΩ。当末屏对地绝缘电阻小于 1000MΩ 时，应测量其 tanδ，不应大于 2％。

15.0.3　测量 20kV 及以上非纯瓷套管的主绝缘介质损耗因数（tanδ）和电容值，应符合下列规定：

1 在室温不低于 10℃ 的条件下，套管主绝缘介质损耗因数 tanδ（％）应符合表 15.0.3 的规定；

表 15.0.3　套管主绝缘介质损耗因数 tanδ（％）

套管主绝缘类型	tanδ（％）最大值
油浸纸	0.7（当电压 U_m≥500kV 时为 0.5）
胶浸纸	0.7
胶粘纸	1.0（当电压 35kV 及以下时为 1.5）
气体浸渍膜	0.5
气体绝缘电容式	0.5
浇铸或模塑树脂	1.5（当电压 U_m=750kV 时为 0.8）
油脂覆膜	0.5
胶浸纤维	0.5
组合	由供需双方商定
其他	由供需双方商定

2 电容型套管的实测电容量值与产品铭牌数值或出厂试验值相比，允许偏差应为 ±5%。

15.0.4 交流耐压试验，应符合下列规定：

　　1 试验电压应符合本标准附录 F 的规定；

　　2 穿墙套管、断路器套管、变压器套管、电抗器及消弧线圈套管，均可随母线或设备一起进行交流耐压试验。

15.0.5 绝缘油的试验，应符合下列规定：

　　1 套管中的绝缘油应有出厂试验报告，现场可不进行试验。当有下列情况之一者，应取油样进行水含量和色谱试验，并将试验结果与出厂试验报告比较：

　　1）套管主绝缘的介质损耗因数（$\tan\delta$）超过本标准表 15.0.3 中的规定值；

　　2）套管密封损坏，抽压或测量小套管的绝缘电阻不符合要求；

　　3）套管由于渗漏等原因需要重新补油时。

　　2 套管绝缘油的补充或更换时进行的试验，应符合下列规定：

　　1）换油时应按本标准表 19.0.1 的规定进行；

　　2）电压等级为 750kV 的套管绝缘油，宜进行油中溶解气体的色谱分析；油中溶解气体组分总烃含量不应超过 $10\mu L/L$，H_2 含量不应超过 $150\mu L/L$，C_2H_2 含量不应超过 $0.1\mu L/L$；

　　3）补充绝缘油时，除应符合本款第 1）项和第 2）项规定外，尚应符合本标准第 19.0.3 条的规定；

　　4）充电缆油的套管需进行油的试验时，可按本标准表 17.0.7 的规定执行。

15.0.6 SF_6 套管气体试验可按本标准第 10.0.7 条中第 2 款和第 10.0.14 条中第 2 款的规定执行。

16　悬式绝缘子和支柱绝缘子

16.0.1 悬式绝缘子和支柱绝缘子的试验项目，应包括下列内容：

　　1 测量绝缘电阻；

　　2 交流耐压试验。

16.0.2 测量绝缘电阻值，应符合下列规定：

　　1 用于 330kV 及以下电压等级的悬式绝缘子的绝缘电阻值，不应低于 300MΩ；用于 500kV 及以上电压等级的悬式绝缘子不应低于 500MΩ；

　　2 35kV 及以下电压等级的支柱绝缘子的绝缘电阻值，不应低于 500MΩ；

　　3 采用 2500V 兆欧表测量绝缘子绝缘电阻值，可按同批产品数量的 10% 抽查；

　　4 棒式绝缘子可不进行此项试验；

　　5 半导体釉绝缘子的绝缘电阻，应符合产品技术条件的规定。

16.0.3 交流耐压试验，应符合下列规定：

　　1 35kV 及以下电压等级的支柱绝缘子应进行交流耐压试验，可在母线安装完毕后一起进行，试验电压应符合本标准附录 F 的规定。

　　2 35kV 多元件支柱绝缘子的交流耐压试验值，应符合下列规定：

1）两个胶合元件者，每元件交流耐压试验值应为 50kV；

2）三个胶合元件者，每元件交流耐压试验值应为 34kV。

3 悬式绝缘子的交流耐压试验电压值应为 60kV。

17　电力电缆线路

17.0.1　电力电缆线路的试验项目，应包括下列内容：

1 主绝缘及外护层绝缘电阻测量；

2 主绝缘直流耐压试验及泄漏电流测量；

3 主绝缘交流耐压试验；

4 外护套直流耐压试验；

5 检查电缆线路两端的相位；

6 充油电缆的绝缘油试验；

7 交叉互联系统试验；

8 电力电缆线路局部放电测量。

17.0.2　电力电缆线路交接试验，应符合下列规定：

1 橡塑绝缘电力电缆可按本标准第 17.0.1 条第 1、3、5 和 8 款进行试验，其中交流单芯电缆应增加本标准第 17.0.1 条第 4、7 款试验项目。额定电压 U_0/U 为 18/30kV 及以下电缆，当不具备条件时允许用有效值为 $3U_0$ 的 0.1Hz 电压施加 15min 或直流耐压试验及泄漏电流测量代替本标准第 17.0.5 条规定的交流耐压试验；

2 纸绝缘电缆可按本标准第 17.0.1 条第 1、2 和 5 款进行试验；

3 自容式充油电缆可按本标准第 17.0.1 条第 1、2、4、5、6、7 和 8 款进行试验；

4 应对电缆的每一相测量其主绝缘的绝缘电阻和进行耐压试验。对具有统包绝缘的三芯电缆，应分别对每一相进行，其他两相导体、金属屏蔽或金属套和铠装层应一起接地；对分相屏蔽的三芯电缆和单芯电缆，可一相或多相同时进行，非被试相导体、金属屏蔽或金属套和铠装层应一起接地；

5 对金属屏蔽或金属套一端接地，另一端装有护层过电压保护器的单芯电缆主绝缘做耐压试验时，应将护层过电压保护器短接，使这一端的电缆金属屏蔽或金属套临时接地；

6 额定电压为 0.6/1kV 的电缆线路应用 2500V 兆欧表测量导体对地绝缘电阻代替耐压试验，试验时间应为 1min；

7 对交流单芯电缆外护套应进行直流耐压试验。

17.0.3　绝缘电阻测量，应符合下列规定：

1 耐压试验前后，绝缘电阻测量应无明显变化；

2 橡塑电缆外护套、内衬层的绝缘电阻不应低于 0.5MΩ/km；

3 测量绝缘电阻用兆欧表的额定电压等级，应符合下列规定：

1）电缆绝缘测量宜采用 2500V 兆欧表，6/6kV 及以上电缆也可用 5000V 兆欧表；

2）橡塑电缆外护套、内衬层的测量宜采用 500V 兆欧表。

17.0.4　直流耐压试验及泄漏电流测量，应符合下列规定：

1　直流耐压试验电压应符合下列规定：

1）纸绝缘电缆直流耐压试验电压 U_t 可按下列公式计算：对于统包绝缘（带绝缘）：

$$U_t = 5 \times \frac{U_0 + U}{2} \qquad (17.0.4 - 1)$$

对于分相屏蔽绝缘：

$$U_t = 5 \times U_0 \qquad (17.0.4 - 2)$$

式中：U_0——电缆导体对地或对金属屏蔽层间的额定电压；

U——电缆额定线电压。

2）试验电压应符合表 17.0.4-1 的规定。

表 17.0.4-1　纸绝缘电缆直流耐压试验电压 （kV）

电缆额定电压 U_0/U	1.8/3	3/3	3.6/6	6/6	6/10	8.7/10	21/35	26/35
直流试验电压	12	14	24	30	40	47	105	130

3）18/30kV 及以下电压等级的橡塑绝缘电缆直流耐压试验电压，应按下式计算：

$$U_t = 4 \times U_0 \qquad (17.0.4 - 3)$$

4）充油绝缘电缆直流耐压试验电压，应符合表 17.0.4-2 的规定。

表 17.0.4-2　充油绝缘电缆直流耐压试验电压 （kV）

电缆额定电压 U_0/U	48/66	64/110	127/220	190/330	290/500
直流试验电压	162	275	510	650	840

5）现场条件只允许采用交流耐压方法，当额定电压 U_0/U 为 190/330kV 及以下时，应采用的交流电压的有效值为上列直流试验电压值的 42%，当额定电压 U_0/U 为 290/500kV 时，应采用的交流电压的有效值为上列直流试验电压值的 50%。

6）交流单芯电缆的外护套绝缘直流耐压试验，可按本标准第 17.0.8 条规定执行。

2　试验时，试验电压可分 4 阶段～6 阶段均匀升压，每阶段应停留 1min，并应读取泄漏电流值。试验电压升至规定值后应维持 15min，期间应读取 1min 和 15min 时泄漏电流。测量时应消除杂散电流的影响。

3　纸绝缘电缆各相泄漏电流的不平衡系数（最大值与最小值之比）不应大于 2；当 6/10kV 及以上电缆的泄漏电流小于 20μA 和 6kV 及以下电缆泄漏电流小于 10μA 时，其不平衡系数可不作规定。

4　电缆的泄漏电流具有下列情况之一者，电缆绝缘可能有缺陷，应找出缺陷部位，并予以处理：

1）泄漏电流很不稳定；

2）泄漏电流随试验电压升高急剧上升；

3）泄漏电流随试验时间延长有上升现象。

17.0.5　交流耐压试验，应符合下列规定：

1　橡塑电缆应优先采用 20Hz～300Hz 交流耐压试验，试验电压和时间应符合表 17.0.5 的规定。

表 17.0.5　橡塑电缆 20Hz～300Hz 交流耐压试验电压和时间

额定电压 U_0/U	试验电压	时间（min）
18/30kV 及以下	$2U_0$	15（或 60）
21/35kV～64/110kV	$2U_0$	60
127/220kV	$1.7U_0$（或 $1.4U_0$）	60
190/330kV	$1.7U_0$（或 $1.3U_0$）	60
290/500kV	$1.7U_0$（或 $1.1U_0$）	60

2　不具备上述试验条件或有特殊规定时，可采用施加正常系统对地电压 24h 方法代替交流耐压。

17.0.6　检查电缆线路的两端相位，应与电网的相位一致。

17.0.7　充油电缆的绝缘油试验项目和要求应符合表 17.0.7 的规定。

表 17.0.7　充油电缆的绝缘油试验项目和要求

项目		要　求	试验方法
击穿电压	电缆及附件内	对于 64/110～190/330kV，不低于 50kV 对于 290/500kV，不低于 60kV	按现行国家标准《绝缘油击穿电压测定法》GB/T 507
	压力箱中	不低于 50kV	
介质损耗因数	电缆及附件内	对于 64/110kV～127/220kV 的不大于 0.005 对于 190/330kV～290/500kV 的不大于 0.003	按《电力设备预防性试验规程》DL/T 596 中第 11.4.5.2 条
	压力箱中	不大于 0.003	

17.0.8　交叉互联系统试验，应符合本标准附录 G 的规定。

17.0.9　66kV 及以上橡塑绝缘电力电缆线路安装完成后，结合交流耐压试验可进行局部放电测量。

18　电　容　器

18.0.1　电容器的试验项目，应包括下列内容：

1　测量绝缘电阻；

2　测量耦合电容器、断路器电容器的介质损耗因数（$\tan\delta$）及电容值；

3　电容测量；

4　并联电容器交流耐压试验；

5　冲击合闸试验。

18.0.2　测量绝缘电阻，应符合下列规定：

1　500kV 及以下电压等级的应采用 2500V 兆欧表，750kV 电压等级的应采用 5000V 兆欧表，测量耦合电容器、断路器电容器的绝缘电阻应在二极间进行；

2　并联电容器应在电极对外壳之间进行，并应采用 1000V 兆欧表测量小套管对地绝缘电阻，绝缘电阻均不应低于 500MΩ。

18.0.3 测量耦合电容器、断路器电容器的介质损耗因数（tanδ）及电容值，应符合下列规定：

1 测得的介质损耗因数（tanδ）应符合产品技术条件的规定；

2 耦合电容器电容值的偏差应在额定电容值的－5％～＋10％范围内，电容器叠柱中任何两单元的实测电容之比值与这两单元的额定电压之比值的倒数之差不应大于5％；断路器电容器电容值的允许偏差应为额定电容值的±5％。

18.0.4 电容测量，应符合下列规定：

1 对电容器组，应测量各相、各臂及总的电容值。

2 测量结果应符合现行国家标准《标称电压1000V以上交流电力系统用并联电容器 第1部分：总则》GB/T 11024.1的规定。电容器组中各相电容量的最大值和最小值之比，不应大于1.02。

18.0.5 并联电容器的交流耐压试验，应符合下列规定：

1 并联电容器电极对外壳交流耐压试验电压值应符合表18.0.5的规定；

2 当产品出厂试验电压值不符合表18.0.5的规定时，交接试验电压应按产品出厂试验电压值的75％进行；

3 交流耐压试验应历时10s。

表18.0.5 并联电容器电极对外壳交流耐压试验电压（kV）

额定电压	<1	1	3	6	10	15	20	35
出厂试验电压	3	6	18/25	23/32	30/42	40/55	50/65	80/95
交接试验电压	2.3	4.5	18.8	24	31.5	41.3	48.8	71.3

注：斜线下的数据为外绝缘的干耐受电压。

18.0.6 在电网额定电压下，对电力电容器组的冲击合闸试验应进行3次，熔断器不应熔断。

19 绝缘油和SF₆气体

19.0.1 绝缘油的试验项目及标准，应符合表19.0.1的规定。

表19.0.1 绝缘油的试验项目及标准

序号	项 目	标 准	说 明
1	外状	透明，无杂质或悬浮物	外观目视
2	水溶性酸（pH值）	＞5.4	按现行国家标准《运行中变压器油水溶性酸测定法》GB/T 7598中的有关要求进行试验
3	酸值（以KOH计）（mg/g）	≤0.03	按现行国家标准《石油产品酸值测定法》GB/T 264中的有关要求进行试验
4	闪点（闭口）（℃）	≥135	按现行国家标准《闪点的测定 宾斯基-马丁闭口杯法》GB 261中的有关要求进行试验

续表

序号	项　目	标　准	说　明
5	水含量（mg/L）	330kV～750kV：≤10 220kV：≤15 110kV 及以下电压等级：≤20	按现行国家标准《运行中变压器油水分含量测定法（库伦法）》GB/T 7600 或《运行中变压器油、汽轮机油水分测定法（气相色谱法）》GB/T 7601 中的有关要求进行试验
6	界面张力（25℃）（mN/m）	≥40	按现行国家标准《石油产品油对水界面张力测定法（圆环法）》GB/T 6541 中的有关要求进行试验
7	介质损耗因数 tanδ（％）	90℃时， 注入电气设备前≤0.5 注入电气设备后≤0.7	按现行国家标准《液体绝缘材料　相对电容率、介质损耗因数和直流电阻率的测量》GB/T 5654 中的有关要求进行试验
8	击穿电压（kV）	750kV：≥70 500kV：≥60 330kV：≥50 66kV～220kV：≥40 35kV 及以下电压等级：≥35	1. 按现行国家标准《绝缘油击穿电压测定法》GB/T 507 中的有关要求进行试验 2. 该指标为平板电极测定值，其他电极可参考现行国家标准《运行中变压器油质量》GB/T 7595
9	体积电阻率（90℃）（Ω·m）	≥6×10^10	按国家现行标准《液体绝缘材料　相对电容率、介质损耗因数和直流电阻率的测量》GB/T 5654 或《电力用油体积电阻率测定法》DL/T 421 中的有关要求进行试验
10	油中含气量（％）（体积分数）	330kV～750kV：≤1.0	按现行行业标准《绝缘油中含气量测定方法　真空压差法》DL/T 423 或《绝缘油中含气量的气相色谱测定法》DL/T 703 中的有关要求进行试验（只对 330kV 及以上电压等级进行）
11	油泥与沉淀物（％）（质量分数）	≤0.02	按现行国家标准《石油和石油产品及添加剂机械杂质测定法》GB/T 511 中的有关要求进行试验
12	油中溶解气体组分含量色谱分析	见本标准有关章节	按国家现行标准《绝缘油中溶解气体组分含量的气相色谱测定法》GB/T 17623 或《变压器油中溶解气体分析和判断导则》GB/T 7252 及《变压器油中溶解气体分析和判断导则》DL/T 722 中的有关要求进行试验
13	变压器油中颗粒度限值	500kV 及以上交流变压器：投运前（热油循环后）100mL 油中大于 5μm 的颗粒数≤2000 个	按现行行业标准《变压器油中颗粒度限值》DL/T 1096 中的有关要求进行试验

19.0.2 新油验收及充油电气设备的绝缘油试验分类，应符合表 19.0.2 的规定。

表 19.0.2 电气设备绝缘油试验分类

试验类别	适 用 范 围
击穿电压	1.6kV 以上电气设备内的绝缘油或新注入设备前、后的绝缘油。 2. 对下列情况之一者，可不进行击穿电压试验： 1）35kV 以下互感器，其主绝缘试验已合格的； 2）按本标准有关规定不需取油的
简化分析	准备注入变压器、电抗器、互感器、套管的新油，应按表 19.0.1 中的第 2 项～第 9 项规定进行
全分析	对油的性能有怀疑时，应按本标准表 19.0.1 中的全部项目进行

19.0.3 当绝缘油需要进行混合时，在混合前应按混油的实际使用比例先取混油样进行分析，其结果应符合现行国家标准《运行变压器油维护管理导则》GB/T 14542 有关规定；混油后还应按本标准表 19.0.4 中的规定进行绝缘油的试验。

19.0.4 SF_6 新气到货后，充入设备前应对每批次的气瓶进行抽检，并应按现行国家标准《工业六氟化硫》GB 12022 验收，SF_6 新到气瓶抽检比例宜符合表 19.0.4 的规定，其他每瓶可只测定含水量。

表 19.0.4 SF_6 新到气瓶抽检比例

每批气瓶数	选取的最少气瓶数	每批气瓶数	选取的最少气瓶数
1	1	41～70	3
2～40	2	71 以上	4

19.0.5 SF_6 气体在充入电气设备 24h 后方可进行试验。

20 避 雷 器

20.0.1 金属氧化物避雷器的试验项目，应包括下列内容：

1 测量金属氧化物避雷器及基座绝缘电阻；

2 测量金属氧化物避雷器的工频参考电压和持续电流；

3 测量金属氧化物避雷器直流参考电压和 0.75 倍直流参考电压下的泄漏电流；

4 检查放电计数器动作情况及监视电流表指示；

5 工频放电电压试验。

20.0.2 各类金属氧化物避雷器的交接试验项目，应符合下列规定：

1 无间隙金属氧化物避雷器可按本标准第 20.0.1 条第 1～4 款规定进行试验，不带均压电容器的无间隙金属氧化物避雷器，第 2 款和第 3 款可选做一款试验，带均压电容器的无间隙金属氧化物避雷器，应做第 2 款试验；

2 有间隙金属氧化物避雷器可按本标准第 20.0.1 条第 1 款和第 5 款的规定进行试验。

20.0.3 测量金属氧化物避雷器及基座绝缘电阻，应符合下列规定：

1 35kV 以上电压等级，应采用 5000V 兆欧表，绝缘电阻不应小于 2500MΩ；

2 35kV 及以下电压等级，应采用 2500V 兆欧表，绝缘电阻不应小于 1000MΩ；

3 1kV 以下电压等级，应采用 500V 兆欧表，绝缘电阻不应小于 2MΩ；

4　基座绝缘电阻不应低于5MΩ。

20.0.4　测量金属氧化物避雷器的工频参考电压和持续电流，应符合下列规定：

1　金属氧化物避雷器对应于工频参考电流下的工频参考电压，整支或分节进行的测试值，应符合现行国家标准《交流无间隙金属氧化物避雷器》GB 11032 或产品技术条件的规定；

2　测量金属氧化物避雷器在避雷器持续运行电压下的持续电流，其阻性电流和全电流值应符合产品技术条件的规定。

20.0.5　测量金属氧化物避雷器直流参考电压和0.75倍直流参考电压下的泄漏电流，应符合下列规定：

1　金属氧化物避雷器对应于直流参考电流下的直流参考电压，整支或分节进行的测试值，不应低于现行国家标准《交流无间隙金属氧化物避雷器》GB 11032 规定值，并应符合产品技术条件的规定。实测值与制造厂实测值比较，其允许偏差应为±5%；

2　0.75倍直流参考电压下的泄漏电流值不应大于50μA，或符合产品技术条件的规定。750kV电压等级的金属氧化物避雷器应测试1mA和3mA下的直流参考电压值，测试值应符合产品技术条件的规定；0.75倍直流参考电压下的泄漏电流值不应大于65μA，尚应符合产品技术条件的规定；

3　试验时若整流回路中的波纹系数大于1.5%时，应加装滤波电容器，可为0.01μF～0.1μF，试验电压应在高压侧测量。

20.0.6　检查放电计数器的动作应可靠，避雷器监视电流表指示应良好。

20.0.7　工频放电电压试验，应符合下列规定：

1　工频放电电压，应符合产品技术条件的规定；

2　工频放电电压试验时，放电后应快速切除电源，切断电源时间不应大于0.5s，过流保护动作电流应控制在0.2A～0.7A之间。

21　电 除 尘 器

21.0.1　电除尘器的试验项目，应包括下列内容：

1　电除尘整流变压器试验；

2　绝缘子、隔离开关及瓷套管的绝缘电阻测量和耐压试验；

3　电除尘器振打及加热装置的电气设备试验；

4　测量接地电阻；

5　空载升压试验。

21.0.2　电除尘整流变压器试验，应符合下列规定：

1　测量整流变压器低压绕组的绝缘电阻和直流电阻，其直流电阻值应与同温度下产品出厂试验值比较，变化不应大于2%；

2　测量取样电阻、阻尼电阻的电阻值，其电阻值应符合产品技术条件的规定，检查取样电阻、阻尼电阻的连接情况应良好；

3　用2500V兆欧表测量高压侧对地正向电阻应接近于零，反向电阻应符合厂家技术文件规定；

4　绝缘油击穿电压应符合本标准表19.0.1相关规定；对绝缘油性能有怀疑时，应按本标准 19 章的有关规定执行；

5 在进行器身检查时，应符合下列规定：

1）应按本标准第 8.0.7 条规定测量整流变压器及直流电抗器铁心穿芯螺栓的绝缘电阻；

2）测量整流变压器高压绕组及直流电抗器绕组的绝缘电阻和直流电阻，其直流电阻值应与同温度下产品出厂试验值比较，变化不应大于 2%；

3）应采用 2500V 兆欧表测量硅整流元件及高压套管对地绝缘电阻。测量时硅整流元件两端应短路，绝缘电阻值不应低于产品出厂试验值的 70%。

21.0.3 绝缘子、隔离开关及瓷套管的绝缘电阻测量和耐压试验，应符合下列规定：

1 绝缘子、隔离开关及瓷套管应在安装前进行绝缘电阻测量和耐压试验；

2 应采用 2500V 兆欧表测量绝缘电阻；绝缘电阻值不应低于 1000MΩ；

3 对用于同极距在 300mm～400mm 电场的耐压应采用直流耐压 100kV 或交流耐压 72kV，持续时间应为 1min，应无闪络；

4 对用于其他极距电场，耐压试验标准应符合产品技术条件的规定。

21.0.4 电除尘器振打及加热装置的电气设备试验，应符合下列规定：

1 测量振打电机、加热器的绝缘电阻，振打电机绝缘电阻值不应小于 0.5MΩ，加热器绝缘电阻不应小于 5MΩ；

2 交流电机、二次回路、配电装置和馈电线路及低压电器的试验，应按本标准第 7 章、第 22 章、第 23 章、第 26 章的规定进行。

21.0.5 测量电除尘器本体的接地电阻不应大于 1Ω。

21.0.6 空载升压试验，应符合下列规定：

1 空载升压试验前应测量电场的绝缘电阻，应采用 2500V 兆欧表，绝缘电阻值不应低于 1000MΩ；

2 同极距为 300mm 的电场，电场电压应升至 55kV 以上，应无闪络。同极距每增加 20mm，电场电压递增不应少于 2.5kV；

3 当海拔高于 1000m 但不超过 4000m 时，海拔每升高 100m，电场电压值可降低 1%。

22 二 次 回 路

22.0.1 二次回路的试验项目，应包括下列内容：

1 测量绝缘电阻；

2 交流耐压试验。

22.0.2 测量绝缘电阻，应符合下列规定：

1 应按本标准第 3.0.9 条的规定，根据电压等级选择兆欧表；

2 小母线在断开所有其他并联支路时，不应小于 10MΩ；

3 二次回路的每一支路和断路器、隔离开关的操动机构的电源回路等，均不应小于 1MΩ。在比较潮湿的地方，不可小于 0.5MΩ。

22.0.3 交流耐压试验，应符合下列规定：

1 试验电压应为 1000V。当回路绝缘电阻值在 10MΩ 以上时，可采用 2500V 兆欧表代替，试验持续时间应为 1min，尚应符合产品技术文件规定；

2 48V 及以下电压等级回路可不做交流耐压试验；

3 回路中有电子元器件设备的，试验时应将插件拔出或将其两端短接。

23　1kV 及以下电压等级配电装置和馈电线路

23.0.1　1kV 及以下电压等级配电装置和馈电线路的试验项目，应包括下列内容：

1　测量绝缘电阻；

2　动力配电装置的交流耐压试验；

3　相位检查。

23.0.2　测量绝缘电阻，应符合下列规定：

1　应按本标准第 3.0.9 条的规定，根据电压等级选择兆欧表；

2　配电装置及馈电线路的绝缘电阻值不应小于 0.5MΩ；

3　测量馈电线路绝缘电阻时，应将断路器（或熔断器）、用电设备、电器和仪表等断开。

23.0.3　动力配电装置的交流耐压试验，应符合下列规定：

1　各相对地试验电压应为 1000V。当回路绝缘电阻值在 10MΩ 以上时，可采用 2500V 兆欧表代替，试验持续时间应为 1min，尚应符合产品技术规定；

2　48V 及以下电压等级配电装置可不做耐压试验。

23.0.4　检查配电装置内不同电源的馈线间或馈线两侧的相位应一致。

24　1kV 以上架空电力线路

24.0.1　1kV 以上架空电力线路的试验项目，应包括下列内容：

1　测量绝缘子和线路的绝缘电阻；

2　测量 110（66）kV 及以上线路的工频参数；

3　检查相位；

4　冲击合闸试验；

5　测量杆塔的接地电阻。

24.0.2　测量绝缘子和线路的绝缘电阻，应符合下列规定：

1　绝缘子绝缘电阻的试验应按本标准第 16 章的规定执行；

2　应测量并记录线路的绝缘电阻值。

24.0.3　测量 110（66）kV 及以上线路的工频参数可根据继电保护、过电压等专业的要求进行。

24.0.4　检查各相两侧的相位应一致。

24.0.5　在额定电压下对空载线路的冲击合闸试验应进行 3 次，合闸过程中线路绝缘不应有损坏。

24.0.6　测量杆塔的接地电阻值，应符合设计文件的规定。

25　接　地　装　置

25.0.1　电气设备和防雷设施的接地装置的试验项目，应包括下列内容：

1 接地网电气完整性测试；

2 接地阻抗；

3 场区地表电位梯度、接触电位差、跨步电压和转移电位测量。

25.0.2 接地网电气完整性测试，应符合下列规定：

1 应测量同一接地网的各相邻设备接地线之间的电气导通情况，以直流电阻值表示；

2 直流电阻值不宜大于 0.05Ω。

25.0.3 接地阻抗测量，应符合下列规定：

1 接地阻抗值应符合设计文件规定，当设计文件没有规定时应符合表 25.0.3 的要求；

2 试验方法可按现行行业标准《接地装置特性参数测量导则》DL 475 的有关规定执行，试验时应排除与接地网连接的架空地线、电缆的影响；

3 应在扩建接地网与原接地网连接后进行全场全面测试。

表 25.0.3 接 地 阻 抗 值

接地网类型	要 求
有效接地系统	$Z\leqslant 2000/I$ 或当 $I>4000A$ 时，$Z\leqslant 0.5\Omega$ 式中：I——经接地装置流入地中的短路电流（A）； 　　　Z——考虑季节变化的最大接地阻抗（Ω）。 当接地阻抗不符合以上要求时，可通过技术经济比较增大接地阻抗，但不得大于 5Ω。并应结合地面电位测量对接地装置综合分析和采取隔离措施
非有效接地系统	1. 当接地网与 1kV 及以下电压等级设备共用接地时，接地阻抗 $Z\leqslant 120/I$。 2. 当接地网仅用于 1kV 以上设备时，接地阻抗 $Z\leqslant 250/I$。 3. 上述两种情况下，接地阻抗不得大于 10Ω
1kV 以下电力设备	使用同一接地装置的所有这类电力设备，当总容量$\geqslant$100kVA 时，接地阻抗不宜大于 4Ω，当总容量<100kVA 时，则接地阻抗可大于 4Ω，但不应大于 10Ω
独立微波站	不宜大于 5Ω
独立避雷针	不宜大于 10Ω 当与接地网连在一起时可不单独测量
发电厂烟囱附近的吸风机及该处装设的集中接地装置	不宜大于 10Ω 当与接地网连在一起时可不单独测量
独立的燃油、易爆气体储罐及其管道	不宜大于 30Ω，无独立避雷针保护的露天储罐不应超过 10Ω
露天配电装置的集中接地装置及独立避雷针（线）	不宜大于 10Ω
有架空地线的线路杆塔	1. 当杆塔高度在 40m 以下时，应符合下列规定： 1）土壤电阻率$\leqslant$500$\Omega\cdot$m 时，接地阻抗不应大于 10Ω； 2）土壤电阻率 500$\Omega\cdot$m～1000$\Omega\cdot$m 时，接地阻抗不应大于 20Ω； 3）土壤电阻率 1000$\Omega\cdot$m～2000$\Omega\cdot$m 时，接地阻抗不应大于 25Ω； 4）土壤电阻率>2000$\Omega\cdot$m 时，接地阻抗不应大于 30Ω。 2. 当杆塔高度$\geqslant$40m 时，取上述值的 50%，但当土壤电阻率大于 2000$\Omega\cdot$m，接地阻抗难以满足不大于 15Ω 时，可大于 20Ω

接地网类型	要　求
与架空线直接连接的旋转电机进线段上避雷器	不宜大于 3Ω
无架空地线的线路杆塔	1. 对于非有效接地系统的钢筋混凝土杆、金属杆，不宜大于 30Ω。 2. 对于中性点不接地的低压电力网线路的钢筋混凝土杆、金属杆，不宜大于 50Ω。 3. 对于低压进户线绝缘子铁脚，不宜大于 30Ω

25.0.4　场区地表电位梯度、接触电位差、跨步电压和转移电位测量，应符合下列规定：

　　1　对于大型接地装置宜测量场区地表电位梯度、接触电位差、跨步电压和转移电位，试验方法可按现行行业标准《接地装置特性参数测量导则》DL 475 的有关规定执行，试验时应排除与接地网连接的架空地线、电缆的影响；

　　2　当接地网接地阻抗不满足要求时，应测量场区地表电位梯度、接触电位差、跨步电压和转移电位，并应进行综合分析。

26　低　压　电　器

26.0.1　低压电器的试验项目，应包括下列内容：

　　1　测量低压电器连同所连接电缆及二次回路的绝缘电阻；

　　2　电压线圈动作值校验；

　　3　低压电器动作情况检查；

　　4　低压电器采用的脱扣器的整定；

　　5　测量电阻器和变阻器的直流电阻；

　　6　低压电器连同所连接电缆及二次回路的交流耐压试验。

26.0.2　对安装在一、二级负荷场所的低压电器，应按本标准第 26.0.1 条第 2 款～第 4 款的规定进行交接试验。

26.0.3　测量低压电器连同所连接电缆及二次回路的绝缘电阻，应符合下列规定：

　　1　测量低压电器连同所连接电缆及二次回路的绝缘电阻值，不应小于 1MΩ；

　　2　在比较潮湿的地方，不可小于 0.5MΩ。

26.0.4　对电压线圈动作值进行校验时，线圈的吸合电压不应大于额定电压的 85%，释放电压不应小于额定电压的 5%；短时工作的合闸线圈应在额定电压的 85%～110% 范围内，分励线圈应在额定电压的 75%～110% 的范围内均能可靠工作。

26.0.5　对低压电器动作情况进行检查时，对于采用电动机或液压、气压传动方式操作的电器，除产品另有规定外，当电压、液压或气压在额定值的 85%～110% 范围内，电器应可靠工作。

26.0.6　对低压电器采用的脱扣器的整定，各类过电流脱扣器、失压和分励脱扣器、延时装置等，应按使用要求进行整定。

26.0.7　测量电阻器和变阻器的直流电阻值，其差值应分别符合产品技术条件的规定。电阻值应满足回路使用的要求。

26.0.8 对低压电器连同所连接电缆及二次回路进行交流耐压试验时，试验电压应为 1000V。当回路的绝缘电阻值在 10MΩ 以上时，可采用 2500V 兆欧表代替，试验持续时间应为 1min。

附录 A　特殊试验项目

表 A　特殊试验项目

序号	条款	内　容
1	4.0.4	定子绕组直流耐压试验
2	4.0.5	定子绕组交流耐压试验
3	4.0.14	测量转子绕组的交流阻抗和功率损耗
4	4.0.15	测量三相短路特性曲线
5	4.0.16	测量空载特性曲线
6	4.0.17	测量发电机空载额定电压下灭磁时间常数和转子过电压倍数
7	4.0.18	发电机定子残压
8	4.0.20	测量轴电压
9	4.0.21	定子绕组端部动态特性
10	4.0.22	定子绕组端部手包绝缘施加直流电压测量
11	4.0.23	转子通风试验
12	4.0.24	水流量试验
13	5.0.10	测录直流发电机的空载特性和以转子绕组为负载的励磁机负载特性曲线
14	6.0.5	测录空载特性曲线
15	8.0.11	变压器绕组变形试验
16	8.0.13	绕组连同套管的长时感应电压试验带局部放电测量
17	10.0.9 (1)	用于关口计量的互感器（包括电流互感器、电压互感器和组合互感器）应进行误差测量
18	10.0.12 (2)	电容式电压互感器（CVT）检测 CVT 电磁单元因结构原因不能将中压联线引出时，必须进行误差试验，若对电容分压器绝缘有怀疑时，应打开电磁单元引出中压联线进行额定电压下的电容量和介质损耗因数 tanδ 的测量
19	17.0.5	35kV 及以上电压等级橡塑电缆交流耐压试验
20	17.0.9	电力电缆线路局部放电测量
21	18.0.6	冲击合闸试验
22	20.0.3	测量金属氧化物避雷器的工频参考电压和持续电流
23	24.0.3	测量 110（66）kV 及以上线路的工频参数
24	25.0.4	场区地表电位梯度、接触电位差、跨步电压和转移电位测量
25	I.0.3	交叉互联性能检验
26	全标准中	110（66）kV 及以上电压等级电气设备的交、直流耐压试验（或高电压测试）

序号	条款	内　　容
27	全标准中	各种电气设备的局部放电试验
28	全标准中	SF₆气体（除含水量检验及检漏）和绝缘油（除击穿电压试验外）试验

附录 B　电机定子绕组绝缘电阻值换算至运行温度时的换算系数

B.0.1　电机定子绕组绝缘电阻值换算至运行温度时的换算系数应按表 B.0.1 的规定取值。

表 B.0.1　电机定子绕组绝缘电阻值换算至运行温度时的换算系数

定子绕组温度（℃）		70	60	50	40	30	20	10	5
换算系数 K	热塑性绝缘	1.4	2.8	5.7	11.3	22.6	45.3	90.5	128
	B 级热固性绝缘	4.1	6.6	10.5	16.8	26.8	43	68.7	87

注：本表的运行温度，对于热塑性绝缘为 75℃，对于 B 级热固性绝缘为 100℃。

B.0.2　当在不同温度测量时，可按本标准表 B.0.1 所列温度换算系数进行换算。也可按下列公式进行换算：

对于热塑性绝缘：

$$R_t = R \times 2^{(75-t)/10}(\mathrm{M\Omega}) \qquad (\mathrm{B.0.2-1})$$

对于 B 级热固性绝缘：

$$R_t = R \times 1.6^{(100-t)/10}(\mathrm{M\Omega}) \qquad (\mathrm{B.0.2-2})$$

式中：R——绕组热状态的绝缘电阻值；

　　　R_t——当温度为 t℃时的绕组绝缘电阻值；

　　　t——测量时的温度。

附录 C　绕组连同套管的介质损耗因数 tanδ（%）温度换算

C.0.1　绕组连同套管的介质损耗因数 tanδ（%）温度换算，应按表 C.0.1 的规定取值。

表 C.0.1　介质损耗因数 tanδ（%）温度换算系数

温度差 K	5	10	15	20	25	30	35	40	45	50
换算系数 A	1.15	1.3	1.5	1.7	1.9	2.2	2.5	2.9	3.3	3.7

注：1　表中 K 为实测温度减去 20℃的绝对值；

　　2　测量温度以上层油温为准。

C.0.2　进行较大的温度换算且试验结果超过本标准第 8.0.11 条第 2 款规定时，应进行综合分析判断。

C.0.3　当测量时的温度差不是本标准表 C.0.1 中所列数值时，其换算系数 A 可用线性插入法确定。

C.0.4　绕组连同套管的介质损耗因数 tanδ（%）温度换算，应符合下列规定：

　　1　温度系数可按下式计算：

$$A = 1.3^{K/10} \qquad (\mathrm{C.0.4-1})$$

2 当测量温度在 20℃以上时，校正到 20℃时的介质损耗因数可按下式计算：

$$\tan\delta_{20} = \tan\delta_t / A \qquad (\text{C.0.4} - 2)$$

3 当测量温度在 20℃以下时，校正到 20℃时的介质损耗因数可按下式计算：

$$\tan\delta_{20} = A\tan\delta_t \qquad (\text{C.0.4} - 3)$$

式中：$\tan\delta_{20}$——校正到 20℃时的介质损耗因数；

$\quad\quad\ \tan\delta_t$——在测量温度下的介质损耗因数。

附录 D　电力变压器和电抗器交流耐压试验电压

D.0.1　电力变压器和电抗器交流耐压试验电压值，应按表 D.0.1 的规定取值。

表 D.0.1　电力变压器和电抗器交流耐压试验电压值（kV）

系统标称电压	设备最高电压	交流耐受电压	
		油浸式电力变压器和电抗器	干式电力变压器和电抗器
≤1	≤1.1	—	2
3	3.6	14	8
6	7.2	20	16
10	12	28	28
15	17.5	36	30
20	24	44	40
35	40.5	68	56
66	72.5	112	—
110	126	160	—

D.0.2　110（66）kV 干式电抗器的交流耐压试验电压值，应按技术协议中规定的出厂试验电压值的 80% 执行。

D.0.3　额定电压 110（66）kV 及以上的电力变压器中性点交流耐压试验电压值，应按表 D.0.3 的规定取值。

表 D.0.3　额定电压 110（66）kV 及以上的电力变压器中性点交流耐压试验电压值（kV）

系统标称电压	设备最高电压	中性点接地方式	出厂交流耐受电压	交接交流耐受电压
66	—	—	—	—
110	126	不直接接地	95	76
220	252	直接接地	85	68
		不直接接地	200	160
330	363	直接接地	85	68
		不直接接地	230	184
500	550	直接接地	85	68
		经小阻抗接地	140	112
750	800	直接接地	150	120

附录 E　断路器操动机构的试验

E.0.1　断路器合闸操作，应符合下列规定：

1　断路器操动机构合闸操作试验电压、液压在表 E.0.1 范围内时，操动机构应可靠动作；

表 E.0.1　断路器操动机构合闸操作试验电压、液压范围

电　压		液压
直流	交流	
$(85\%\sim110\%)U_n$	$(85\%\sim110\%)U_n$	按产品规定的最低及最高值

注：对电磁机构，当断路器关合电流峰值小于50kA时，直流操作电压范围为 $(80\%\sim110\%)U_n$。U_n 为额定电源电压。

2　弹簧、液压操动机构的合闸线圈以及电磁、永磁操动机构的合闸接触器的动作要求，均应符合本条第 1 款的规定。

E.0.2　断路器脱扣操作，应符合下列规定：

1　并联分闸脱扣器在分闸装置的额定电压的 65%～110% 时（直流）或 85%～110%（交流）范围内，交流时在分闸装置的额定电源频率下，应可靠地分闸；当此电压小于额定值的 30% 时，不应分闸；

2　附装失压脱扣器的，其动作特性应符合表 E.0.2-1 的规定；

表 E.0.2-1　附装失压脱扣器的脱扣试验

电源电压与额定电源电压的比值	小于 35%*	大于 65%	大于 85%
失压脱扣器的工作状态	铁心应可靠地释放	铁心不得释放	铁心应可靠地吸合

注：* 当电压缓慢下降至规定比值时，铁心应可靠地释放。

3　附装过流脱扣器的，其额定电流不应小于 2.5A，附装过流脱扣器的脱扣试验，应符合表 E.0.2-2 的规定。

表 E.0.2-2　附装过流脱扣器的脱扣试验

过流脱扣器的种类	延时动作的	瞬时动作的
脱扣电流等级范围（A）	2.5～10	2.5～15
每级脱扣电流的准确度	±10%	
同一脱扣器各级脱扣电流准确度	±5%	

4　对于延时动作的过流脱扣器，应按制造厂提供的脱扣电流与动作时延的关系曲线进行核对。

另外，还应检查在预定时延终了前主回路电流降至返回值时，脱扣器不应动作。

E.0.3　断路器模拟操动试验，应符合下列规定：

1　当具有可调电源时，可在不同电压、液压条件下，对断路器进行就地或远控操作，每次操作断路器均应正确可靠地动作，其联锁及闭锁装置回路的动作应符合产品技术文件及设计规定；当无可调电源时，可只在额定电压下进行试验；

2 直流电磁、永磁或弹簧机构的操动试验，应按表 E.0.3-1 的规定进行；液压机构的操动试验，应按表 E.0.3-2 的规定进行；

表 E.0.3-1 直流电磁、永磁或弹簧机构的操动试验

操作类别	操作线圈端钮电压与额定电源电压的比值（%）	操作次数
合、分	110	3
合闸	85（80）	3
分闸	65	3
合、分、重合	100	3

注：括号内数字适用于装有自动重合闸装置的断路器及表 E.0.1"注"的情况。

表 E.0.3-2 液压机构的操动试验

操作类别	操作线圈端钮电压与额定电源电压的比值（%）	操作液压	操作次数
合、分	110	产品规定的最高操作压力	3
合、分	100	额定操作压力	3
合	85（80）	产品规定的最低操作压力	3
分	65	产品规定的最低操作压力	3
合、分、重合	100	产品规定的最低操作压力	3

注：括号内数字适用于装有自动重合闸装置的断路器。

3 模拟操动试验应在液压的自动控制回路能准确、可靠动作状态下进行；

4 操动时，液压的压降允许值应符合产品技术条件的规定；

5 对于具有双分闸线圈的回路，应分别进行模拟操动试验；

6 对于断路器操动机构本身具有三相位置不一致自动分闸功能的，应根据需要做"投入"或"退出"处理。

附录 F 高压电气设备绝缘的工频耐压试验电压

表 F 高压电气设备绝缘的工频耐压试验电压

额定电压（kV）	最高工作电压（kV）	1min 工频耐受电压（kV）有效值（湿试/干试）									
		电压互感器		电流互感器		穿墙套管		支柱绝缘子			
								湿试		干试	
		出厂	交接	出厂	交接	出厂	交接	出厂	交接	出厂	交接
3	3.6	18/25	14/20	18/25	14/20	18/25	15/20	18	14	25	20
6	7.2	23/30	18/24	23/30	18/24	23/30	18/26	23	18	32	26
10	12	30/42	24/33	30/42	24/33	30/42	26/36	30	24	42	34
15	17.5	40/55	32/44	40/55	32/44	40/55	34/47	40	32	57	46
20	24.0	50/65	40/52	50/65	40/52	50/65	43/55	50	40	68	54

续表

额定电压（kV）	最高工作电压（kV）	1min工频耐受电压（kV）有效值（湿试/干试）									
		电压互感器		电流互感器		穿墙套管		支柱绝缘子			
								湿试		干试	
		出厂	交接	出厂	交接	出厂	交接	出厂	交接	出厂	交接
35	40.5	80/95	64/76	80/95	64/76	80/95	68/81	80	64	100	80
66	72.5	140	112	140	112	140	119	140	112	165	132
		160	120	160	120	160	136	160	128	185	148
110	126	185/200	148/160	185/200	148/160	185/200	160/184	185	148	265	212
220	252	360	288	360	288	360	306	360	288	450	360
		395	316	395	316	395	336	395	316	495	396
330	363	460	368	460	368	460	391	570	456		
		510	408	510	408	510	434				
500	550	630	504	630	504	630	536				
		680	544	680	544	680	578	680	544		
		740	592	740	592	740	592				
750		900	720			900	765	900	720		
		960	768			960	816				

注：栏中斜线下的数值为该类设备的外绝缘干耐受电压。

附录G　电力电缆线路交叉互联系统试验方法和要求

G. 0.1　交叉互联系统对地绝缘的直流耐压试验，应符合下列规定：

1　试验时应将护层过电压保护器断开；

2　应在互联箱中将另一侧的三段电缆金属套都接地，使绝缘接头的绝缘环也能结合在一起进行试验；

3　应在每段电缆金属屏蔽或金属套与地之间施加直流电压10kV，加压时间应为1min，不应击穿。

G. 0.2　非线性电阻型护层过电压保护器试验，应符合下列规定：

1　对氧化锌电阻片施加直流参考电流后测量其压降，即直流参考电压，其值应在产品标准规定的范围之内；

2　测试非线性电阻片及其引线的对地绝缘电阻时，应将非线形电阻片的全部引线并联在一起与接地的外壳绝缘后，用1000V兆欧表测量引线与外壳之间的绝缘电阻，其值不应小于10MΩ。

G. 0.3　交叉互联性能检验，应符合下列规定：

1　所有互联箱连接片应处于正常工作位置，应在每相电缆导体中通以约100A的三相平衡试验电流；

2　应在保持试验电流不变的情况下，测量最靠近交叉互联箱处的金属套电流和对地电压。测量完毕应将试验电流降至零并切断电源；

3　应将最靠近的交叉互联箱内的连接片按模拟错误连接的方式连接，再将试验电流升至100A，并再次测量该交叉互联箱处的金属套电流和对地电压。测量完毕应将试验电流降至零并切断电源；

4　应将该交叉互联箱中的连接片复原至正确的连接位置，再将试验电流升至100A并测量电缆线路上所有其他交叉互联箱处的金属套电流和对地电压；

5　性能满意的交叉互联系统，试验结果应符合下列要求：

1）在连接片做错误连接时，应存在异乎寻常大的金属套电流；

2）在连接片正确连接时，将测得的任何一个金属套电流乘以一个系数（该系数等于电缆的额定电流除以上述的试验电流）后所得的电流值不应使电缆额定电流的降低量超过3%；

6　将测得的金属套对地电压乘以本条第5款第2）项中的系数后，不应大于电缆在负载额定电流时规定的感应电压的最大值。

注：本方法为推荐采用的交叉互联性能检验方法，采用本方法时，属于特殊试验项目。

G.0.4　互联箱试验，应符合下列规定：

1　接触电阻测试应在做完第G.0.2条规定的护层过电压保护器试验后进行；

2　将刀闸（或连接片）恢复到正常工作位置后，用双臂电桥测量刀闸（或连接片）的接触电阻，其值不应大于$20\mu\Omega$；

3　刀闸（或连接片）连接位置检查应在交叉互联系统试验合格后密封互联箱之前进行，连接位置应正确；

4　发现连接错误而重新连接后，应重新测试刀闸（连接片）的接触电阻。

本 标 准 用 词 说 明

1　为便于在执行本标准条文时区别对待，对要求严格程度不同的用词说明如下：

1）表示很严格，非这样做不可的：

正面词采用"必须"，反面词采用"严禁"；

2）表示严格，在正常情况下均应这样做的：

正面词采用"应"，反面词采用"不应"或"不得"；

3）表示允许稍有选择，在条件许可时首先应这样做的：

正面词采用"宜"，反面词采用"不宜"；

4）表示有选择，在一定条件下可以这样做的，采用"可"。

2　条文中指明应按其他有关标准执行的写法为："应符合……的规定"或"应按……执行"。

引 用 标 准 名 录

《闪点的测定　宾斯基-马丁闭口杯法》GB 261

《石油产品酸值测定值》GB/T 264

《绝缘配合　第1部分：定义、原则和规则》GB 311.1

《绝缘油击穿电压测定法》GB/T 507

《石油和石油产品及添加剂机械杂质测定法》GB/T 511

《电力变压器　第 3 部分：绝缘水平、绝缘试验和外绝缘空隙间隙》GB 1094.3

《电力变压器　第 10 部分：声级测定》GB/T 1094.10

《电力变压器　第 11 部分：干式变压器》GB/T 8564

《水轮发电机组安装技术规范》GB 1094.11

《液体绝缘材料　相对电容率、介质损耗因数和直流电阻率的测量》GB/T 5654

《石油产品油对水界面张力测定法（圆环法）》GB/T 6541

《变压器油中溶解气体分析和判断导则》GB/T 7252

《运行中变压器油质量》GB/T 7595

《运行中变压器油水溶性酸测定法》GB/T 7598

《运行中变压器油水分含量测定法（库仑法）》GB/T 7600

《运行中变压器油、汽轮机油水分测定法（气象色谱法）》GB/T 7601

《额定电压 72.5kV 及以上气体绝缘金属封闭开关设备》GB 7674

《六氟化硫电气设备中气体管理和检测导则》GB/T 8905

《标称电压 1000V 以上交流电力系统用并联电容器　第 1 部分：总则》GB/T 11024.1

《交流无间隙金属氧化物避雷器》GB 11032

《工业六氟化硫》GB 12022

《运行变压器油维护管理导则》GB/T 14542

《高电压试验技术　第一部分：一般试验要求》GB/T 16927.1

《高电压试验技术　第二部分：测量系统》GB/T 16927.2

《绝缘油中溶解气体组分含量的气相色谱测定法》GB/T 17623

《透平型发电机定子绕组端部动态特性和振动试验方法及评定》GB/T 20140

《电力用油体积电阻率测定法》DL/T 421

《绝缘油中含气量测定法　真空压差法》DL/T 423

《现场绝缘试验实施导则　第 1 部分：绝缘电阻、吸收比和极化指数试验》DL/T 474.1

《现场绝缘试验实施导则　第 2 部分：直流高压试验》DL/T 474.2

《现场绝缘试验实施导则　第 3 部分：介质损耗因数 $\tan\delta$》DL/T 474.3

《现场绝缘试验实施导则　第 4 部分：交流耐压试验》DL/T 474.4

《现场绝缘试验实施导则　第 5 部分：避雷器试验》DL/T 474.5

《接地装置特性参数测量导则》DL 475

《气体绝缘封闭开关设备现场耐压及绝缘试验导则》DL/T 555

《高压开关设备和控制设备标准的共用技术要求》DL/T 593

《电力设备预防性试验规程》DL/T 596

《绝缘油中含气量的气相色谱测定法》DL/T 703

《变压器油中溶解气体分析和判断导则》DL/T 722

《变压器油中颗粒度限值》DL/T 1096

《汽轮发电机绕组内部水系统检验方法及评定》JB/T 6228

《透平发电机转子气体内冷通风道检验方法及限值》JB/T 6229

附录4 DL/T 5191—2004《风力发电场 项目建设工程验收规程》节选

前　言

　　为加强风力发电场项目建设工程验收管理工作，规范风力发电场项目建设工程验收程序，确保风力发电场项目建设工程质量，根据原国家经贸委电力司的电力〔2000〕22号文《关于确认1999年度电力行业标准制、修订计划项目的通知》要求特制定本规程。

　　本标准对风力发电场项目建设工程中的单位工程完工、工程启动试运、工程移交生产及工程竣工四个阶段验收作了较详细的规定。本标准的编写参照了火电、水电的相关规程，并力求全面，便于操作。

　　本标准的附录A、附录B、附录C和附录D为资料性附录。

　　本标准由中国电力企业联合会提出。

　　本标准由中国国电集团公司归口并负责解释。

　　本标准起草单位：浙江风力发电发展有限责任公司。

　　本标准主要起草人：胡建平、黄训昌、吴金城。

1　范　　围

　　本标准规定了风力发电场项目建设工程中的单位工程完工、工程启动试运、工程移交生产及工程竣工四个阶段验收。

　　本标准适用于装机容量5MW及以上的风力发电场项目新（扩）建工程的验收，5MW以下的风力发电场项目建设工程的验收可参照执行。

2　规范性引用文件

　　下列文件中的条款，通过本标准的引用而构成为本标准的条款。凡是注日期的引用文件，其随后所有的修改单（不包括勘误的内容）或修订版均不适用于本标准，然而，鼓励根据本标准达成协议的各方研究是否可使用这些文件的最新版本。凡是不注日期的引用文件，其最新版本适用于本标准。

　　GB 50150　电气设备交接试验标准

　　GB 50168　电气装置安装工程电缆线路施工及验收规范

　　GB 50169　电气装置安装工程接地装置施工及验收规范

　　GB 50171　电气装置安装工程盘、柜及二次回路结线施工及验收规范

　　GB 50173　电气装置安装工程35kV及以下架空电力线路施工及验收规范

GB 50204　混凝土结构工程施工质量验收规范

GB 50254　电气装置安装工程低压电器施工及验收规范

GB 50300　建筑工程施工质量验收统一标准

GB 50303　建筑电气工程施工质量验收规范

GBJ 147　电气装置安装工程高压电器施工与验收规范

GBJ 148　电气装置安装工程电力变压器、油浸电抗器、互感器施工及验收规范

GBJ 149　电气装置安装工程母线装置施工及验收规范

GBJ 233　110～500kV架空电力线路施工及验收规范

DL/T 666　风力发电场运行规程

DL/T 5007　电力建设施工及验收技术规范

3　总　　则

3.0.1　为指导和规范风力发电场项目建设工程的验收，确保质量和安全，促进技术进步，提高经济效益，应执行本标准。

3.0.2　风力发电场项目建设工程应通过各单位工程完工、工程启动试运、工程移交生产、工程竣工四个阶段的全面检查验收。

3.0.3　在风力发电场项目建设过程中，各施工阶段应进行自检、互检和专业检查，对关键工序及隐蔽工程的每道工序也应进行检验和记录。

3.0.4　风力发电场项目建设工程的四个阶段验收，必须以批准文件、设计图纸、设备合同及国家颁发的有关电力建设的现行标准和法规等为依据。

3.0.5　未经质量监督机构验收合格的风力发电机组及电气、土建等配套设施，不得启动，不得并网。

3.0.6　风力发电场项目建设工程通过工程整套启动试运验收后，应在六个月内完成工程决算审核。

3.0.7　负责风力发电场项目建设工程的项目法人单位或建设单位可根据本标准要求，结合本地区、本工程的实际情况，制定工程验收大纲。

3.0.8　各阶段验收应按下列要求组建相应的验收组织：

　　1　单位工程完工前，应组建单位工程完工验收领导小组。各单位工程完工时和各单机启动调试试运时，单位工程完工验收领导小组应及时分别组建相应验收组。

　　2　工程整套启动试运验收前应组建工程整套启动验收委员会。

　　3　移交生产验收时，应组建工程移交生产验收组。

　　4　工程竣工验收时，应组建工程竣工验收委员会。

3.0.9　各阶段验收应按下列原则确定验收主持单位：

　　1　单位工程完工和单机启动调试验收由建设单位主持。

　　2　工程整套启动试运验收由项目法人单位主持。

　　3　工程移交生产验收由工程主要投资方主持。

　　4　按以下原则确定工程竣工验收主持单位：

　　1）中央投资的风力发电场项目由国家相关主管部门主持。

2）地方政府投资的风力发电场项目由地方政府相关主管单位主持。

3）合资的风力发电场项目由投资方共同主持。

4　工 程 验 收 依 据

4.0.1 风力发电机组安装调试工程验收应按下列主要标准、技术资料及其他有关规定进行检查：

1 GB 50168。

2 GB 50204。

3 GB 50303。

4 DL/T 5007。

5 DL/T 666。

6 风电机组技术说明书、使用手册和安装手册。

7 风电机组订货合同中的有关技术性能指标要求。

8 风力发电机组塔架及其基础设计图纸与有关技术要求。

4.0.2 升压站设备安装调试工程验收应按下列标准、技术资料及有关规定进行检查：

1 GB 50150。

2 GB 50168。

3 GB 50169。

4 GB 50171。

5 GB 50254。

6 GB 50303。

7 GBJ 147。

8 GBJ 148。

9 GBJ 149。

10 设备技术性能说明书。

11 设备订货合同及技术条件。

12 电气施工设计图纸及资料。

4.0.3 中控楼和升压站建筑等工程验收应按下列标准、技术资料及有关规定进行检查：

1 GB 50204。

2 GB 50300。

3 GB 50303。

4 DL/T 5007。

5 设计图纸及技术要求。

6 施工合同及有关技术说明。

4.0.4 场内电力线路工程验收应按下列标准、技术资料进行检查：

1 GB 50168。

2 GB 50173。

3 GBJ 233。

4 架空电力线路勘测设计、施工图纸及其技术资料。

5 施工合同。

4.0.5 交通工程验收应按下列有关文件资料进行检查：

1 公路施工设计图纸及有关技术条件。

2 施工合同。

5　工程验收组织机构及职责

5.1　单位工程完工验收领导小组组成及职责

5.1.1 单位工程完工验收领导小组由建设单位组建。

5.1.2 单位工程完工验收领导小组设组长1名、副组长2名、组员若干名，由建设、设计、监理、质监、施工、安装、调试等有关单位负责人及有关专业技术人员组成。

5.1.3 单位工程完工验收领导小组职责。

1 负责指挥、协调各单位工程、各阶段、各专业的检查验收工作。

2 根据各单位工程进度及时组织相关单位、相关专业人员成立相应的验收检查小组，负责该项单位工程完工验收。

3 负责对各单位工程作出评价，对检查中发现的缺陷提出整改意见，并督促有关单位限期消缺整改和组织有关人员进行复查。

4 在工程整套启动试运前，应负责组织、主持单机启动调试试运验收，确保工程整套启动试运顺利进行。

5 协同项目法人单位组织、协调工程整套启动试运验收准备工作，拟定工程整套启动试运方案和安全措施。

5.2　工程整套启动验收委员会组成及职责

5.2.1 工程整套启动验收委员会（以下简称"启委会"）由项目法人单位组建。

5.2.2 启委会设主任委员1名、副主任委员和委员若干名。一般由项目法人、建设、质监、监理、设计、调试、当地电网调度、生产等有关单位和投资方、工程主管、政府有关部门等有关代表、专家组成。组成人员名单由项目法人单位与相关单位协商确定。施工、制造厂等参建单位列席工程整套启动验收。

5.2.3 启委会宜下设整套试运组、专业检查组、综合组、生产准备组。各组组长与组员由启委会确定。

5.2.4 启委会职责。

1 必须在工程整套启动试运前组成并开始工作，负责主持、指挥工程整套启动试运工作。

2 审议建设单位有关工程整套启动试运准备情况的汇报，协调工程整套启动试运的外部条件，决定工程整套启动试运方案、时间、程序和其他有关事项。

3 主持现场工程整套启动，组织各专业组在启动前后及启动试运中进行对口验收检查。

4 审议各专业组验收检查结果，对工程作出总体评价，协调处理工程整套启动试运后的未完事项与缺陷。

5 审议生产单位的生产准备情况，对工程移交生产准备工作提出要求。

5.2.5 整套试运组职责。

1 核查工程整套启动试运应具备的条件及单机启动调试试运情况。

2 审核工程整套启动试运计划、方案、安全措施。

3 全面负责工程整套启动试运的现场指挥和具体协调工作。

5.2.6 专业检查组职责。

1 负责各单位工程质量验收检查与评定。

2 检查各单位工程施工记录和验收记录、图纸资料和技术文件。

3 核查设备、材料、备品配件、专用仪器、专用工器具使用和配置情况。

4 核查变电设备和输电线路技术性能指标、合格证件及技术说明书等有关资料。

5 核查风力发电机组技术性能指标。

6 在工程整套启动开始前后进行现场核查，给出检查评定结论。

7 对存在的问题、缺陷提出整改意见。

5.2.7 综合组职责。

1 负责文秘、资料和后勤服务等综合管理工作。

2 核查、协调工程整套启动试运现场的安全、消防和治安保卫工作。

3 发布试运信息。

5.2.8 生产准备组职责。

1 检查运行和检修人员的配备和培训情况。

2 检查所需的标准、制度、图表、记录簿、安全工器具等配备情况。

3 协同项目法人单位或建设单位完成消缺和实施未完项目等。

5.3 工程移交生产验收组组成及职责

5.3.1 工程移交生产验收由项目法人单位筹建。

5.3.2 根据工程具体情况，工程移交生产验收组可设组长1名、副组长2名、组员若干名。其成员由项目法人单位、生产单位、建设单位、监理单位和投资方有关人员组成。

5.3.3 设计单位、各施工单位、调试单位和制造厂列席工程移交生产验收。

5.3.4 工程移交生产验收组职责。

1 主持工程移交生产验收交接工作。

2 审查工程移交生产条件，对遗留问题责成有关单位限期处理。

3 办理交接签证手续。

5.4 工程竣工验收委员会组成及职责

5.4.1 工程竣工验收委员会由项目法人单位负责筹建。

5.4.2 竣工验收委员会设主任1名，副主任、委员若干名，由政府相关主管部门、电力行业相关主管部门、项目法人单位、生产单位、银行（贷款项目）、审计、环境保护、消防、质量监督等行政主管部门及投资方等单位代表和有关专家组成。

5.4.3　工程建设、设计、施工、监理单位作为被验收单位不参加验收委员会，但应列席验收委员会会议，负责解答验收委员会的质疑。

5.4.4　工程竣工验收委员会职责。

1　主持工程竣工验收。

2　在工程整套启动验收的基础上进一步审查工程建设情况、工程质量，总结工程建设经验。

3　审查工程投资竣工决算。

4　审查工程投资概预算执行情况。

5　对工程遗留问题提出处理意见。

6　对工程作出综合评价，签发工程竣工验收鉴定书。

5.5　工程建设相关单位职责

5.5.1　建设单位职责。

1　应全面协同项目法人单位做好各阶段验收及验收过程中的组织管理工作。

2　参加各阶段、各专业组的检查、协调工作。

3　协调解决合同执行中的问题和外部联系等。

4　为工程整套启动试运验收提供工程建设总结。

5　为工程竣工验收提供工程竣工报告、工程概预算执行情况报告及水土保持、环境保护方案执行报告。

6　配合有关单位做好工程竣工决算及审计工作。

5.5.2　施工单位职责。

1　应完成启动试运需要的建筑和安装工程。

2　提交完整的施工记录、试验记录、竣工图纸、文件、资料、施工总结。

3　各自做好验收、启动试运中安全隔离措施。

4　协同建设单位做好单位工程、启动试运、移交生产验收前的现场安全、消防、治安保卫、消缺检修等工作。

5.5.3　调试单位职责。

1　负责编写调试大纲、并协同拟定工程整套启动试运方案和措施。

2　解决处理验收、试运中出现的问题、缺陷。

3　对调试安全、质量负责。

4　提交完整的设备安装调试记录、调试报告和调试工作总结及竣工图纸、文件、产品说明书等资料。

5.5.4　生产单位职责。

1　应在工程整套启动前，负责完成各项生产准备工作。

2　为工程整套启动试运验收提供生产准备报告。

3　参加验收、试运、移交生产验收签证。

4　做好运行设备与试运设备的安全隔离措施。

5 移交生产后，全面负责机组的安全运行和维护管理工作。

5.5.5 设计单位职责。

1 应负责处理设计中的技术问题，负责必要的设计修改。

2 对工程设计方案、设计质量负责。为工程验收提供设计总结报告。

5.5.6 设备制造单位职责。

1 应按合同进行技术服务和指导，保证设备性能。

2 及时消除设备缺陷，处理制造厂应负责解决的问题。

3 协助处理非责任性的设备问题等。

5.5.7 质监部门职责。

1 应按规定对工程施工建设、工程启动试运进行质量监督。

2 对工程质量作出评定，签发各单位工程质量等级证书。

3 为工程整套启动试运验收提供工程质量监督报告。

5.5.8 监理单位职责。

1 应按合同进行工程全过程的监理工作。

2 为工程整套启动试运验收提供工程监理报告。

5.5.9 电网调度部门职责。

1 应及时提供归其管辖的主设备和继电保护装置整定值。

2 核查并网机组的通讯、远动、保护、自动化和运行方式等实施情况。

3 审批并网请求与电网运行相关的试验方案。

6 单位工程完工验收

6.1 一 般 规 定

6.1.1 单位工程可按风力发电机组、升压站、线路、建筑、交通五大类进行划分，每个单位工程是由若干个分部工程组成的，它具有独立的、完整的功能。

6.1.2 单位工程完工后，施工单位应向建设单位提出验收申请，单位工程验收领导小组应及时组织验收。同类单位工程完工验收可按完工日期先后分别进行，也可按部分或全部同类单位工程一道组织验收。对于不同类单位工程，如完工日期相近，为减少组织验收次数，单位工程验收领导小组也可按部分或全部各类单位工程一道组织验收。

6.1.3 单位工程完工验收必须按照设计文件及有关标准进行。验收重点是检查工程内在质量，质监部门应有签证意见。

6.1.4 单位工程完工验收结束后，建设单位应向项目法人单位报告验收结果，工程合格应签发单位工程完工验收鉴定书（单位工程完工验收鉴定书内容与格式参见附录 A）。

6.2 风力发电机组安装工程验收

6.2.1 每台风力发电机组的安装工程为一个单位工程，它由风力发电机组基础、风力发电机组安装、风力发电机监控系统、塔架、电缆、箱式变电站、防雷接地网七个分部工程组成。各分部工程完工后必须及时组织有监理参加的自检验收。

6.2.2　验收应检查项目。

1　风力发电机组基础。

1）基础尺寸、钢筋规格、型号、钢筋网结构及绑扎、混凝土试块试验报告及浇注工艺等应符合设计要求。

2）基础浇注后应保养 28 天后方可进行塔架安装，塔架安装时基础的强度不应低于设计强度的 75%。

3）基础埋设件应与设计相符。

2　风力发电机组安装。

1）风轮、传动机构、增速机构、发电机、偏航机构、气动刹车机构、机械刹车机构、冷却系统、液压系统、电气控制系统等部件、系统应符合合同中的技术要求。

2）液压系统、冷却系统、润滑系统、齿轮箱等无漏、渗油现象，且油品符合要求，油位应正常。

3）机舱、塔内控制柜、电缆等电气连接应安全可靠，相序正确。接地应牢固可靠。应有防振、防潮、防磨损等安全措施。

3　风力发电机组监控系统。

1）各类控制信号传感器等零部件应齐全完整，连接正确，无损伤，其技术参数、规格型号应符合合同中的技术要求。

2）机组与中央监控、远程监控设备安装连接应符合设计要求。

4　塔架。

1）表面防腐涂层应完好无锈色、无损伤。

2）塔架材质、规格型号、外形尺寸、垂直度、端面平行度等应符合设计要求。

3）塔筒、法兰焊接应经探伤检验并符合设计标准。

4）塔架所有对接面的紧固螺栓强度应符合设计要求。应利用专门装配工具拧紧到厂家规定的力矩。检查各段塔架法兰结合面，应接触良好，符合设计要求。

5　电缆。

1）在验收时，应按 GB 50168 的要求进行检查。

2）电缆外露部分应有安全防护措施。

6　箱式变电站。

1）箱式变电站的电压等级、铭牌出力、回路电阻、油温应符合设计要求。

2）绕组、套管和绝缘油等试验均应遵照 GB 50150 的规定进行。

3）部件和零件应完整齐全，压力释放阀、负荷开关、接地开关、低压配电装置、避雷装置等电气和机械性能应良好，无接触不良和卡涩现象。

4）冷却装置运行正常，散热器及风扇齐全。

5）主要表计、显示部件完好准确，熔丝保护、防爆装置和信号装置等部件应完好、动作可靠。

6）一次回路设备绝缘及运行情况良好。

7）变压器本身及周围环境整洁、无渗油，照明良好，标志齐全。

7　防雷接地网。

1）防雷接地网的埋设、材料应符合设计要求。

2）连接处焊接牢靠、接地网引出处应符合要求，且标志明显。

3）接地网接地电阻应符合风力发电机组设计要求。

6.2.3 验收应具备的条件。

1 各分部工程自检验收必须全部合格。

2 施工、主要工序和隐蔽工程检查签证记录、分部工程完工验收记录、缺陷整改情况报告及有关设备、材料、试件的试验报告等资料应齐全完整，并已分类整理完毕。

6.2.4 主要验收工作。

1 检查风力发电机组、箱式变电站的规格型号、技术性能指标及技术说明书、试验记录、合格证件、安装图纸、备品配件和专用工器具及其清单等。

2 检查各分部工程验收记录、报告及有关施工中的关键工序和隐蔽工程检查、签证记录等资料。

3 按6.2.2的要求检查工程施工质量。

4 对缺陷提出处理意见。

5 对工程作出评价。

6 做好验收签证工作。

6.3 升压站设备安装调试工程验收

6.3.1 升压站设备安装调试单位工程包括主变压器、高压电器、低压电器、母线装置、盘柜及二次回路接线、低压配电设备等的安装调试及电缆铺设、防雷接地装置八个分部工程。各分部工程完工后必须及时组织有监理参加的自检验收。

6.3.2 验收应检查项目。

1 主变压器。

1）本体、冷却装置及所有附件应无缺陷，且不渗油。

2）油漆应完整，相色标志正确。

3）变压器顶盖上应无遗留杂物，环境清洁无杂物。

4）事故排油设施应完好，消防设施安全。

5）储油柜、冷却装置、净油器等油系统上的油门均应打开，且指示正确。

6）接地引下线及其与主接地网的连接应满足设计要求，接地应可靠。

7）分接头的位置应符合运行要求。有载调压切换装置远方操作应动作可靠，指示位置正确。

8）变压器的相位及绕组的接线组别应符合并列运行要求。

9）测温装置指示正确，整定值符合要求。

10）全部电气试验应合格，保护装置整定值符合规定，操作及联动试验正确。

11）冷却装置运行正常，散热装置齐全。

2 高、低压电器。

1）电器型号、规格应符合设计要求。

2）电器外观完好，绝缘器件无裂纹，绝缘电阻值符合要求，绝缘良好。

3）相色正确，电器接零、接地可靠。

4）电器排列整齐，连接可靠，接触良好，外表清洁完整。

5）高压电器的瓷件质量应符合现行国家标准和有关瓷产品技术条件的规定。

6）断路器无渗油，油位正常，操动机构的联动正常，无卡涩现象。

7）组合电器及其传动机构的联动应正常，无卡涩。

8）开关操动机构、传动装置、辅助开关及闭锁装置应安装牢靠，动作灵活可靠，位置指示正确，无渗漏。

9）电抗器支柱完整，无裂纹，支柱绝缘子的接地应良好。

10）避雷器应完整无损，封口处密封良好。

11）低压电器活动部件动作灵活可靠，联锁传动装置动作正确，标志清晰。通电后操作灵活可靠，电磁器件无异常响声，触头压力，接触电阻符合规定。

12）电容器布置接线正确，端子连接可靠，保护回路完整，外壳完好无渗油现象，支架外壳接地可靠，室内通风良好。

13）互感器外观应完整无缺损，油浸式互感器应无渗油，油位指示正常，保护间隙的距离应符合规定，相色应正确，接地良好。

3　盘、柜及二次回路接线。

1）固定和接地应可靠，漆层完好、清洁整齐。

2）电器元件齐全完好，安装位置正确，接线准确，固定连接可靠，标志齐全清晰，绝缘符合要求。

3）手车开关柜推入与拉出应灵活，机械闭锁可靠。

4）柜内一次设备的安装质量符合要求，照明装置齐全。

5）盘、柜及电缆管道安装后封堵完好，应有防积水、防结冰、防潮、防雷措施。

6）操作与联动试验正确。

7）所有二次回路接线准确，连接可靠，标志齐全清晰，绝缘符合要求。

4　母线装置。

1）金属加工、配制，螺栓连接、焊接等应符合国家现行标准的有关规定。

2）所有螺栓、垫圈、闭口销、锁紧销、弹簧垫圈、锁紧螺母齐全、可靠。

3）母线配制及安装架设应符合设计规定，且连接正确，接触可靠。

4）瓷件完整、清洁，软件和瓷件胶合完整无损，充油套管无渗油，油位正确。

5）油漆应完好，相色正确，接地良好。

5　电缆。

1）规格符合规定，排列整齐，无损伤，相色、路径标志齐全、正确、清晰。

2）电缆终端、接头安装牢固，弯曲半径、有关距离、接线相序和排列符合要求，接地良好。

3）电缆沟无杂物，盖板齐全，照明、通风、排水设施、防火措施符合设计要求。

4）电缆支架等的金属部件防腐层应完好。

6　低压配电设备。

1）设备柜架和基础必须接地或接零可靠。

2）低压成套配电柜、控制柜、照明配电箱等应有可靠的电击保护。

3）手车、抽出式配电柜推拉应灵活，无卡涩、碰撞现象。

4）箱（盘）内配线整齐，无绞接现象，箱内开关动作灵活可靠。

5）低压成套配电柜交接试验和箱、柜内的装置应符合设计要求及有关规定。

6）设备部件齐全，安装连接应可靠。

7 防雷接地装置。

1）整个接地网外露部分的连接应可靠，接地线规格正确，防腐层应完好，标志齐全明显。

2）避雷针（罩）的安装位置及高度应符合设计要求。

3）工频接地电阻值及设计要求的其他测试参数应符合设计规定。

6.3.3 验收应具备的条件。

1 各分部工程自查验收必须全部合格。

2 倒送电冲击试验正常，且有监理签证。

3 设备说明书、合格证、试验报告、安装记录、调度记录等资料齐全完整。

6.3.4 主要验收工作。

1 检查电气安装调试是否符合设计要求。

2 检查制造厂提供的产品说明书、试验记录、合格证件、安装图纸、备品备件和专用工具及其清单。

3 检查安装调试记录和报告、各分部工程验收记录和报告及施工中的关键工序和隐蔽工程检查签证记录等资料。

4 按6.3.2的要求检查工程质量。

5 对缺陷提出处理意见。

6 对工程作出评价。

7 做好验收签证工作。

6.4 场内电力线路工程验收

6.4.1 场内架空电力线路工程和电力电缆工程分别以一条独立的线路为一个单位工程。每条架空电力线路工程是由电杆基坑及基础埋设、电杆组立与绝缘子安装、拉线安装、导线架设四个分部工程组成。每条电力电缆工程是由电缆沟制作、电缆保护管的加工与敷设、电缆支架的配制与安装、电缆的敷设、电缆终端和接头的制作五个分部工程组成。每个单位工程的各分部工程完工后，必须及时组织有监理参加的自检验收。

6.4.2 验收应检查项目。

1 电力线的规格型号应符合设计要求，外部无损坏。

2 电力线应排列整齐，标志应齐全、正确、清晰。

3 电力线终端接头安装应牢固，相色应正确。

4 采用的设备、器材及材料应符合国家现行技术标准的规定，并应有合格证件，设备应有铭牌。

5 电杆组立、拉线制作与安装、导线弧垂、相间距离、对地距离、对建筑物接近距离及交叉跨越距离等均应符合设计要求。

　　6　架空线沿线障碍应已清除。

　　7　电缆沟应无杂物，盖板齐全，照明、通风、排水系统、防火措施应符合设计要求。

　　8　接地良好，接地线规格正确，连接可靠，防腐层完好，标志齐全明显。

6.4.3　验收应具备的条件。

　　1　各分部工程自检验收必须全部合格。

　　2　有详细施工记录、隐蔽工程验收检查记录、中间验收检查记录及监理验收检查签证。

　　3　器材型号规格及有关试验报告、施工记录等资料应齐全完整。

6.4.4　验收主要工作。

　　1　检查电力线路工程是否符合设计要求。

　　2　检查施工记录、中间验收记录、隐蔽工程验收记录、各分部工程自检验收记录及工程缺陷整改情况报告等资料。

　　3　按 6.4.2 的要求检查工程质量。

　　4　在冰冻、雷电严重的地区，应重点检查防冰冻、防雷击的安全保护设施。

　　5　对缺陷提出处理意见。

　　6　对工程作出评价。

　　7　做好验收签证工作。

6.5　中控楼和升压站建筑工程验收

6.5.1　中控楼和升压站建筑工程一般由基础（包括主变压器基础）、框架、砌体、层面、楼地面、门窗、装饰、室内外给排水、照明、附属设施（电缆沟、接地、场地、围墙、消防通道）等 10 个分部工程组成，各分部工程完工后，必须及时组织有监理参加的自检验收。

6.5.2　验收应检查项目。

　　1　建筑整体布局应合理、整洁美观。

　　2　房屋基础、主变压器基础的混凝土及钢筋试验强度应符合设计要求。

　　3　屋面隔热、防水层符合要求，层顶无渗漏现象。

　　4　墙面砌体无脱落、雨水渗漏现象。

　　5　开关柜室防火门符合安全要求。

　　6　照明器具、门窗安装质量符合设计要求。

　　7　电缆沟、楼地面与场地无积水现象。

　　8　室内外给排水系统良好。

　　9　接地网外露连接体及预埋件符合设计要求。

6.5.3　验收应具备的条件。

　　1　所有分部工程已经验收合格，且有监理签证。

　　2　施工记录、主要工序及隐蔽工程检查签证记录，钢筋和混凝土试块试验报告、缺陷整改报告等资料齐全完整。

6.5.4 验收主要工作。

1 检查建筑工程是否符合施工设计图纸、设计更改联系单及施工技术要求。

2 检查各分部工程施工记录及有关材料合格证、试验报告等。

3 检查各主要工艺、隐蔽工程监理检查记录与报告，检查施工缺陷处理情况。

4 按6.5.2的要求检查建筑工程形象面貌和整体质量。

5 对检查中发现的遗留问题提出处理意见。

6 对工程进行质量评价。

7 做好验收签证工作。

6.6 交 通 工 程 验 收

6.6.1 交通工程中每条独立的新建（或扩建）公路为一个单位工程。单位工程一般由路基、路面、排水沟、涵洞、桥梁等分部工程组成。各分部工程完工后，必须及时组织有监理参加的自检验收。

6.6.2 验收应具备的条件。

1 各分部工程已经自查验收合格，且有监理部门签证。

2 施工记录、设计更改，缺陷整改等有关资料齐全完好。

6.6.3 验收主要工作。

1 检查工程质量是否符合设计要求。可采用模拟试通车来检查涵洞、桥梁、路基、路面、转弯半径是否符合风力发电设备运输要求。

2 检查施工记录、分部工程自检验收记录等有关资料。

3 对工程缺陷提出处理要求。

4 对工程作出评价。

5 做好验收签证工作。

7 工 程 启 动 试 运 验 收

7.1 一 般 规 定

7.1.1 工程启动试运可分为单台机组启动调试试运、工程整套启动试运两个阶段。各阶段验收条件成熟后，建设单位应及时向项目法人单位提出验收申请。

7.1.2 单台风力发电机组安装工程及其配套工程完工验收合格后，应及时进行单台机组启动调试试运工作，以便尽早上网发电。试运结束后，必须及时组织验收。

7.1.3 本期工程最后一台风力发电机组调试试运验收结束后，必须及时组织工程整套启动试运验收。

7.2 单台机组启动调试试运验收

7.2.1 验收应具备的条件。

1 风力发电机组安装工程及其配套工程均应通过单位工程完工验收。

2 升压站和场内电力线路已与电网接通，通过冲击试验。

3 风力发电机组必须已通过下列试验。

1）紧急停机试验。

2）振动停机试验。

3）超速保护试验。

4 风力发电机组经调试后，安全无故障连续并网运行不得少于 240h。

7.2.2 验收检查项目。

1 风力发电机组的调试记录、安全保护试验记录、240h 连续并网运行记录。

2 按照合同及技术说明书的要求，核查风力发电机组各项性能技术指标。

3 风力发电机组自动、手动启停操作控制是否正常。

4 风力发电机组各部件温度有无超过产品技术条件的规定。

5 风力发电机组的滑环及电刷工作情况是否正常。

6 齿轮箱、发电机、油泵电动机、偏航电动机、风扇电机转向应正确、无异声。

7 控制系统中软件版本和控制功能、各种参数设置应符合运行设计要求。

8 各种信息参数显示应正常。

7.2.3 验收主要工作。

1 按 7.2.2 的要求对风力发电机组进行检查。

2 对验收检查中的缺陷提出处理意见。

3 与风力发电机组供货商签署调试、试运验收意见。

7.3　工程整套启动试运验收

7.3.1 验收应具备的条件。

1 各单位工程完工验收和各台风力发电机组启动调试试运验收均应合格，能正常运行。

2 当地电网电压稳定，电压波动幅度不应大于风力发电机组规定值。

3 历次验收发现的问题已基本整改完毕。

4 在工程整套启动试运前质监部门已对本期工程进行全面的质量检查。

5 生产准备工作已基本完成。

6 验收资料已按电力行业工程建设档案管理规定整理、归档完毕。

7.3.2 验收时应提供的资料。

1 工程总结报告。

1）建设单位的建设总结。

2）设计单位的设计报告。

3）施工单位的施工总结。

4）调试单位的设备调试报告。

5）生产单位的生产准备报告。

6）监理单位的监理报告。

7）质监部门质量监督报告。

2 备查文件、资料。

1）施工设计图纸、文件（包括设计更改联系单等）及有关资料。

2）施工记录及有关试验检测报告。

3）监理、质监检查记录和签证文件。

4）各单位工程完工与单机启动调试试运验收记录、签证文件。

5）历次验收所发现的问题整改消缺记录与报告。

6）工程项目各阶段的设计与审批文件。

7）风力发电机组、变电站等设备产品技术说明书、使用手册、合格证件等。

8）施工合同、设备订货合同中有关技术要求文件。

9）生产准备中的有关运行规程、制度及人员编制、人员培训情况等资料。

10）有关传真、工程设计与施工协调会议纪要等资料。

11）土地征用、环境保护等方面的有关文件资料。

12）工程建设大事记。

7.3.3 验收检查项目。

1 检查所提供的资料是否齐全完整，是否按电力行业档案管理规定归档。

2 检查、审议历次验收记录与报告，抽查施工、安装调试等记录，必要时进行现场复核。

3 检查工程投运的安全保护设施与措施。

4 各台风力发电机组遥控功能测试应正常。

5 检查中央监控与远程监控工作情况。

6 检查设备质量及每台风力发电机组240h试运结果。

7 检查历次验收所提出的问题处理情况。

8 检查水土保持方案落实情况。

9 检查工程投运的生产准备情况。

10 检查工程整套启动试运情况。

7.3.4 验收工作程序。

1 召开预备会。

1）审议工程整套启动试运验收会议准备情况。

2）确定验收委员会成员名单及分组名单。

3）审议会议日程安排及有关安全注意事项。

4）协调工程整套启动的外部联系。

2 召开第一次大会。

1）宣布验收会议程。

2）宣布验收委员会委员名单及分组名单。

3）听取建设单位"工程建设总结"。

4）听取监理单位"工程监理报告"。

5）听取质监部门"工程质量监督检查报告"。

6）听取调试单位"设备调试报告"。

3 分组检查。

1) 各检查组分别听取相关单位施工汇报。

2) 检查有关文件、资料。

3) 现场核查。

4 工程整套启动试运。

1) 工程整套启动开始，所有机组及其配套设备投入运行。

2) 检查机组及其配套设备试运情况。

5 召开第二次大会。

1) 听取各检查组汇报。

2) 宣读"工程整套启动试运验收鉴定书"（工程整套启动试运验收鉴定书内容与格式见附录 B）。

3) 工程整套启动验收委员会成员在鉴定书上签字。

4) 被验收单位代表在鉴定书上签字。

7.3.5 验收主要工作。

1 审定工程整套启动方案，主持工程整套启动试运。

2 审议工程建设总结、质监报告和监理、设计、施工等总结报告。

3 按 7.3.3 的要求分组进行检查。

4 协调处理启动试运中有关问题，对重大缺陷与问题提出处理意见。

5 确定工程移交生产期限，并提出移交生产前应完成的准备工作。

6 对工程作出总体评价。

7 签发"工程整套启动试运验收鉴定书"。

8　工程移交生产验收

8.0.1 工程移交生产前的准备工作完成后，建设单位应及时向项目法人单位提出工程移交生产验收申请。项目法人单位应转报投资方审批。经投资方同意后，项目法人单位应及时筹办工程移交生产验收。

8.0.2 根据工程实际情况，工程移交生产验收可以在工程竣工验收前进行。

8.0.3 验收应具备的条件。

1 设备状态良好，安全运行无重大考核事故。

2 对工程整套启动试运验收中所发现的设备缺陷已全部消缺。

3 运行维护人员已通过业务技能考试和安规考试，能胜任上岗。

4 各种运行维护管理记录簿齐全。

5 风力发电场和变电运行规程、设备使用手册和技术说明书及有关规章制度等齐全。

6 安全、消防设施齐全良好，且措施落实到位。

7 备品配件及专用工器具齐全完好。

8.0.4 验收应提供的资料。

1 提供全套按 7.3.2 的要求所列的资料。

2　设备、备品配件及专用工器具清单。

3　风力发电机组实际输出功率曲线及其他性能指标参数。

8.0.5　验收检查项目。

1　清查设备、备品配件、工器具及图纸、资料、文件。

2　检查设备质量情况和设备消缺情况及遗留的问题。

3　检查风力发电机组实际功率特性和其他性能指标。

4　检查生产准备情况。

8.0.6　验收主要工作。

1　按8.0.5的要求进行认真检查。

2　对遗留的问题提出处理意见。

3　对生产单位提出运行管理要求与建议。

4　在"工程移交生产验收交接书"上履行签字手续（工程移交生产验收交接书内容与格式见附录C），并上报投资方备案。

8.0.7　若建设单位既承担工程建设，又承担本期工程投产后运行生产管理，则移交生产签字手续可适当简化。但移交生产验收有关工作仍按本标准规定进行。

9　工程竣工验收

9.0.1　工程竣工验收应在工程整套启动试运验收后6个月内进行。当完成工程决算审查后，建设单位应及时向项目法人单位申请工程竣工验收。项目法人单位应上报工程竣工验收主持单位审批。

9.0.2　工程竣工验收申请报告批复后，项目法人单位应按5.4筹建工程竣工验收委员会。

9.0.3　验收应具备的条件。

1　工程已按批准的设计内容全部建成。由于特殊原因致使少量尾工不能完成的除外，但不得影响工程正常安全运行。

2　设备状态良好，各单位工程能正常运行。

3　历次验收所发现的问题已基本处理完毕。

4　归档资料符合电力行业工程档案资料管理的有关规定。

5　工程建设征地补偿和征地手续等已基本处理完毕。

6　工程投资全部到位。

7　竣工决算已经完成并通过竣工审计。

9.0.4　工程竣工验收应提供的资料。

1　按8.0.4的要求提供资料。

2　工程竣工决算报告及其审计报告。

3　工程概预算执行情况报告。

4　水土保持、环境保护方案执行报告。

5　工程竣工报告。

9.0.5 验收检查项目。

1 按 9.0.4 的要求检查竣工资料是否齐全完整，是否按电力行业档案规定整理归档。

2 审查建设单位"工程竣工报告"，检查工程建设情况及设备试运行情况。

3 检查历次验收结果，必要时进行现场复核。

4 检查工程缺陷整改情况，必要时进行现场核对。

5 检查水土保持和环境保护方案执行情况。

6 审查工程概预算执行情况。

7 审查竣工决算报告及其审计报告。

9.0.6 验收工作程序。

1 召开预备会，听取项目法人单位汇报竣工验收会准备情况，确定工程竣工验收委员会成员名单。

2 召开第一次大会。

1）宣布验收会议程。

2）宣布工程竣工验收委员会委员名单及各专业检查组名单。

3）听取建设单位"工程竣工报告"。

4）看工程声像资料、文字资料。

3 分组检查。

1）各检查组分别听取相关单位的工程竣工汇报。

2）检查有关文件、资料。

3）现场核查。

4 召开工程竣工验收委员会会议。

1）检查组汇报检查结果。

2）讨论并通过"工程竣工验收鉴定书"（工程竣工验收鉴定书内容与格式见附录 D）。

3）协调处理有关问题。

5 召开第二次大会。

1）宣读"工程竣工验收鉴定书"。

2）工程竣工验收委员会成员和参建单位代表在"工程竣工验收鉴定书"上签字。

9.0.7 验收的主要工作。

1 按 9.0.5 的要求全面检查工程建设质量及工程投资执行情况。

2 如果在验收过程中发现重大问题，验收委员会可采取停止验收或部分验收等措施，对工程竣工验收遗留问题提出处理意见，并责成建设单位限期处理遗留问题和重大问题，处理结果及时报告项目法人单位。

3 对工程做出总体评价。

4 签发"工程竣工验收鉴定书"，并自鉴定书签字之日起 28 天内，由验收主持单位行文发送有关单位。

附　录　A
（资料性附录）
单位工程完工验收鉴定书内容与格式

××单位工程完工验收鉴定书

前言（简述验收主持单位、参加单位、验收时间与地点等）

一、工程概况

（一）工程位置（部位）及任务

（二）工程主要建设内容

包括工程规模、主要工程量。

（三）工程建设有关单位

包括建设、设计、施工、主要设备制造、监理、咨询、质量监督等单位。

二、工程建设情况

包括施工准备、开工日期、完工日期、验收时工程面貌、实际完成工程量（与设计、合同量对比）、工程建设中采用的主要措施及其效果、工程缺陷处理情况等。

三、工程质量验收情况

（一）分部工程质量核定意见

（二）外观评价

（三）单位工程总体质量核定意见

四、存在的主要问题及处理意见

包括处理方案、措施、责任单位、完成时间以及复验责任单位等。

五、验收结论

包括对工程工期、质量、技术要求是否达到批准的设计标准、工程档案资料是否符合要求，以及是否同意交工等，均应有明确的定语。

六、验收组成员签字

见"××单位工程完工验收组成员签字表"。

七、参建单位代表签字

见"××单位工程参建单位代表签字表"。

××单位工程完工验收　　　　　　　　　　　××单位工程完工验收组

主持单位（盖章）：　　　　　　　　　　　　组长（签字）：

___年___月___日　　　　　　　　　　　　　___年___月___日

附　录　B
（资料性附录）
工程整套启动试运验收鉴定书内容与格式

××工程整套启动试运验收鉴定书

前言（简述整套启动验收主持单位、参加单位、验收时间与地点等）

一、工程概况

（一）工程名称及位置

（二）工程主要建设内容

包括设计批准机关及文号、批准建设工期、工程总投资、投资来源等，叙述到单位工程。

（三）工程建设有关单位

包括建设、设计、施工、主要设备制造、监理、咨询、质量监督、运行管理等单位。

二、工程建设情况

（一）工程开工日期及完工日期

包括主要项目的施工情况及开工和完工日期、施工中发现的主要问题及处理情况等。

（二）工程完成情况和主要工程量

包括整套启动验收时工程形象面貌、实际完成工程量与批准设计工程量对比等。

（三）建设征地补偿

包括征地批准数与实际完成数等。

（四）水土保持、环境保护方案落实情况。

三、概算执行情况

包括年度投资计划执行、概算及调整等情况。

四、单位工程验收及单台机组调试试运验收情况

包括验收时间、主持单位、遗留问题处理。

五、工程质量鉴定

包括审核单位工程质量，鉴定整套工程质量等级。

六、存在的主要问题及处理意见

包括整套启动验收遗留问题处理责任单位、完成时间，工程存在问题的处理建议，对工程运行管理的建议等。

七、根据验收情况，明确工程移交生产验收有关事宜

八、验收结论

包括对工程规模、工期、质量、投资控制、能否按批准设计投入使用，以及工程档案资料整理等作出明确的结论（对工期使用提前、按期、延期，对质量使用合格、优良，对投资控制使用合理、基本合理、不合理，对工程建设规模使用全部完成、基本完成、部分完成等应有明确术语）。

九、验收委员会委员签字

见"××工程整套启动验收委员会委员签字表"。

十、参建单位代表签字

见"××工程参建单位代表签字表"。

十一、保留意见（应有本人签字）

见附件。

工程整套启动试运验收　　　　　　　　　启委会主任委员（签字）：
主持单位（盖章）：

　　　年　　月　　日　　　　　　　　　　　　年　　月　　日

附　录　C
（资料性附录）
工程移交生产验收交接书内容与格式

××工程移交生产验收交接书

前言（简述移交生产验收主持单位、参加单位、验收时间与地点等）

一、工程概况

（一）工程名称及位置

（二）工程主要建设内容

包括工程批准文件、规模、总投资、投资来源。

（三）工程建设有关单位

（四）工程完成情况

包括开工日期及完工日期、施工发现的问题及处理情况。

（五）建设征地补偿情况

二、生产准备情况

包括生产单位运行维护人员上岗培训情况。

三、设备备件、工器具、资料等清查交接情况

应附交接清单。

四、存在的主要问题

五、对工程运行管理的建议

六、验收结论

七、验收组成员签字

见"××工程移交生产验收组成员签字表"。

八、交接单位代表签字

见"××工程移交生产验收交接单位代表签字表"。

工程移交生产验收　　　　　　　　　工程移交生产验收组

主持单位（盖章）：　　　　　　　　　组长（签字）：

___年___月___日　　　　　　　　　___年___月___日

附　录　D
（资料性附录）
工程竣工验收鉴定书内容与格式

××工程竣工验收鉴定书

前言（简述竣工验收主持单位、参加单位、验收时间与地点等）

一、工程概况

（一）工程名称及位置

（二）工程主要建设内容

包括设计批准机关及文号、批准建设工期、工程总投资、投资来源等，叙述到单位工程。

（三）工程建设有关单位

包括建设、设计、施工、主要设备制造、监理、咨询、质量监督、运行管理等单位。

二、工程建设情况

（一）工程开工日期及完工日期

包括主要项目的施工情况及开工和完工日期、施工中发现的主要问题及处理情况等。

（二）工程完成情况和主要工程量

包括实际完成工程量与批准设计工程量对比等。

（三）建设征地补偿

包括征地批准数与实际完成数等。

（四）水土保持、环境保护方案执行情况

三、概算执行情况及投资效益预测

包括年度投资计划执行、概算及调整、工程竣工决算及其审计等情况。

四、单位工程验收和工程启动试运验收及工程移交情况

五、工程质量鉴定

包括审核单位工程质量，鉴定工程质量等级。

六、存在的主要问题及处理意见

包括竣工验收遗留问题处理责任单位、完成时间，工程存在问题的处理建议，对工程运行管理的建议等。

七、验收结论

包括对工程规模、工期、质量、投资控制、能否按批准设计投入使用，以及工程档案资料整理等作出明确的结论（对工期使用提前、按期、延期，对质量使用合格、优良，对投资控制使用合理、基本合理、不合理，对工程建设规模使用全部完成、基本完成、部分完成等应有明确术语）。

八、验收委员会委员签字

见"××工程竣工验收委员会委员签字表"。

九、参建单位代表签字

见"××工程参建单位代表签字表"。

十、保留意见（应有本人签字）

见附件。

工程竣工验收　　　　　　　　　　　工程竣工验收委员会

主持单位（盖章）：　　　　　　　　主任委员签字：

___年___月___日　　　　　　　　___年___月___日

参 考 文 献

［1］ 李坚，郭建文. 变电运行及设备管理技术问答［M］. 北京：中国电力出版社，2006.

［2］ 王晴. 变电站设备事故及异常处理［M］. 北京：中国电力出版社，2007.

［3］ 熊为群，陶然. 继电保护自动装置及二次回路［M］. 北京：中国电力出版社，2000.

［4］ 马宏革，王亚非. 风电设备基础［M］. 北京：化学工业出版社，2013.

［5］ 冯建勤，冯巧玲. 电气工程基础［M］. 北京：中国电力出版社，2010.

［6］ 张红艳. 变电运行［M］. 北京：中国电力出版社，2010.